교량의 이해

Understanding of Bridge

김진우 저

문운당

서 문

대학에서 강의를 시작한지가 어언 35년이 지났다.

토목공학을 강의하면서 교량과 관련되는 전문지식이 없어도, 누구나 교량을 쉽게 이해할 수 있고, 그것의 아름다움을 느낄 수 있는 것에 대해 늘 생각해 왔다.

이 책에서는 문명의 가교이면서 지역의 랜드마크 역할을 하는 교량은 어떤 발달 과정을 거쳐 왔으며, 지금은 우리들의 일상에 어떻게 기여하고 있는지를 소개하고 있다. 또 다리의 존재는 인류의 문명사에 어떤 의미를 가지며, 다리는 무엇으로, 어떤 모양으로 만들어 지는가를 사례를 들어 설명한다. 그리고 교량은 어떻게 계획되어 건설되며, 사용 중인 교량은 어떤 방법으로 유지관리 되고, 특히 교하공간이 어떤 형태로 활용될 수 있는지를 사례를 들어 소개하고 있다. 또한 리모델링(리노베이션)을 통하여 노후화된 교량의 활용도를 높인 사례와 각종 교량의 보수·보강 공법에 대해서도 설명한다.

교수로 재직하는 동안 국제학술회의에 참석하거나 많은 여행을 하면서 삶에 대한 의미 있는 사유를 할 수 있었던 것은 행복한 시간이었다. 그때 얻었던 다양한 자료들과 다리(Bridge)와 관련된 사진들을 이 책에 소개하였는데, 이런 작업에 나의 강의를 마무리하는 의미를 부여하고 싶다.

그러나 장대한 역사를 가진 중국의 교량을 소개하지 않은 제한된 조건으로 시작한 이런 작업이 결코 쉬운 일이 아님을 알고 망설임도 많았지만, 이것이 독자들이 다리를 이해하는데 미력하나마 도움이 되었으면 한다.

2022년 10월

경상국립대학교 해양토목공학과
교수 김 진 우

목 차

제1장

제2장

제3장

제4장

제 1 장

교량의 역사는 언제 시작되었나

1-1 서언

교량(Bridge)은 하천, 계곡, 호수, 해협 등의 천연 장해물이나 운하, 도로, 철도, 가옥, 시가지 등의 시설물들을 통과할 목적으로 이들 위에 건설한 구조물이다. 이는 국토의 균형 발전과 경제의 활성화를 위한 물류 수송의 근간이 되는 중요한 기반 시설이며, 구조의 특성상 거의 모든 토목공학의 기술이 집약되어 만들어 지는 구조물이다. 또한 활주로용의 교량, 각종 관수로나 개수로용의 수로교(수관교, Aqueduct, Waterway Bridge), 그리고 드물기는 하지만 잠수교(교량의 상부구조가 물밑으로 내려가는 방식과 수위가 높아지면서 상부가 물에 잠기는 방식이 있음) 등 특별하고 색다른 용도로 건설된 교량도 있다. 최근에는 건물을 연결하는 **스카이 브릿지**(Sky Bridge, **구름다리**), 산책용의 **스카이 워크**(Sky Walk, **하늘 산책로**), 그리고 작품명이기는 하나 조형물 속을 산책할 수 있는 **스페이스 워크**(Space Walk) 등의 특이한 용도의 교량들도 건설되고 있다. 이런 시설들은 새로운 지역의 명소가 되고 있는데, 이와 같이 교량은 그 사용 영역이 무한히 확대되면서 발달하고 있다. 이와 같이 각종 교량들이 다양한 목적으로 건설되기는 해도, 교량의 주된 기능은 도로의 일부분으로 도로 기능의 연속성을 유지하고, 물류 수송을 위한 연결성(Connecting)을 확보하는 것이다. 특히 우리나라는 국토의 70% 정도가 산악지형이기 때문에 계곡을 횡단하기 위한 교량의 건설이 필수적으로 여겨지지만, 근대 이전의 교량들은 아주 소규모에 지나지 않았다. 이는 다양한 이유가 있지만 문화적인 특성이기도 하고, 무엇보다도 큰 교량을 만들어야 하는 필요성이 없었기 때문이다.

교량은 인류 문명이 시작되던 시기 때부터 건설되기 시작했다고 해도 과언이 아닌데, 우리의 교량건설의 역사도 오랜 기록을 가지고 있다. 그러나 국내의 경우에 현대적 교량의 건설은 1900년대 초에 시작하였으나 1960년대부터 활발하게 이루어졌다고 해도 과언이 아니다. '문명의 가교'라고 하는 교량의 건설은 토목공학 분야의 전체적인 기술수준뿐만 아니라, 정치 및 경제의 발전과 직접적인 관련이 있는 복합성을 가지고 있다. 이와 같은 복합적인 개발의 사례는 2000년대에 시작된 도서개발 사업의 일환으로 남해나 서해에 건설된 다양한 형태의 연육교(섬과 육지를 연결하는 교량)나 연도교(섬과 섬을 연결하는 교량) 등의 교량 건설을 들 수 있다. 특히 상주 인구가 적은 섬이나 특정 지역(만이나 해협 등)에 장대교량을 건설한 사례가 있다. 이는 경제성이 없어도 정치적인 고려만으로 필수적인 사회기반 시설의 건설이 가능하다는 것을 보여주는 것이라 할 수 있다. 그러나 대규모의 자원이 투자되는 지나친 기반시설의 건설은 국가경제 전체의 부실을 초래할 가능성도 있으므로 사전에 **예비 타당성 조사**(Preliminary Feasibility Study, 경제성 분석과 정책성 분석으로 나누어 실시)를 거치도록 제도화 하고 있다.

교량의 역사를 이야기할 때는 **징검다리**(Step Stones, Stepping Stones)를 생각하지 않을 수 없다. 사진 1.1의 (a), (b)와 같은 징검다리는 가장 원시적인 형태의 다리로, 교각(하부구조) 기능을 하는 돌만 있을 뿐이고, 이를 연결하는 상판(상부구조)이 없는 생각 속의 다리이다. 이는 이용하는 사람에 의해 연결되는 관념 속의 다리(Bridge)이며, 사람의 다리(Leg)로 돌의 이쪽과 저쪽을 잠시 연결시켰다가 푸는 과정으로 저쪽의 세계에 도달하게 한다. 따라서 징검다리 위에서 인간의 몸은 스스로 다리(Bridge)가 되고, 사람의 다리(Leg)는 다리(Bridge)가 된다는 것이다.

(a) (b)

(c) (d)

사진 1.1 징검다리

AD 79년 8월에 이탈리아의 나폴리 근교에 있는 베수비오 화산의 폭발로 고대도시 **폼페이**는 화산재에 묻히게 되었다. 그러나 긴 시간이 지난 1592년에 이 지역에 운하를 건설하는 중에 고대도시의 유적이 발견되었고, 이 때 사진 1.1의 (c), (d)와 같이 도로에 징검다리를 설치한 흔적도 발굴되었다. 이 징검다리는 도로를 달리는 말과 마차의 속도를 제한하거나, 비가 올 때는 거리를 다니는 사람들이 도로를 횡단하는데 편리하도록 한 것으로 추측된다. 그 당시에 도로에는 사진의 좌·우측 부분에서 알 수 있는 것과 같이 보행자 도로가 설치되었을 정도로 기반시설이 잘 되어 있었고 하수구도 설치되어 있다. 그러나 비가 내리면 빗물이 말의 분뇨 등과 섞여 노면이 오염되었을 것으로 추측할 수 있는데, 이럴 때 시민을 위하여 만든 것이 징검다리인 것이다. 이와 같이 한편으로는 사소하다고 생각할 수도 있는 이 시설들은 그 시대 로마의 시민에 대한 서비스 수준을 평가할 수 있는 하나의 사례이기도 하다.

인류는 선사시대에 수렵이나 채집의 유목생활을 하면서 하천이나 계곡을 건너야 하는 경우가 있었을 것이다. 이 때 이동을 위한 수단으로 통나무를 걸치거나 각종 식물의 줄기를 매달아 이를 이용하여 장해물을 건넜을 것인데, 이것을 지금의 기준으로 보면 거더교나 현수교의 초창기 형태였다고 추측할 수 있다. 이와 같은 이용 사례는 북부 인디아, 버마, 페루 등지에서 많이 발견되었으며, 길이가 100 m 이상이 되는 것도 있었다. 그리고 페르시아, 중국, 인도에서는 더 진보된 구조물이 건설되었는데, 7세기경 인도에서는 철 체인으로 연결된 현수교가 건설되었다는 기록도 있다. 우리가 이미 알고 있는 세계 4대문명(메소포타미아, 황하, 인더스, 이집트 문명)은 큰 하천 주변에서 시작되었고, 그로부터 시작된 현대 도시의 발달 또한 큰 하천의 유역에서 시작되었다. 이렇게 인류가 집단을 이루고 살면서 길(도로)의 필요성을 느끼게 되었고, 이에 수반하여 다리가 생기게 된 것은 당연한 결과였다. 이와 같이 도시가 팽창하고 문명의 발전이 진전되었던 것에는 교량이 존재가 필연적이었다는 것이다.

BC 2300년경 중국에서는 삼판(중국의 작은 배)이라 불리는 길이 9 m 정도의 보트를 엮어서 보행자를 위한 교량(보도교)으로 사용하였다. 이것이 폰툰(Pontoon) 또는 부교(Floating Bridge, 배다리)인데, 이는 고대 이집트 등의 교량의 역사보다도 앞선 교량의 형식이었다. 또 다른 기록을 보면 BC 1000년쯤에 징검다리를 건너던 중국 고대의 주나라 문왕은 그의 결혼식 하객들을 위해 대나무를 짠 판을 웨이허강(황하의 지류로 위수라고 함)에 설치하여 사람들이 이동할 수 있도록 했다고 한다. 이것도 오늘날까지 이용되고 있는 부교의 한 가지 형식으로 생각할 수 있다.

우리 역사에도 이와 같은 형태의 부교가 조선시대 후기에 건설되었다는 사진 1.2의 (a)와 같은 기록화가 있다. 이는 조선시대의 정조 때의 왕궁행차도(화성능행도병)로 그 기록이 남아 전해지고 있는 배다리(부교)이다. 이런 배다리와 관련된 기록과 실제 이용된 사례는 여러 지방에서 볼 수 있으며, 1900년대 초까지도 경남 밀양의 남천강(밀양강)에서 실제로 이용되었던 사진 (b)와 같은 사진 기록도 있다. 이 배다리는 밀양교가 건설되기 전까지 영남루(진주의 촉석루, 평양의 부벽루와 함께 조선의 3대 누각의 하나임) 앞의 남천강에 있었던 교량이다.

(a) (사진 : 국립중앙박물관)

(b)

사진 1.2 배다리

일본의 경우도 에도시대(1603년-1867년, 도쿄 중심으로 막부가 집권한 시대)에 조선 통신사가 방문하면 그 일행들이 강을 건널 때 대규모의 부교를 만들어 통행했다는 기록이 있다. 그러나 부교는 임시 구조물로서 교량의 용도로 많이 이용되었지만, 부교를 건설하고 철거하는 작업에 생각보다 많은 비용이 소요되었기 때문에 사람들의 원성이 많았다고 역사는 기록하고 있다.

교량은 다양한 형태로 우리 주변에 존재하고 있으나 흔하지 않지만 사진 1.3에 소개된 것과 같이 교량 위에 지붕을 설치한 사례도 있다. 일반적으로 나무로 만든 다리(목교)는 내구성을 확보하기 위하여 교량 위에 지붕을 설치하는 경우가 많으며, 이런 경우에는 교량 위의 공간을 다양한 용도로 이용하기도 했다. 이처럼 지붕을 만든 교량은 서양의 가교(House Bridge)와 같은 구조이나, 크고 다양한 교량 위의 공간은 활용도가 다르다.

(a)

(b)

(c)

(d)

(e)

(f)

사진 1.3 교량의 지붕

사진 1.3의 (a)에 소개된 중국의 **풍우교**(Wind Rain Bridge)는 소수민족의 자치현인 삼강에 있다. 풍우교는 동족의 건축 양식으로 건설된 형식으로 단순한 다리가 아니라 마을 사람들의 휴식처였다. 또한 외지인을 친근하게 맞이하는 장소가 되는 독특한 문화적 특성을 가진 특별한 공간의 교량이다. 이외에도 중국에는 지붕이 있는 교량이 많이 있으며, 이들은 각각 건축적인 특징이 있다. 사진 (b)는 베트남 다낭의 호이안에 있는 **일본교(내원교)**로 17세기에 건립된 것으로 추정되며, 교량 위에는 작은 사찰이 있는 특징을 가지고 있다. 이 교량의 교각은 석재로 되어 있고, 상부는 지붕이 있는 목교형식인데, 석재 하부공과 목재 상부공의 교량형식은 일본의 전국시대에 많이 건설된 방식이기도 하다. 사진 (c), (d)는 호수가 아름다운 나라인 스위스의 루체른에 있는 목교인데, 특히 사진 (c)의 카펠교(Chapel Bridge)는 화재로 소실된 것을 다시 건설한 것이지만, 유럽에서 가장 오래된 목교이다. 또한 교량의 지붕 부분에 그려진 스위스의 역사화(삼각형의 판화이며, 이 중에는 17세기 하인리히 베그만의 작품도 있음)가 유명하다.

사진 (e)는 전남 승주에 있는 송광사의 **삼청교**로, **능허교**라 하기도 하며, 사찰의 대웅전으로 들어가는 통로의 용도로 만들어졌다. 이 교량은 석교이면서 **우화각**이라는 누각을 갖춘 흔하지 않은 형식의 교량이며, 1707년(숙종)에 축조하였고, 1774년에 보수하였다는 기록이 있다. 사진 (f)는 송광사의 **극락교**로 누각을 **청량각**이라 하는데, 우화각과 마찬가지로 아치형 석교에 지붕을 건설한 특징이 있다. 사찰 입구에 건설된 이와 같은 다리는 속계와 불계의 경계를 나타내는 의미로, 조선시대의 궁궐 입구에 만들었던 금천교와 같은 개념의 교량이다. 이 외에도 국내에는 앞에서 소개한 신라시대의 **월정교**를 비롯하여 구례 천은사의 **수홍루**, 태안사의 **능파각**(목교 위의 지붕구조) 등이 지붕이 있는 교량의 사례이다.

우리의 교량 건설 역사에서도 과거와 미래를 연결하고, 마음과 마음을 연결하며, 이 세상(이승)과 저 세상(저승)을 연결하는 의미를 지닌 교량들이 건설되었다. 이들은 경주 불국사의 청운교와 백운교, 그리고 남원 광한루의 오작교 등이다. 우리나라는 예로부터 지형적인 특성이나 문화적인 특성으로 이동의 수단으로 탈 것을 이용하는 것 보다는 도보 이동이 대부분이었다. 그러므로 우리들의 일상 주변에는 도보이동에 이용되었던 **잔도**, **잔교** 등이 개발되었고, 소규모의 **섶다리**(1428년 경북 청송에서 섶나무를 엮어 만든 다리라고 전해짐)나 목교, 그리고 석교 등이 건설되었다.

인류 문화사 전체를 보면 물류혁명의 기원이 되는 바퀴(Wheel)가 발명되고 인류 문명이 발달하면서, 바퀴를 이용한 각종 이동수단이 개발되었다. 바퀴 발명의 역사가 언제부터 시작되었는지 분명하지 않지만, 유물로서는 기원전 3500년경의 것으로 추정되고 있다. 이는 메소포타미아 유적에서 발견된 전차용의 나무 바퀴가 가장 오래된 것으로 알려져 있다. 바퀴를 이용한 이동수단은 '수레→마차→기차→자동차' 등으로 발전을 거듭하면서, 이와 같은 발전된 각종 이동수단들은 인간의 활동영역을 급격히 넓어지게 했다. 따라서 이와 같은 발달의 과정을 거치면서 기차나 자동차가 통행할 수 있는 현대적인 교량(다리)의 건설기술도 동반해서 발전하게 된 것이다. 그러나 이와 같이 오래전부터 편리하게 이용되던 바퀴가 여행 가방에 부착되기 시작한 것이 불과 100여년 정도 되었다고 하니, 발상의 전환도 쉬운 것이 아닌 듯하다.

우리들의 일상에서 교량이라는 말은 다양한 영역에서 이용되고 있다. 선박에서 사용되고 있는 **'브릿지(Bridge)'**라는 용어는 선박의 발달 과정과 관련이 있다. 인류 문화사에 큰 영향을 미친 **대항해 시대**(Age of Discovery, 15세기 초~)에 이용되었던 보통의 범선은 후방 갑판을 높게 만들어 선박의 조타, 지휘, 관측 등을 위한 공간으로 이용했다. 그러나 증기기관이 발명되어 외륜형의 증기기관이 선박에 장착되면서 선박의 양측에는 외륜을 돌릴 수 있는 기관실이 필요했고, 이와 같은 양측의 기관실을 서로 연결하던 구조물을 브릿지라고 한 것이다. 보통 군함에서는 브릿지를 **함교**(Bridge of Warship, The Navigating Platform)라 하고, 민간선박에서는 **선교**(Bridge of Ship)로 불리기도 한다. 지금도 이 시설은 선박의 운항에 필요한 각종 시설을 통제하는 통제실로 이용되고 있는데,

형태가 다소 변하기는 했지만 이를 통칭하여 브릿지라 부르고 있는 것이다.

공항에도 비행기를 탑승할 때 이용하는 사진 1.4의 (a)와 같은 **탑승교**(Air Bridge, Boarding Bridge, Jet Bridge)라는 교량의 형태가 있으며, 이는 승객의 편의를 위하여대부분의 공항에서 비행기의 기종에 따라 다양한 방식으로 운용하고 있다. 항만에서도 선박 승선용의 사진 (b)와 같은 형식의 탑승교가 운용되고 있다.

(a)

(b)

사진 1.4 탑승교

또 하나의 예로 강원도의 강릉에는 조선시대 사대부의 살림집으로 국가 민속 문화재로 지정된 **선교장(船橋莊)**이 있다. 이 살림집은 배산임수의 전형적인 명당(?) 자리에 있는데, 이름에서 알 수 있는 것처럼 배와 관련이 있다. 말하자면 옛날 경포호에 배로 다리를 만들어 건너다니던 배다리 마을(선교리)에 위치하였기 때문에 붙여진 이름이 선교장이다. 이와 같이 우리 주변에는 다리(교량, Bridge)와 관련된 많은 용어들이 사용되고 있으며, 이들의 유래를 찾아보는 것도 흥미로운 일이다.

최근에는 관광지를 중심으로 스카이 워크 등의 산책용 교량이 다양한 형태로 건설되고 있다. 그리고 '출렁다리'라는 이름의 보행자용 다리(보도교)도 현수교의 개념을 적용하여 건설되고 있다. 이와 같은 교량의 형식은 설계자의 상상력과 경제성, 미관, 그리고 주변의 다양한 환경을 고려해서 결정하도록 한다. 그러나 관광지에 건설되는 이런 용도의 교량은 전국에 많이 건설되고 있지만, 이런 하드웨어만으로는 관광객을 유인하는 것에는 한계가 있을 것이다.

기업이나 국가, 그리고 지자체 등은 방송이나 신문 등 각종 매체를 통하여 광고를 하는데, 이들은 교량을 배경으로 한 것들이 많이 있다. 그 예로 텔레비전을 통해 방영된 상업 광고에서 미국의 동부를 대표하는 뉴욕의 브루클린교(Brooklyn Bridge)와 서부를 대표하는 샌프란시스코의 금문교(Golden Gate Bridge) 등이 있다. 또한 Sunshine Skyway Bridge, 호주의 Harbor Bridge 등도 각각 그 지역을 대표하는 랜드마크로 인식되어 많은 관광객들의 관심을 끌게 된 것은 이미 알려진 사실이다. 그리고 국내의 광고사례로는 주변 경관이 조화를 이루는 부산의 광안대교나 신안의 천사대교, 그리고 인천대교 등을 배경으로 했던 광고 등이 있는데, 이는 교량이 지역을 대표하는 상징으로 자리 잡게 된 것을 뜻하는 것이기도 하다. 일부의 도시는 오랜 역사의 흔적을 간직하면서 문화재적인 가치가 있는 교량이나 독특한 신기술로 건설된 교량을 새로운 관광의 아이템으로 소개하기도 한다. 이와 같은 사례들은 교량이 가지는 경관을 바탕으로 한 미관상의 이유도 있지만, 교량에 포함된 건설 기술의 역사성을 알 수 있다는 것이다. 또 기술 발달의 시대적 흐름을 반영한 교량은 그 시대의 토목 기술이 집약된 종합 예술품이기 때문이다. 또한 다리는 인류의 문화유산이고, 심미적이며 환경적인 면에서 경관과 조화를 이루는 작품으로서 아주 중요한 기능을 갖고 있다. 이는 교량이라는 것이 우리들의 삶과 밀접한 관계가 있으며, 어떤 의미에서는 고유의 목적인 '연결'의 중요성을 함의하고 있기 때문이다. 문화적인 특성으로 보면 동양은 '강 건너 불 보듯 한다'는 말이 있을 정도로 강 건너의 세계를 다른 세계로 보았으므로 큰 다리를 만들지 않았던 측면도 있다. 그러나 서양의 지배자는 지배 영역을 무한하게 확장하는 수단으로 교량을 건설할 정도로 교량의 건설에 적극적이었다. 결과적으로 인간의 생활이 풍족해지면서 교량은 단순한 교통수단으로서의 기능만 갖는 것이 아니라, 다양한 인류문명의 통로가 되는 중요한 매개체로서의 자리를 차지하게 된 것이다.

동서양을 막론하고 고대에서 현대에 이르기까지 다리(교량)는 문학작품의 배경이 되거나, 회화의 소재로도 자주 소개되고 있다. 특히 서구에서는 일찍부터 교량이 회화의 중심 소재가 되었을 정도로 일상에 가까운 존재의 상징적인 의미를 가지고 있었다. 또한 교량은 역사의 변화를 체증할 수 있는 현장이기도 하며, 만남과 이별의 사연이 녹아있는 장소이기도 했다. 르네상스의 발상지인 이탈리아 피렌체에 있는 베키오교는 역사와 더불어 문학작품의 배경이 되었고 회화의 다양한 소재로 등장하고 있다. 수상도시인 베네치아에 있는 유명한 다리인 리알토교는 그 시대의 그림 속에 표현된 교량의 모양을 통해서 교량의 발달사를 알 수 있을 정도로 때로는 회화의 주된 소재가 되기도 했다. 수련(Water Lily)을 주제로 하여 많은 그림을 그렸던 인상파 화가인 모네(Monet, 1840~1926)는 그의 그림 속에 다리를 도입하여 작품세계를 다양하게 표현하고 있으며, 이를 통하여 새로운 이미지를 전달하기도 했다. 그리고 네덜란드 태생의 화가인 고흐(Gogh, 1853~1890)도 남프랑스에서 작품 활동(어떤 의미에서는 그냥 그리기만 했음)을 하면서 교량을 배경으로 한 작품을 남겼다. 고흐는 일본의 화가 히로시게의 '아타케대교의 소나기'와 같은 풍의 그의 작품인 '아를의 랑그루아 다리'를 통해서 고향 네덜란드를 연상했다. 사진 1.5는 고흐의 그림 속에 등장하는 다리인데, 이는 고흐가 상당기간 동안 머물렀던 남프랑스에 그 당시의 다리를 재건설한 것이다. 지금은 그림의 소재가 된 이곳을 일본인들을 중심으로 많은 관광객이 찾는 곳이기도 하다. 이 그림 속의 다리는 도개교의 전형으로 운하가 발달한 고흐의 고향인 네덜란드에 있는 대표적 형식의 가동교였다. 이는 고흐의 마음속에 있었던 고향의 상징이었으며, 고흐는 이 평범한 랑그루아 다리를 소재로 드로잉, 유화 각 4점씩, 수채화 1점을 그렸던 것으로 알려져 있다.

(a)

(b)

사진 1.5 아를의 랑그루아 다리

이와 같이 문학이나 예술 활동에 등장하는 많은 다리는 역사성과 시대변혁의 과정을 나타내는 많은 의미를 함축하고 있다. 19세기 중반부터 20세기 초반까지 당시의 서양 미술 전반에 영향을 미친 화풍들은 **자포니즘**(일본 미술의 영향과 취향, 그리고 일본풍 선호 사상) 현상에 큰 영향을 미친 일본의 미술인 **우키요에**의 영향이 크다. 물론 이런 현상은 그 당시에 그들에게는 일본이 동양을 대표하는 의미였을 것이라 생각되었던 것은 중국이나 한국이 먼 바다로의 항해를 금지했던 것과 무관하지 않다. 이 시대에 서양인들이 동양을 보던 시각을 다양한 문헌을 통해 고찰해 보는 것도 그 당시의 시대상을 이해할 수 있는 또 하나의 방법이 될 수 있을 것이다.

서화가인 강진희(1851~1919)는 1888년에 대한제국의 통역관 자격으로 미국을 방문하였다. 그때 그는 근대화의 상징인 교통의 위대함은 길을 잇는 것에서 시작된다고 생각했다고 한다. 그는 기차가 달리는 풍경을 보고 수묵화(**화차 분별도**)로 그 기록을 남겼는데, 이 수묵화는 지금의 기준으로 보면 기록 사진과 같은 것이다. 이와 같이 조선 사람이 그린 최초의 미국 풍경화 속에는 철교(Railway Bridge) 위를 달리는 기차가 묘사되어 있다. 이는 근대화 하면서 육지와 육지를 잇는 '연결'을 의미하는 다리의 중요성을 보여주고 있다. 이들은 문명의 가교인 다리(Bridge)가 우리들의 일상과 함께 있으며, 새로운 문명세계를 접했던 단상을 다리로 표현한 상징적인 장면이다.

유럽연합(EU)은 1993년에 12개국으로 시작하여 지금은 27개국의 회원국으로 구성되어 있다. EU는 그들이 사용하는 지폐(유로화)의 뒷면에 시대별 교량이 도안되어 있는데, 이것은 교량이 가지는 문화재적인 가치도 중요하지만 EU가 소통하고 교류하며 연결된다는 의미를 뜻하는 것이라 생각할 수 있는 것이다.

국내의 사례를 보면 부산광역시는 도시의 랜드마크로 **광안대교**를 소개하고 있으며, 이를 중심으로 매년 불꽃놀이 등의 문화행사를 개최하고 있다. 또 동양 최초의 가동교인 **영도대교**를 재건설하고, 여기에 한국인들이 어려웠던 시절의 스토리텔링을 더하여, 사람들의 감성을 불러일으키기도 했다. 또한 인천광역시는 인천대교, 광양시는 이순신대교, 그리고 신안군은 천사대교 등을 소개하면서 교량을 도시 관광의 중심 요소와 개발의 아이콘으로 이미지 광고를 하는 사례를 볼 수 있다. 그리고 전국의 유원지를 중심으로 다양한 형태의 교량(스카이 워크, 출렁다리 등)을 건설하여 지역의 상징성을 부여하고, 이를 통하여 경제적인 효과도 얻을 수 있도록 노력하고 있다. 이와 같이 현대적인 의미의 교량은 기본적인 물류수송의 기능은 물론이고, 문화의 교류를 통하여 인간 공동체를 유지할 수 있는 인체의 혈관과 같은 것이라 할 수 있다. 또한 교량은 우리들의 삶에 다양한 방식으로 관련하고 있고, 새로운 교량의 건설로 많은 관광객을 유인하는 사례도 볼 수 있다. 이처럼 교량은 다양한 인문학적인 의미를 가지면서, 이 시대 문화의 핵심 요소로 자리하고 있는 것이다. '미래의 역사 유적은 교회나 절이 아니라 교량이다.'라는 말이 있을 정도로 개성이 있고 아름다운 교량은 새로운 도시 경관 구성의 중심이 되고, 도시 발달의 상징물이 될 것으로 예상된다. 특히 우리와 문화적인 특성이 다른 유럽을 여행할 때 토목 기술자들은 유럽의 역사 속에서 이어져 오고 있는 교량의 흔적을 찾아보고 관련된 역사를 기억해 보는 것도 좋은 여행이 될 수 있을 것이다.

최근에는 기존의 주택지는 재개발의 과정을 거치면서 대규모의 아파트 등이 건설되고 있다. 이들 단지에는 사진 1.6의 (a), (b)에 소개된 것과 같은 **스카이 브릿지(Sky Bridge, 구름다리)**가 건설되면서 새로운 기능의 교량을 선보이고 있다. 그리고 일부의 대규모 아파트 단지에서는 단지 내의 건물을 사진 (c), (d)와 같은 교량 방식의 구조물로 연결하여 입주민들의 편의를 도모하고 있는 곳이 있을 정도로 교량은 다양한 방식으로 이미 우리 주변에 다가 와 있다.

(a) (b) (c) (d)

사진 1.6 생활속의 교량

이와 같이 다리(Bridge)는 다양한 이미지로 우리 주변에 존재해 있으며, 이들은 우리들의 삶을 더 편리하고 여유롭게 할 수 있는 매개체가 될 수 있음을 뜻하는 것이라 생각된다. 미래에도 상상력과 창의력이 풍부한 기술자들이 또 다른 새로운 형태의 교량을 소개할 것이고, 이를 통해서 우리들이 삶을 즐기는 방식도 더 다양해질 것이라 기대된다.

1-2 교량의 역사

교량은 문명과 밀접한 관계를 맺어 오면서 끊임없는 발전을 이루어 왔으며, 이는 환경의 지배를 받는 인간 문명의 발달 과정을 잘 나타낼 수 있는 대표적인 토목 구조물 중의 하나이다. 교량 건설의 역사는 토목공학 발달의 역사라고 해도 과언이 아니며, 교량의 건설은 토목공학의 종합적인 기술이 요구된다. 미래의 교량 건설은 첨단기술과 각종 기술의 융합 과정을 통해서 새로운 형태의 발전이 기대되기도 한다. 과거에는 교량이 도로나 철도 노선 상에 있는 장해물을 통과하는 단순한 기능만 하였으나, 근대화의 과정을 거치면서 단순한 통행 수단을 넘어 물류수송의 근간이 되고 문화교류의 수단이 되었다.

모든 기술 분야가 그러하지만 재료공학의 발달과 더불어 각종 소재의 개발이 이루어지면서, 교량의 건설기술(설계 및 시공)은 비약적인 발전을 이루었다. 이런 발전을 통해서 접근하기 어려웠던 지역도 다양한 형식의 교량을 통해 연결이 가능해졌는데, 이와 같이 교량은 지역을 연결하면서 문명의 가교 역할을 할 수 있었던 것이다. 또한 예술품과 같은 교량이 만들어 내는 경관은 그 지역의 문화 수준을 한 단계 높일 수 있는 매우 중요한 구조물이 되었다. 그리고 교량이 가지는 도시 경관 형성의 특성과 함께 지역의 문화유산이면서 아름다운 조형물로서의 역할도 함께 하는 인류문명 발달의 아이콘이 되기도 한다.

인류는 역사의 초기부터 보, 아치, 캔틸레버 구조 등의 형식으로 간단한 교량을 만들어 이용해 왔다. 최초의 아치교는 과거 수메르인들이 세상에서 가장 오래된 도시라 믿었던 아랍 지역의 우르(Ur)에서 발견되었다고 한다. 우르는 유프라테스 강에서 서쪽으로 24km 정도 떨어진 곳에 위치하며, 메소포타미아 지역 남부에 수메르 문명 시기에 세워진 도시이다. 그리고 이집트에서의 아치구조의 역사는 BC 3000년경까지 거슬러 올라가며, 이 시기에 건설된 아치구조는 주로 건물의 형태였다. 현존하는 가장 오래된 석재 아치교는 터키의 Smyrna(지금의 이즈미르)에 있는 것으로 알려져 있다. 아치 형식은 휨에 저항할 수 있는 건설재료(주로 단면에 비해 길이가 긴 각형 부재)가 없던 시대에 석재(Stone)를 이용하면서 적용해 왔던 구조 형식이다. 이후에 구부러지는 것에 대한 저항성이 큰 휨부재가 개발되면서, 아치구조를 사용하는 빈도가 적어지는 구조형식의 변화를 가져오게 되었다.

교량 건설을 위한 구조 해석법은 17세기까지도 정확하게 알려지지 않았지만, 다양한 경험을 통한 꾸준한 발전을 이루면서 교량이 건설되어 왔다. 또한 산업혁명을 기점으로 물류의 중요성을 깨닫게 되고, 철을 다루는 제철기술의 발달(주철→연철→강철), 철근콘크리트의 개발, 그리고 고강도의 강케이블 개발 등으로 교량건설의 기술은 끊임없는 발전을 계속하고 있다. 산업혁명의 견인차 역할을 한 철도의 발달도 교량의 발달이 없이는 불가능했을 정도로 교량은 오랜 기간에 걸친 발전의 역사를 가지고 있다. 그러나 이런 모든 교량을 소개하기는 내용이 너무 방대하고 지면의 한계로 어려움이 있다. 특히 고대 교량의 역사는 중국을 제외하고 설명하기가 어렵고, 현대의 중국교량의 발전도 아주 중요하지만, 접근의 어려움(?) 등 다양한 이유로 간단하게만 다룬다. 따라서 대략적으로 서구(유럽과 미국을 포함)와 일본, 국내로 나누어 주요 교량 중심으로 그 변천의 과정을 소개하고자 한다.

1) 서구의 교량

서양 문화와 역사 그리고 문명의 원류라 할 수 있는 고대 로마시대에는 지배자가 지배 영역을 무한히 확장해가는 방편으로 교량을 건설하였다. 이 시대에 군주가 교량을 건설하는 능력은 로마의 힘을 과시하는 상징이 되기도 했다. 로마인들은 교량을 '하늘과 땅을 연결하는 상징'이라고 믿었기 때문에 성직자(신부)들에 의해 많은 교량들이 건설되었다. 물론 같은 개념으로 불교문화 중심의 동양에서는 사찰(Temple)에서 보시(Temple Offering)의 개념으로 교량을 건설하는 사례도 많았다.

(1) 고대의 교량

로마의 교량 건설 기술을 나타내는 대표적인 교량은 기원전 1700년경에 건설되어 Teverone을 횡단하는 최초의 석재 아치교인 **솔라레스교(Solares Bridge)**이다. 또한 지금까지 남아 있는 유명한 교량들로는 이탈리아의 Rimini에 있는 **아우구스투스교**(Augustus Bridge, or Bridge of Tiberius), 스페인의 톨레도에 있는 알칸타라교(Alcantara Bridge), 그리고 남프랑스에 있는 **가르교**(Gard Bridge) 등이 있다.

(a)

(b)

(c)

(d)

사진 1.7 초창기 아치교

사진 1.7의 (a), (b)는 스페인의 옛 수도인 똘레도(Toledo)의 타구스강에 건설되어 있는 **알칸타라교**(The Alcántara Bridge, also known as Puente Trajan at Alcantara)이다. 이 다리는 길이 190 m, 폭 8.6 m이며, 6개의 아치로 구성된 석조교량으로 AD 106년에 완공된 로마시대의 교량이다. **똘레도**는 로마 시대부터 천연의 요새로 발전해 온 마드리드 근처에 있는 도시로, 기독교, 유대교, 그리고 이슬람교와 관련된 다양한 유적이 공존하면서 스페인의 문화를 잘 나타내고 있는 유명한 관광지이기도 하다.

사진 (c), (d)는 남프랑스에 있는 로마시대의 대표적인 수로교인 석조 아치 형식의 **Gard교**(Aqueduct, BC 19년경에 완공)로, 이는 그 시대에 로마가 지배했던 여러 곳에 남아있는 수로교 중에서 가장 유명한 것이다. 이 교량은 수면으로부터의 높이가 47.5 m이며, 3층의 아치구조로 건설되어 있는데, 가장 긴 아치의 경간은 약 24.4 m이고, 최상층의 연장은 270m이다. 로마시대의 수도관 책임자였던 프론티누스(Frontinus)는 이와 같은 수로교들은 이집트 문명이나 그리스 문명 보다 더 대단한 것이라고 찬양할 정도로 소중한 기반시설 중의 하나였다. 특히 Gard교는 로마가 수로교를 만들 수 있었던 당시의 토목기술(구조공학, 수공학, 측량공학 등)을 가장 잘 나타내는 대표적인 구조물이기도 하다. 또한 1747년에는 초창기의 **수로교** 형태에 사진 (d)와 같이 1층 아치 부분에 상로교 형식의 도로를 추가로 확장하였다.

(2) 베키오교

교량의 건설은 많은 인력을 동원해야 하는 공사였기 때문에 4~8세기에 유럽에서는 큰 교량이 거의 건설되지 않았다고 알려져 있다. 이 시기에는 정치 집단의 규모가 작아서 많은 인력과 재정적인 투자가 요구되는 교량을 건설하기에는 어려움이 없었던 것으로 추측된다. 그러나 중세에 이르러서 교량은 주로 성직자들이 주도하여 건설하였으며, 이 시대의 교량은 신의 영광의 상징으로 인식되기도 했다. 교회가 유럽인들의 일상의 중심이었던 중세시대는 신이 인간을 위해 교량이라는 구조물을 만들게 했다고 강조되었던 시기였다. 따라서 그 시대 교량의 건설은 주로 교회의 성직자가 담당하였으므로, 교회의 정점에 있는 로마의 교황은 교량 건설의 최고의 결정권자였던 것으로 추측할 수 있다. 이와 같이 성직자에 의해 교량이 건설될 정도로 중세 유럽의 사회는 교회 중심의 문화가 주류를 이루면서, 때로는 통치자는 여행을 제한하거나 상업 활동을 제한하는 수단으로 교량을 이용하기도 했다. 이탈리아 베네치아 출신의 상인이었던 마르코폴로(Marcopolo)는 그의 저서 **동방견문록**에서 중국에는 아름답고 뛰어난 수준의 교량들이 많이 있다고 기록하고 있다(내용에 대해서는 논란이 많음). 이는 마르코폴로가 그 시대의 중국의 교량 건설 기술이 상당한 수준이었다는 사실에 깊은 인상을 받았던 것으로 생각된다.

교량 발달사의 관점에서 보면 르네상스(14~16세기) 이후의 시기는 아주 중요한데, 이 시대는 Hooke, Newton, Bernoulli, Euler 등의 유명한 공학자들이 활동하던 시기이다. 이들이 정리하여 발표한 각종 공학 이론들은 모든 산업의 기초 이론을 제공하였고, 교량공학 발전에도 큰 영향을 미쳤다. 1747년 프랑스에는 세계 최초의 토목공학 관련의 기술학교인 '교량 도로학교'가 설립되어 기술자들을 교육하기도 했다.

베키오교(Vecchio Bridge)는 피렌체를 흐르는 아르노강에 건설된 유럽의 다른 어떤 교량보다도 많은 역사성을 가지고 있는 교량중의 하나이다. 사진 1.8에 소개된 이 교량은 이탈리아의 도시인 피렌체(플로렌스)에 건설되어 있으며, 이는 유럽에서 가장 오래된 교량중의 하나이기도 하다. 베키오교는 1345년에 건설되었는데, 한 때는 세계를 지배했던 로마시대의 마지막 교량이라 할 수 있으며, 많은 역사의 무대가 되었던 현장이기도 하다. 이 다리는 3개의 아치로 건설되어 있는데, 주경간장은 30 m이고 측경간장은 각각 27 m이며, 폭은 32 m 규모이다.

(a) (b) (c) (d)

(e)

(f)

사진 1.8 베키오 다리

이 교량은 교량 위에 상업시설인 가게(초창기는 푸줏간 등의 가게가 있었으며, 지금은 귀금속 상가들이 있음)들이 있는 독특한 방식의 교량이다. 또한 훗날에 피렌체의 유력 가문인 메디치가는 일반인과 마주치지 않고 그들만이. 통행할 수 있는 통로를 원하였기 때문에 사진 (c), (d)와 같이 상가 윗부분(2층 부분)에 새로운 통로를 건설하기도 했다. 우피치궁과 피티궁전을 연결하는 이와 같은 통로(코시모의 개인 비밀 통로)가 건설되면서 베키오교는 사진과 같이 2층교의 형식이 되었다. 상점의 일부는 사진 (b)와 같이 돌출된 형태(캔틸레버 구조)로 확장되기도 했으며, 2차 세계 대전을 겪으면서 일부를 리모델링하는 변화도 있었다. 사진 (e)는 베키오 다리가 우피치 미술관으로 연결되는 부분인데, 이는 건물과 교량이 하나로 연결된 구조적인 특징을 보이는 부분이기도 하다. 사진 (f)는 베키오교의 중간 부분의 한쪽 면이 개방된 광장형으로 조성되어 있는 특징을 나타내고 있다.

특히 이 다리는 르네상스 시대를 풍미한 메디치 가문, 세계적인 문호 단테와 관련된 얘기 등 많은 이야기의 배경이 되고 있다. 또한 그 시대의 대문호였던 단테가 짝사랑 했던 베아트리체를 만나 가슴 조이던 계기가 되었던 곳이기도 하니, 아름다운 만큼이나 사연이 많은 다리이기도 하다. 또한 이 다리는 많은 문화 예술작품의 소재로 등장하고 있는데, 이들은 시인 단테, 베아트리체, 귀족들 간의 전쟁 등 피렌체 역사의 배경이 되는 다리이기도 하다. 이와 같이 시대의 변천 과정 속에서 메디치 가문과 관련하여 베키오교를 배경으로 한 피렌체의 역사를 찾아보는 것도 이 지역의 여행을 더 흥미롭게 하는 요소가 될 수 있다.

(3) 리알토교

리알토교(Rialto Bridge)는 사진 1.9의 (a)~(c)에 나타낸 것과 같이 단경간의 아치구조로 베네치아의 대운하에 건설되어 있다. 베네치아는 운하가 발달한 아름다운 수상도시인데, 도시 건설의 역사 측면에서 보면 토목공학의 발달과 깊은 관계가 있다. 리알토교는 주경간장 28.8 m, 폭 22.9 m의 규모인 석재 아치교로 베키오교와는 달리 많은 장식이 되어 있는 아름다운 교량이다. 이는 12세기에 처음으로 부교 형식(배다리, 선교)의 다리로 이용되다가, 1255년에 목교로 건설되었고, 재건설의 과정을 반복하면서 많은 변화를 겪어 온 다리이다. 또 1310년에는 베네치아 함대의 해상 퍼레이드를 관람하기 위하여 다리위에 많은 사람들이 몰려들어 다리가 붕괴되는 사고가 발생하기도 하였다.

리알토교를 소재로 한 그림(카르파초, 1496년, 캔버스에 템페라)은 그 당시의 리알토교를 소상하게 나타내고 있다. 이 그림 속의 리알토교는 배의 통항을 위하여 중앙 부분에 가동장치가 있었던 목교로 표현되어 있는데, 이는 리알토교가 그 당시는 가동교의 기능을 가졌음을 알 수 있다. 또한 교량 상부에 건설되어 있는 상점에는 간단한 처마가 설치되어 있고, 교각에는 X자 형태의 보강재(브레이싱)가 사용된 이엽 도개교 형태였음을 알 수 있다. 1512년에는 화재가 발생했으며, 1524년에도 목교의 반 정도가 붕괴되었다는 기록도 있다. 이와 같은 변화를 겪은 뒤에 1591년에 이르러 비로소 지금과 같은 아케이드를 갖춘 석재(대리석) 아치교로 정비되어 수상도시 베네치아를 대표하는 명소가 되었다. 다리의 설계 공모로 건설된 이 교량은 도시의 다른 건축물들과 마찬가지로 나무파일로 기초가 시공되었는데, 베네치아의 도시건설에 사용된 나무파일들은 발칸의 여러 나라에서 공급된 목재였다.

(a) (b) (c) (d)

사진 1.9 리알토교

르네상스의 영향을 많이 받은 리알토교는 피렌체의 베키오교와 같은 방식으로 지붕이 건설되어 있고, 아치형의 다리 위에는 통행인들의 편의를 위하여 계단으로 건설된 3개의 통로가 있다. 이 중에서 두 개는 바깥의 난간 쪽에 있고, 사진 (b)와 같이 가운데의 중앙 통로에는 가게가 양옆으로 있는 구조이다. 특히 리알토교는 당시에 지중해의 해상 강국이던 베네치아의 대형 갤리선이 통항할 수 있도록(지금의 개념으로 보면 형하고를 확보하기 위함) 아치교로 건설된 것이다. 이 다리는 지금도 베네치아의 소중한 관광 자원이지만, 오래된 아치구조에서 흔하게 볼 수 있는 것처럼 사진 (c)와 같이 아치구조의 일부가 보강되어 있기도 하다.

(a)

(b)

(c)

(d)

사진 1.10 베네치아의 풍경

이외에도 베네치아에는 수상도시답게 사진 1.10의 (a)~(c)와 같은 탄식의 다리 등 크고 작은 많은 다리가 있다. 이는 작은 골목길도 운하화 된 도시의 특성에 따라 작은 배가 통항하고 그것에 맡게 적절한 크기의 다리가 다양한 형태로 건설되어 있는 것이다. 특히 사진 (d)와 같이 다리 위에서 대운하를 조망하는 풍경이나, 석양이 질 때의 운하도시 베네치아의 풍경은 여행의 추억을 더하는 것이 될 수 있다. 영국의 대문호 세익스피

어의 '베니스의 상인'에도 등장하며, 영화나 회화에 소개되는 이 다리는 베네치아의 영원한 추억거리를 제공하는 기억속의 다리로 존재할 것이다.

(4) 퐁네프교

퐁네프(Pont Neuf)교는 1607년에 프랑스 파리의 세느강(Seine)에 건설되어 있는 가장 오래된 석재(Masonry Bridge) 아치교(Vaulted Arch Bridge)이다. 이 다리는 파리의 역사와 더불어 오늘날까지 그대로 보존되어 있으며, 1578년 착공하여 1607년에 완공했을 정도로 건설 기간이 비교적 길었고, 인도를 갖춘 파리 최초의 다리였다. 사진 1.11과 같은 이 교량은 전체 길이가 232m, 폭이 22m, 총 12지간(7지간+5지간)의 아치로 비교적 큰 규모의 교량이며, 그 시대에 파리에 건설된 다리 중에서 도로가 포장된 최초의 다리였다. 또한 이 다리는 '퐁네프의 연인들'이라는 영화 속의 무대가 되어 많은 사람들의 기억에 남아있는 교량이기도 하고 모네, 르누아르 등의 인상파 화가들이 회화의 소재로 그들의 작품 속에 소개를 했던 다리이기도 하다.

사진 1.11 퐁네프교

(5) 영국의 아이언 브릿지

비교적 근대의 교량으로 분류될 수 있는 과거 200여년의 교량과 관련된 역사를 보면 영국에서 일어난 산업 혁명을 분수령으로 해서 많은 변화가 일어났다. 물자의 대량 수송을 위한 철도 및 운하의 건설과 석탄을 산업의 연료로 이용하면서 철의 용융 기술이 발달하여 교량 건설용 재료의 획기적인 발전을 동반하게 되었다. 특히 산업혁명을 주도한 영국은 교량 건설에서도 대단한 발전을 이루어, 1779년에는 영국의 Coalbrookdale에 사진 1.12와 같은 최초의 철교(Iron Bridge)가 건설되었다. Severn강에 놓인 이 교량은 단순교 형태이며, 경간이 42.7 m인 아치형 교량으로 주철로 건설된 최초의 교량이었다. 그러나 주철이 교량건설의 재료로 계속 이용되기에는 단점이 있었으므로 이후에 강철로 바뀌게 되었지만, 이 교량은 최초의 철교라는데 큰 의의가 있다.

(a) (b)

사진 1.12 최초의 철교 (https://www.ironbridge.org.uk/)

(6) 세체니교

헝가리의 수도인 부다페스트의 도나우강에 건설되어 있는 사진 1.13의 (a)~(d)에 나타낸 세체니교는 이 도시를 더 관광지답게 만들며 부다페스트의 역사를 담고 있는 교량이다. 도나우강은 독일 서남부에서 발원하여 '오스트리아–슬로바키아–헝가리–크로아티아–세르비아–불가리아–루마니아–몰도바–우크라이나'의 경로를 거쳐 흑해로 흘러 들어가는 아름다운 강이다.

(a)

(b) (c) (d)

사진 1.13 세체니교

이 교량은 1849년에 개통되어 도나우강(다뉴브강)을 중심으로 발달해 있는 사진 (a)에 소개된 부다페스트의 부다지구와 페스트지구를 연결하는 도로교이다. 그 당시에는 강도를 만족할 수 있는 고강도의 강선(Steel Cable)이 개발되기 이전이었으므로 사진 (c)와 같은 방법으로 주철판을 접적하여 인장 부재로 사용한 특징이 있다. 이 다리는 부다페스트가 야경이 아름다운 동유럽의 도시로 알려지는데 큰 역할을 한 토목 구조물이기도 하다. 세체니교는 부다페스트의 상징이 된 아름다운 교량으로 알려져 있고, 교량의 양쪽에는 사진 (d)와 같은 보행자용 길이 설치되어 있어 도나우강을 조망하기에도 좋다.

(7) 포스교

포스교(Forth Bridge)는 1890년에 개통한 교량으로 스코틀랜드의 포스(Forth)강 하구를 횡단하는 철도교이다. 사진 1.14의 (a), (b)와 같은 이 교량은 다경간 캔틸레버(Cantilever) 공법을 적용한 세계 최초의 교량이다. 어떤 면에서는 산업혁명을 일으킨 대영제국의 영광을 나타내는 교량으로 2015년에 영국의 세계유산에 등재되었다. 이 교량은 화강암으로 건설된 교각에 4 m 직경의 연강(Mild Steel)으로 만들어진 파이프 부재를 리벳이음으로 시공한 교량이다. 이 다리의 총 길이는 2,529 m로 장식을 사용하지 않은 구조적인 요소들로 독특한 미관을 가지며, 그 양식과 자재, 규모의 모든 측면에서 아주 혁신적인 다리였다. 이는 철도가 장거리 육로 여행의 주된 수단으로 떠 오르던 시대에 완성된 대표적인 교량이며, 테이교의 붕괴 이후에 과학적으로 설계되었다. 길이가 207 m인 캔틸레버 방식의 교량으로 사진 (a)에서 2개의 중앙 경간의 길이는 각각 521 m(207+107+207 m)로 건설되었지만 과다 설계의 논란도 있었다.

(a)

(b)

사진 1.14 포스교

(8) 타워브릿지

타워브릿지(Tower Bridge)는 영국 런던의 템즈강에 건설되어 있는 아름다운 교량으로 사진 1.15의 (a)~(g)에 소개되어 있다. 이 교량의 총길이는 286.5m, 주경간장은 79m

의 규모이며, 1894년에 완공된 이 교량은 사진 (b)와 같이 중앙부의 상판이 양측으로 도개되는 **이엽 도개교** 형식으로 건설되어 있다. 가동교 형식의 이 교량의 양측은 현수교 형식으로 건설되어 있고, 골조는 철골로 시공되어 있다. 또한 빅토리아 시대의 공학기술이 집적되어 템즈강에 건설된 최초의 석조(화강암) 장식 교량으로 중후함이 느껴지는 런던의 상징이라 할 수 있는 교량이다. 사진 (e)와 같은 현수부의 부재는 강판을 첨접한 방식으로 리벳이음으로 시공되어 있으며, 이 교량의 가동 부분은 사진 (f)와 같은 기계실에서 작동되는 유압으로 가동되고 있었으나, 지금은 전기로 작동되는 것으로 알려져 있다. 그리고 사진 (g)와 같이 교량의 상부에는 전시장이나 전망대의 기능을 하는 공간(회랑)도 마련되어 있는 특이한 형식의 교량이다.

(a)

(b)

(c)

(d)

(e)

(f)

(g)

사진 1.15 타워 브릿지

스코틀랜드풍의 건축양식으로 템즈강에 건설된 이 교량은 St Mary Cole Church의 신부가 건설과 유지관리를 담당하였다. 특히 교량의 오른쪽 타워에 설치되어 있는 엘리베이터를 타고 상부의 회랑으로 올라갈 수 있는 구조로 되어 있다. 타워 브릿지는 건설 당시에는 파리의 에펠탑과 같이 미관에 대하여 혹평에 시달리기도 했으나, 지금은 런던의 명소가 되어 많은 사람들이 찾는 문화유산이 되고 있다. 역시 아름다움이란 절대적 가치가 있는 것이 아니라, 시대적으로 변하는 것이며, 미관 설계에 관련하는 전문가들의 고뇌에 연민이 느껴지기도 한다.

(9) 브루클린교

근대 교량공학의 발전은 19세기 산업혁명 이후에 많이 건설된 주철 트러스교와 아치교, 그리고 재료공학이 발달함에 따라 연철을 재료로 한 장대교량의 건설과 더불어 시작되었다. 이 시대에는 철도망의 구축에 따라 많은 철도교의 건설이 교량의 발전을 선도하게 되었다. 미국에서는 19세기 중반에 철도가 널리 부설되었는데, 이 때 건설된 **주철 교량(Iron Bridge)**은 취성(Brittleness, 큰 변형 없이 파괴되는 재료의 성질)에 가까운 거동을 하면서 자주 붕괴되게 되었다. 따라서 이와 같은 재료적인 특성을 개선하여 19세기 말에는 점차 **강교(Steel Bridge)**로 대체되었다.

세계적인 도시로 알려진 뉴욕에 건설되어 있는 사진 1.16과 같은 중후한 느낌의 **브루클린교(Brooklyn Bridge)**는 1883년 완공되었는데, 뉴욕의 맨하탄과 브루클린을 연결하는 교량으로 역사적인 의미가 있는 교량이다. 이 교량은 총길이 1,833.7 m, 폭 25.9 m, 형하고 38.7 m(평균 고조시)인데, 완공 당시에는 세계에서 가장 긴 교량이었다. 또한 강케이블(Steel Cable)을 사용한 세계 최초의 현대적인 현수교이지만 엄밀하게는 **현수·사장 복합교(사장·현수 복합교)**의 방식인 다소 복잡한 구조의 교량이다. 주탑은 석회암과 화강암, 그리고 시멘트를 사용한 고딕 양식으로 건설되었는데, 높이가 84.3 m로 고색창연한 느낌을 주고 있으며, 그 당시에는 뉴욕시에서 가장 높은 구조물이기도 했다. 주탑의 기초공사에 적용되었던 **공기 케이슨 공법(Pneumatic Caisson Method, 잠함공법)**은 그 당시 기술의 대단함을 보여주는 사례이기도 하다. 이 교량은 1944년까지는 기차가 통행했으며, 1950년에는 트램이 통행하기도 했다. 그러나 지금은 보행자 도로와 자전거 도로를 겸한 제한된 도로교의 용도로 이용되고 있다. 이 교량은 6차로이며, 2층부의 중앙에 보행자를 위한 보도가 있고, 통행 차량은 높이(3.35 m)와 무게(2,721 kg)의 제한을 받고 있다.

(a) (b) (c) (d) (e)

사진 1.16 브루클린교

미국의 많은 지역에서 다양한 형식의 교량이 평범하면서도 특이한 방식으로 교량이 건설된 사례가 많이 있다. 1855년에 건설된 철도용의 나이아가라 현수교의 건설은 파이롯트 로프를 설치하기 위하여 연을 날리는 방법을 이용하는 등 교량건설의 이면에 많은 뒷얘기를 남기기도 했다. 20세기에는 자동차의 보급이 일반화 되면서 자동차 도로망이 다양하게 형성되었고, 이와 더불어 도로용 교량(도로교)의 건설도 활발하게 이루어졌다. 이 때 많은 강교와 철근콘크리트 교량 등이 건설되면서 유럽과 미국에서의 교량 건설은 현대의 교량건설 기술의 원천이 되게 되었다. 이 시기에는 북미에서는 비교적 현대적인 의미의 교량이 많이 건설되었는데, 미국 최초의 연속 트러스교인 Ohio교(1917년)를 비롯하여 캐나다의 Quebec교(1917년) 등이 건설되었다.

(10) 금문교

금문교(Golden Gate Bridge, 1933-1937년)는 사진 1.17과 같이 미국 캘리포니아주의 샌프란시스코에 건설되어 있는 현수교로, 이 교량은 캘리포니아주의 사적(Historical Landmark)으로 지정되어 있다. 금문교는 샌프란시스코(SF, The City and County of San Francisco)의 골든게이트 해협에 건설되어 있는데, 이 도시는 미국인들이 가장 살고 싶어 하는 도시 중의 하나로 알려져 있다. 교량의 총길이 2,737 m, 주 경간장 1,280 m, 측경간장 345 m, 주탑의 높이 227.4 m, 그리고 형하고는 미해군 측의 요구로 67 m를 확보한 이 교량은 건설 당시에는 세계에서 가장 긴 교량이었다. 또한 주 케이블의 직경이 92 cm(27,572가닥의 아연도 강선으로 구성)로 왕복 6차선 교량으로 건설되었는데, 그 시대의 토목 기술 수준으로는 대단한 것이었다.

(a)

(b)

사진 1.17 금문교 (https://www.goldengate.org/)

이 다리의 색채는 교량의 자문 건축가인 어빙 모로우(Irving Morrow)가 제안한 오렌지 주홍색으로 도장되어 있는데, 이는 자연 환경을 보완하고 안개 속에서 다리의 가시성을 향상시키는 것으로 알려져 있다. 금문교는 샌프란시스코의 랜드마크가 되는 교량으로'세계에서 가장 유명한 현수교'라 말할 수 있었을 만큼 교량기술의 역사성을 가지고 있다. 특히 교량과 골든게이트 해협, 그리고 주변이 만들어 내는 경관과 미학적인 가치는 주변과의 조화가 뛰어난 관광자원이고, 많은 사람들에게 기억되는 교량으로 알려져 있다. 1937년에 이 교량의 개통 행사를 할 때 약 20만명이 모여 일주일간 축하 행사를 진행했을 정도로 많은 사람들의 관심의 대상이 된 교량이기도 하다.

교량의 유지관리의 측면에서 보면 1989년 지진이 발생한 이후에 당초 건설 시에 사용되었던 120만개의 리벳을 교체한 사례도 있었다. 그리고 2015년에는 가변 차선을 적용하기 위하여 중앙 분리대의 자동 이동 장치(Movable Barrier, 로드지퍼)를 설치하였다. 이는 교통이 혼잡한 시간대에 원활한 교통 흐름을 위하여 가변 차선제를 채택할 때 참고해 볼만 하다. 그리고 이 교량의 전시장(박물관)은 각종 공학교육을 위한 다양한 자료를 제공하고 있는데, 온도 변화에 의해 교량이 신장되는 현상 등을 관찰하여 기록한 동영상 자료 등을 보여주고 있다. 이는 국내의 교량 홍보관 운영이 시설의 준공물이나 건설 재료 중심의 단순한 전시방식에 의존하는 것과는 대비되는 것으로 참고할 만하다.

이후에도 미국에는 세계 최강의 국가답게 San Francisco-Oakland Bay Bridge

(1936년), Hampton Roads Bridge-Tunnel(HRBT, 1957년), Chesapeake Bay Bridge-Tunnel(1964년), Seven Mile Bridge(1982년), Sunshine Skyway Bridge (1954년 개통, 일부 붕괴 후 1987년 재건설) 등 많은 대규모의 교량이 건설되었다.

(11) 하버 브릿지

하버 브릿지(Habor Bridge, 1932년)는 호주의 시드니에 건설되어 있는 사진 1.18과 같은 강아치교이다. 이는 철도교와 도로교의 혼용교(8차선 차도, 2개의 철도선, 1개의 인도, 1개의 자전거 전용 도로)이다. 이 교량은 시드니를 대표한다고도 할 수 있는 상징적인 교량인데, 개통 당시에는 2개의 인도, 4개의 철도, 중간은 차도로 건설되었으나, 한쪽 철도는 1958년에 고속도로로 재시공되어 지금에 이르고 있다.

(a)

(b)

(c)

사진 1.18 하버 브릿지

이 교량은 외관도 중후한 아름다움이 있지만 경관도 훌륭하여 시드니의 랜드마크가 된 교량이다. 시드니는 하버 브릿지와 오페라 하우스를 가장 먼저 떠 올리게 하는데, 특히 이 교량의 아치부에 올라갈 수 있는 상품을 개발하여 시드니를 방문하는 관광객들이 체험할 수 있도록 하고 있다.

(12) 현대의 교량

1940년대부터 전 세계적으로 다양한 형태의 현대적인 교량이 건설되기 시작했는데, 이 시기의 교량공학은 컴퓨터의 발달과 다양한 산업 활동에 힘입어 많은 발전을 이루었다. 특히 PS콘크리트교의 건설기술이 괄목할 만한 성장을 하였는데, 1940년대 후반의 PC교량 건설은 유럽에서는 포스트텐션(Post-tension) 방식이 주류를 이루었고, 미국에서는 프리텐션(Pre-tension) 방식이 주류를 이루었다. 그리고 1960년대 후반부터 1970년대에는 이동식 거푸집을 이용하는 PC캔틸레버 공법이 개발되어 장경간의 교량에 적용되었으며, 그 이후 많은 교량이 이 공법으로 건설되기도 했다.

최근에는 유럽에서도 대규모의 교량건설이 이루어 졌는데, 이는 지형적인 특성상 교량 건설이 필요했던 북유럽을 중심으로 그 사례를 볼 수 있다. 덴마크나 스웨덴의 스토레벨트대교를 비롯하여 외레순 대교 등은 당시의 교량 건설기술이 집약된 해상장대교량 공사였다. **스토레벨트대교(Great Belt Fixed Link, Great Belt Bridge)**는 덴마크의 질랜드(Zealand)섬과 퍼넨(Funen)섬을 연결하기 위하여 건설된 총길이 18km의 교량이다. 이는 동교(The East Bridge), 서교(The West Bridge), 동터널(The East Tunnel)의 3개 구조물로 이루어져 있는데, 현수교 형식의 동교를 스토레벨트대교라 하기도 한다. 스칸디나비아 반도와 유럽 본토를 잇는 교량인 동교(1998년 개통, 총길이 6,790m, 폭 31m, 주탑 높이 254m, 주경간 1,624m, 형하고 65m)는 타정식 현수교이다. 그리고 서교(1994년 개통, 길이 6,611m, 폭 25m, 형하고는 18m)는 자동차와 철도용의 박스거더교로 건설되어 있다.

외레순 대교는 사진 1.19의 (a)와 같이 지도의 좌측에 표시된 덴마크의 코펜하겐과 지도의 우측의 스웨덴의 말뫼 사이에 있는 외레순 해협을 통과하는'터널-인공섬-교량'으로 이루어진 대규모 시설군의 하나이다. 이는 일본의 동경만에 건설된 도쿄 아쿠아 라인과 비슷한 설계 개념으로 건설되었다.

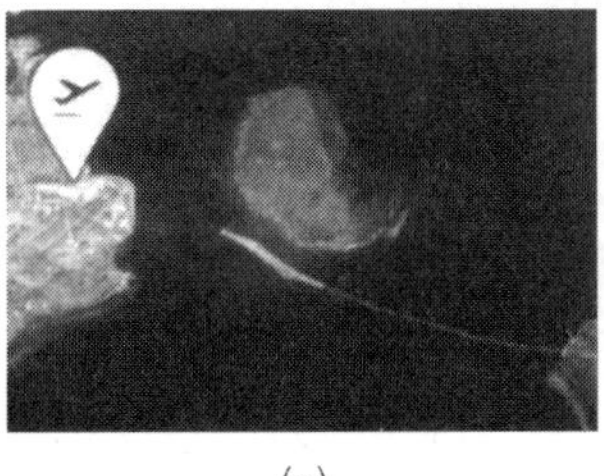

(a)

(b)

사진 1.19 외레순 대교

이 교량은 사장교 형식으로 총길이 7,845 m, 폭 23.5 m, 주경간 490 m, 형하고 57 m의 규모인데, 사진 (b)와 같이 2층교(복선철도와 도로교)로 건설되었다. 이는 2000년에 개통된 해상교량으로 중간에 건설된 인공섬에서 좌측으로 약 4km 길이의 침매방식으로 건설된 **드로그덴 터널**(Drogden Tunnel)을 포함해서 외레순 대교라 불리기도 한다. 드로그덴 터널은 우리나라의 가덕해저터널과 비슷한 공법으로 시공되었으나 규모는 훨씬 크다. 이 교량은 도로교와 철도교가 결합된 유럽에서 가장 긴 교량이며, 덴마크와 스웨덴을 연결함과 동시에 스칸디나비아 반도의 도로와 철도 교통망을 연결하는 기능을 하고 있다. 특히 교량을 계획할 당시에 외레순 해협의 항로를 확보하기 위하여 교량의 형하고를 높이면 코펜하겐 공항에 취항하고 있는 항공기의 이·착륙에 방해가 되었기 때문에 일부 구간은 **침매방식**의 해저터널로 건설하였다. 이와 같은 경이로운 구조물 로 2002년에 IABSE에서 수여하는 구조물 대상을 수상하기도 했다.

아시아와 유럽의 경계라고 할 수 있는 터키 이스탄불의 보스포러스 해협에도 주목할 만한 해상 장대 교량이 건설되었다. 이는 **보스포러스** 3교로 사진 1.20의 (a), (b)와 같이 건설된 사장·현수 복합교 방식이며, 2016년에 준공되었고, 이를 건설한 우리 건설 기술(시공사 : 현대건설과 SK건설)의 발전상을 보여주기도 했다.

(a) (b)

사진 1.20 보스포러스 3교 (사진 : HMC)

또한 사진 1.21의 (a), (b)에 나타낸 세계 최장의 현수교인 **차나칼레 대교**(Canakkale Bridge)도 순수 우리 기술로 건설되어 교량 기술 개발의 무한한 가능성을 보여주고 있다. 터키 마르마라해와 지중해를 연결하는 차나칼레 해협에 건설된 차나칼레 대교는 2022년 개통되었으며, 전체 길이는 3,563 m이다. 현수교 구간의 주경간장이 2,023 m로 일본의 아까시 대교의 주경간장 (1,991m)을 능가하는 현수교이다. 차나칼레 대교의 주 케이블은 직경 5.75 mm의 인장강도 1,960 MPa인 초고강도 강선 18,288가닥으로 이루어져 있으며, 보강형은 사진 (d)와 같이 트윈 강박스 거더(Twin Steel Box Girder) 형식으로 시공되어 있다. 유럽과 아시아를 연결하는 이 교량은 공사비 3조 2,000억 원을 포함하여 총 사업비가 4조 2,000억 원에 달하는 대규모 프로젝트였다. 이 공사는 국내의 건설업체(DL이앤씨와 SK에코플랜트)가 2017년에 공동 수주하였고, 국내에서 생산된 초고강도 강선과 각종 강판으로 4년간의 공사 끝에 완공한 것이다.

미래에는 지브롤터 해협(스페인과 모로코 사이)과 영국과 북아일랜드 사이의 해협에 해상 장대 교량의 건설이 논의되고 있다. 이것은 현재의 토목기술로도 얼마든지 실현 가능한 계획이므로 이것이 어떻게 진행될지 기대된다.

(a)

(b)

사진 1.21 차나칼레 대교(사진 : 디엘이엔시)

2. 일본의 현대 교량

교량의 역사에서 일본의 교량 발달 과정을 언급하지 않을 수 없을 정도로 일본의 교량 건설 기술은 아주 대단하다고 할 수 있다. 특히 현대 교량의 건설 기술 분야는 타의 추종을 불허할 정도의 전성기를 구가한 시기도 있었다. 일본은 교량건설의 전성기라 할 수 있는 1990년대에 현수교나 사장교를 중심으로 한 대규모의 해상 장대 교량을 건설하였다. 일본은 섬나라의 단점을 극복하는 하나의 방안으로 시코쿠와 혼슈를 연결하는 대규모의 교량군을 형성하였다. 또한 적극적인 해양개발을 통하여 해양 공간을 확장해 가고 있는데, 이의 방편으로 해양도시를 건설하거나 해상공항을 건설하고 있다. 이와 같은 개발은 각각의 공간을 연계하는 해상 장대 교량의 건설을 동반하게 되었다. 또한 새로운 공간에서 원활한 물류망을 형성하기 위하여 이들을 교량이나 터널로 연결하는 계획을 꾸준하게 추진해 왔다.

일본은 4개의 큰 섬(홋가이도, 혼슈, 시코쿠, 큐슈)으로 이루어진 나라이므로 교량이 발달할 수밖에 없었다. 예를 들어 큐슈와 혼슈는 사진 1.22와 같이 우리의 역사와도 관련이 깊은 시모노세끼에 건설되어 있는 현수교인 **관문대교**로 연결되어 있다.

(a) (b)

사진 1.22 관문대교

그리고 시코쿠는 다양한 형식의 해상 장대 교량(세토대교, 아까시대교 등)으로 혼슈와 연결되고 있으며, 홋가이도는 세계 최장의 해저터널로 혼슈와 연결되어 있다. 이외에도 일본에는 다양한 형식의 교량들이 건설되어 있는데, 토목 기술자는 일본의 철도교와 도로교의 시공사례를 탐방하는 테마를 가진 여행을 하는 것도 의미 있을 것이라 생각된다. 특히 오사카와 고베 주변은 일본의 근·현대 토목기술의 발달사를 그대로 볼 수 있는 구조물들이 많으며, 섬나라의 지정학적 단점을 극복하기 위한 해양 공간 개발의 사례를 볼 수 있는 현장도 많이 있다. 특히 그림 1.1에 소개된 것과 같이 시코쿠와 혼슈를 연결하는 교량은 다양한 형식의 교량군으로 건설되어 있다. 선(1)은 연속 현수교로 건설된 **구루시마 해협대교**를 비롯한 교량군이 있고, 선(2)는 **세토대교** 등의 교량군으로 이루어져 있다 그리고 선(3)은 **아까시 대교**와 **나루토 대교**로 혼슈를 연결하고 있다. 이와 같은 교량들(현수교, 사장교, 트러스교, 아치교 등)은 일본의 교량 건설 기술의 진수를 보는 것이라 생각된다. 그러나 한편으로는 이와 같은 교통망의 구성과 관련된 기반시설에 대한 지나친 투자가 국가 전체의 경제에 부담이 되었다는 주장이 있었던 것도 사실이다.

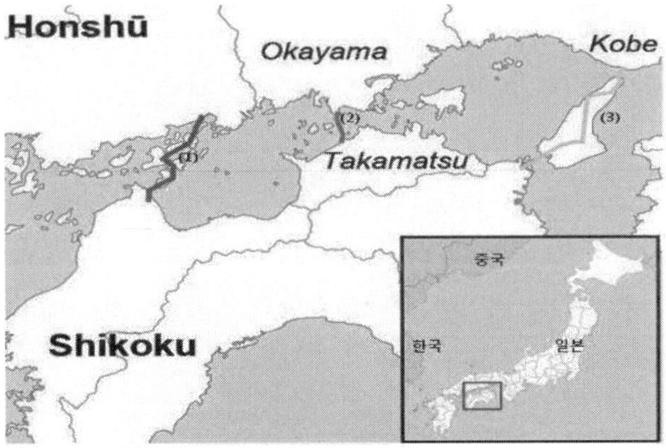

그림 1.1 시고쿠의 연결 교량

세토대교는 3개의 현수교(연속 현수교 형식), 2개의 사장교, 1개의 트러스교로 구성된 총 6개의 장대교량과 이것을 연결하는 접속 고가교로 구성되어 있다. 이 교량은 1978년 착공하여 1988년에 개통(9년 6개월의 공기)된 2층교이며, 상부는 4차선의 도로교, 하부는 철도교인 병용교이다.

사진 1.23 연속 현수교

시코쿠를 중심으로 5개의 섬을 연결하는 6개의 해상 장대교량의 총길이는 9.368km이고, 이들을 연결하는 접속교의 길이를 포함하면 총 길이가 13.1km이다. 이는 철도 및 도로의 병용교로서는 세계에서 가장 긴 교량이며, 특히 이 교량의 현수교 구간은 중앙의 콘크리트 앵커 블록(**공유 앵커리지**)의 양쪽에 현수교를 연결시킨 사진 1.23과 같은 **연속 현수교** 방식의 교량이다.

고노하나 오하시교(Konohana Ohashi Bridge)는 1990년에 오사카의 고노하나에 건설된 해상교량으로 **고노하나교**라 불리기도 한다. 이는 사진 1.24의 (a), (b)와 같은 **자정식 현수교**(주 케이블을 보강형에 고정시킨 현수교) 형식의 도로교이다. 현수교로서는 흔하지 않은 형식인 모노 케이블을 이용한 교량으로 총연장은 1,700m이나, 현수교 구간은 길이가 540m(주경간은 300m)이다. 준공 당시에 자정식 현수교로서는 세계 최대 규모의 교량이었으며, 주탑은 79.2m 높이의 강재 주탑이고, 보강 거더는 높이 3m의 강상형(강보강형)이며, 폭은 보도와 도로를 합쳐서 23.5m이다. 주 케이블은 PWS 184×30 Strands(직경이 5.2 mm의 소선 184가닥을 묶은 30개의 다발)로 구성된 모노 케이블 형식으로 시공되었다. 이 교량은 자정식 현수교라는 측면에서는 우리나라의 영종대교나 소록대교와 비슷한 형식이고, 케이블의 배치방법으로 보면 **모노 케이블** 형식의 소록대교와 유사한 방식이다.

(a) (b)

사진 1.24 고노하나교(자정식 현수교)

토쿄의 오다이바에 건설된 **도쿄항 연락교**는 1993년 완공된 길이 570m의 2층교 형식의 현수교로, 일주일에 일곱번 씩 조명이 바뀌는 까닭에 **'레인보우 브릿지(Rainbow Bridge)'**라는 별칭을 가지고 있다. 이 교량은 사진 1.25와 같은 구조의 교량으로 타정식 현수교(광안대교와 같이 주 케이블이 양측의 앵커리지에 고정된 방식)이다. 교량의 하층은 사진 (b)와 같은 무궤방식의 경전철인 유리카모메, 일반 자동차, 그리고 보행자용으로 이용되고, 상층은 유료의 고속도로용(Toll Bridge)이다. 하네다 공항의 관제구역 내에 건설된 이 교량은 이착륙하는 항공기의 안전을 위하여 주탑의 높이 제한이 있었던 교량이다. 특히 교량의 하층에는 보행자용 통로가 있으며, 한쪽 주탑의 기초는 **뉴메틱 케이슨 공법**으로 시공하였다. 또한 유리카모메의 통행을 위한 접속 부분은 사진의 좌측 부분과 같이 규모가 큰 **루프교**(Loop Bridge, 큰 나선형의 다리) 형태로 시공되어 있는데, 이는 현수교에 접근할 수 있는 접속교의 종구배를 만족하기 위한 설계이다.

(a)

(b)

(c)

사진 1.25 레인보우 브릿지

나고야항의 입구에는 사진 1.26과 같은 3개의 사장교가 연속적으로 건설되어 있는데 총길이는 2,628m이다. 이들은 사진 (a)의 메이코니시교, 사진 (b)의 메이코니쇼교, 그리고 사진 (c)의 메이코히가시교인데, 같은 형식의 사장교를 주탑의 형상은 다르게 배치한 경관의 특성을 보여주는 특이한 설계 사례이다. 또한 주탑의 색상도 Red, White, Blue 등으로 변화를 주면서 전체적인 경관의 형성에 기여하도록 했다. 참고로 메이코니시교는 나란히 2개의 사장교가 1985년, 1997년에 각각 건설되었으며 전체 길이 758m, 주 경간장이 406m, 407m이다.

(a)

(b)

(c)

사진 1.26 나고야의 사장교

도쿄만 아쿠아 라인(Tokyo Bay Aqua-Line)은 도쿄만을 횡단하는 교량과 터널로 구성되어 있으며 가와사키시와 키사라주시를 연결한다. '교량-인공섬-해저터널'의 방식으로 건설된 것인데, 총길이는 14 km(교량 4.4 km, 해저터널 9.6 km)로 1997년에 개통하였다.

아카시 대교는 1998년에 준공된 총 연장 3,911 m의 교량으로 중앙 지간이 1,991 m에 이르는 세계 최장의 현수교(2021년 기준)였으나, 2022년 터키의 차나칼레대교(중앙 지간장 2,023 m)가 준공되면서 두 번째가 되었다. 사진 1.27에 소개된 아까시 대교는 왕복 6차로의 도로교이며, 설계속도는 100[km/h]이지만 평상시 제한속도는 50~80[km/h]이다. 사진 (b)와 같은 단면의 주 케이블의 직경은 112 cm(직경 5.23 mm의 소선 127가닥이 모인 스트랜드 290본으로 구성)인데, 이는 총 36,830가닥(127[가닥/본]×290본)의 소선으로 이루어져 있다. 특히 아카시 대교의 당초 설계는 중앙 지간장(주탑 사이의 길이)이 1,990 m였으나 건설 중에 발생한 한신 대지진(1995. 1. 17. 발생)으로 인하여 지반의 변위가 발생하여 중앙 지간장이 1 m 늘어난 것으로 알려졌다. 10년의 공기를 거쳐 완공된 아카시 대교는 주탑의 높이가 298.3m로 프랑스에 있는 다경간 사장교인 미요대교(Viaduc de Millau, 높이 342m)와 중국의 쑤퉁대교(높이 306 m)에 이어 세계에서 세번째로 높다.

(a) (b) (c) (d)

사진 1.27 아까시 대교

특히 사진 (c), (d)는 혼슈 측에 건설된 아까시 대교의 앵커리지인데, 앵커블록 내부의 공간에 사진 (d)와 같이 전시장이나 견학 통로를 만들어 방문객들이 이용하도록 하였다. 이런 공간의 설치는 교량 설계자들이 참고할 만한 것으로 기술자들의 상상력이 필요한 부분이라 할 수 있다.

3. 중국의 현대 교량

교량 건설의 역사를 보면 1970년대는 서구(유럽과 미국)의 기술이 교량건설을 선도하였고, 1990년대는 일본이 현수교와 사장교 중심으로 해상 장대교량의 건설 기술을 발전시켰다. 그리고 2000년대 부터는 중국이 교량 건설 기술을 선도하고 있을 정도로 '세계 최장'을 기록하고 있다. 특히 역사적으로 보면 대략 1500년대를 기준으로 그 이전의 중국의 문화는 세계 최고였는데, 수나라 때부터 발달된 운하와 함께 다양한 형식의 교량이 건설되기 시작한 것으로 알려져 있다. 마르코폴로가 쓴 동방견문록(이 책의 내용은 신빙성에 대해 많은 논란이 있기도 함)에서도 중국의 다양한 문화를 소개하면서 아름다운 교량이 많았다고 언급하고 있다. 동방의 베네치아로 알려진 소주에는 6,000개 정도의 석교가 있다고 기록할 정도로 다리가 많았다는 것이다. 이와 같이 중국은 장대한 역사가 이어져 오면서 수많은 교량들을 건설해 왔다. 그러나 이 모든 교량을 소개하기는 불가능하며, 최근의 특징적인 대규모의 해상교량을 간단하게 소개한다.

둥하이 대교(Donghai Bridge)는 상하이의 푸동 신지구와 상하이시 남동쪽의 항저우만 해상의 외해항만인 양산 심수항을 연결하는 해상 장대교이다. 상하이처럼 하천이 만나는 해역은 항만을 건설하기에는 수심이 낮아서 대형 선박이 통항할 수 있는 18m 정도의 수심을 확보하기가 곤란한 경우가 많다. 이런 경우에 외해에 항만을 건설하게 되는데, 이 때는 항만을 연결하는 대규모의 해상교량이 필요하게 된다. 이와 같은 건설 사례로 사진 1.28에 소개된 둥하이 대교는 2002년 6월에 착공하여 2005년에 개통하였다. 이 교량은 난후이구의 후루 고속도로에 접하고 있으며, 사장교를 포함하여 총길이 32.5km(해상부 약 25km)의 도로교로 왕복 6차선, 폭 31.5m, 형하고 40m, 항로폭 400m의 해상교량이다.

(a)

(b)

사진 1.28 둥하이 대교

최근에 완공한 강주아오 대교(Hong Kong-Zhuhai-Macau Bridge, 항주오대교)는 길이 55km의 세계 최장의 해상교량으로 2009년 착공되어 2018년에 완공되었다. 이 교량은 그림 1.2와 같이 홍콩과 마카오, 중국 광둥성 주하이를 연결하고 있으며, 중간에 인공섬을 조성하여 침매공법으로 건설된 해저터널과 연결되어 있다. 인공섬을 조성하여 시공한 이유는 통항하는 선박의 항로를 확보하기 위한 터널구간과 해상교량의 연결부에서 종구배를 확보하기 위한 것이다.

그림 1.2 강주아오대교의 배치 (출처 : 동아일보)

이 터널은 대형 선박들이 오갈 수 있도록 교량의 중간에 길이 6.7km의 해저 터널로 건실된 것이다. 해싱구간의 교량의 길이기 22.9km인 왕복 6차선(폭 33.1m)으로 초속 56.1m의 강풍이나 규모 8.0의 지진에도 견딜 수 있도록 건설되었다. 약 20조 7,500억 원 정도의 건설비가 투자된 이 교량의 건설로 자동차로 4시간 소요되던 거리가 30분대로 단축되었다고 발표되었지만, 기대한 만큼의 효과는 나타나지 않는 것으로 알려지고 있다. 이와 같은 건설방식은 일본의 도쿄만 아쿠아 라인이나 스웨덴의 외레순 해협에 시공되었던 외레순대교의 '교량-인공섬-해저 터널(침매방식)'과 같은 방식이다. 또한 미국에도 이런 방식의 해저터널과 교량이 건설된 사례가 있다. 그리고 국내에도 거가대로 구간에 이와 같은 방식의 건설사례가 있으나 인공섬이 아닌 기존의 섬인 중죽도에 침매방식의 해저터널(가덕 해저터널)이 연결되어 있다. 강주아오 대교는 세계 최대 규모의 토목 구조물로 중국의 건설 기술을 과시하고 있다고 해도 과언이 아니다.

4. 국내의 교량

한국의 토목 구조물의 역사는 중국이나 서구의 여러 나라처럼 거대한 구조물과 관련된 것은 거의 없다. 소규모의 흙다리 형태로 존재하던 교량도 내구성의 문제로 남아 있는 것이 없으며, 몇몇 석교 형태만 일부 남아 있다. 우리의 역사에서 교량은 서양과는 다른 관념을 가지고 있었으므로 우리는 교량을 만드는 것에 소극적이었다. 이는'강 건너

불 보듯 한다'는 말이 있는 것과 같이 교량이 놓여 있는 하천(강)을 경계로 그 너머를 또 다른 세계로 생각하였기 때문이다. 그러나 사람과 사람, 마을과 마을을 이어주는 기능의 다리는 만남과 교류의 매개체인데, 우리 조상들은 다리를 통해서 마음을 나누고 생각을 주고 받았다. 이와 같이 우리들의 교량은 민족의 정서를 간직하고 있으며, '만남' 과 '이음'의 뜻을 가지고 있고, 수많은 은유와 상징의 대상이 되기도 했다. 그리고 교량은 인간 세상의 장소를 이어 주고, 이승(속계)과 저승(불계)의 가슴 아픈 통로이며, 산자와 사자를 만나게 해주는 생각속의 매개체로 자리 잡기도 했다.

불교에서는 교량을 건설하여 중생을 편하게 만들어 주는 일이 현세에서 쌓을 수 있는 세 가지 공덕 중의 하나라고 믿었기 때문에 많은 교량(아치교)을 건설하였다. 아치의 형태는 속세로 부터 무지개를 타고 불국으로 들어간다는 의미를 내포하고 있지만, 기술적으로 보면 그 당시에는 휨에 강한 재료가 개발되지 않아 아치구조를 만들 수 밖에 없었다. 한국의 사찰에는 다른 어느 곳보다도 다리가 많은데, 이는 지형적으로 다리가 필요하기도 했지만, 사찰의 다리에는 이와 같은 의미가 담겨 있었던 것이다.

경주 불국사의 **청운교**와 **백운교**(국보 23호)는 사진 1.29의 (a), (b)와 같은 석조 아치교로 불국사(통일 신라 시대에 건축, 751년?)의 대웅전으로 들어가는 교량이다. 이는 자하문과 연결된 돌계단으로 이루어진 관념의 다리이며, 인간 세상과 부처님의 세상을 연결하는 의미를 가지고 있다. 이 교량은 현존하는 최고의 교량으로, 조각이나 형상도 교량 건설 기술의 백미라 할 수 있으며, 특별한 형태의 돌계단으로 구성된 다리이다. 전체적인 구조물의 순서는 불국사의 대웅전으로 연결되는 '자하문–청운교–백운교'로 건설되어 있다(불국사 고금창기). 이 교량은 다리 아래의 인간 세계(속계)와 다리 위의 부처님의 세계(불계)를 이어주는 계단(Stairs)을 상징적인 의미의 다리(Bridge)로 이상화하여 나타내고 있다. 이와 같은 계단은 전체 34개의 계단으로 만들어져 있는데, 위로는 16개 계단의 청운교가 자하문의 입구에 접해 있으며, 아래로는 18개 계단의 백운교가 땅에 닿아 있다. 또 다른 의미로는 청운교를 푸른 청년의 모습으로, 백운교를 흰머리 노인의 모습으로 빗대어 인생을 상징하기도 한다. 특히 사진 (c)에 나타낸 백운교 하부에 만들어진 두겹의 반원형 아치구조는 독특함과 섬세함이 돋보이는 부분이기도 하다.

(a)

(b)

(c)

(d)

사진 1.29 불국사의 교량

연화교와 **칠보교**는 극락전으로 들어가는 안양문과 연결된 돌계단 형태의 다리(국보 22호)인데, 사진 (d)에 소개된 계단형 다리의 아래쪽이 연화교이고 위쪽이 칠보교이다. 연화교와 칠보교는 아미타불이 있는 극락이 연화와 칠보로 장식되어 있다는 불경 내용을 상징적으로 표현한 것이다. 이 부분은 상부로부터 '안양문–칠보교–연화교'의 순으로 건축되어 있는데, 안양문과 접하고 있는 칠보교는 8개의 계단으로 만들어져 있으며, 연화교는 10개의 계단으로 지면에 닿아 있다. 연화교에서 중간의 완만한 아치구조를 통해 칠보교에 오르면 극락세계의 관문인 안양문에 이르고, 이 문을 들어서면 극락전이 회랑으로 둘러싸인 구조로 되어 있는 것이다.

삼국유사와 삼국사기의 기록상으로 보면 우리나라 최초의 교량은 AD 423년에 건설된 신라 평양주(현재의 양주) 대교이다. 그리고 사진 1.30의 **월정교**는 신라 제35대 경덕왕 19년(760년)에 축조된 것으로 삼국사기에 최초로 언급되어 있으며, 고려 제25대 충렬왕 6년(1280년)에 중수한 사실이 기록되어 있다. 이 교량은 거의 520여년 동안 유지되었다가 화재에 의하여 붕괴된 것으로 추정된다. 근대적인 문화재 조사가 시작되었을 때는 목조 누각은 사라지고 다리 바닥을 지탱하고 있던 석조물만 남은 상태였다. 1975년 문화재 당국에 의하여 실측조사, 1986년 발굴조사에서는 월정교 아래 강바닥에서 불탄 기와

와 목재 부재가 다수 출토되기도 했다. 월정교는 2004년에 일정교(춘양교, 칠성교, 효불효교로 불리기도 하며, 월정교와 함께 경주 월성과 남산을 연결한 다리. 이는 경주 남천을 가로지르는 신라시대의 다리. 현재는 석조 일부만 남아 있음)와 함께 사적 제457호로 지정되었다. 본격적인 복원 논의가 진행되면서 교량과 누각의 형태는 대부분 상상에 의존해 2018년에 복원된 것으로 논쟁이 있었다. 이곳과 인근 월지에서 출토된 여러 유물들을 분석하여 통일신라의 건축양식에 따라 복원하기는 했지만, 전체적 디자인은 거의 상상에 의존했다는 것이다. 그러나 과연 상상력만으로 이런 방식의 복원이 필요한지는 생각해 볼 일이다. 이 외에 고려시대에도 다양한 형태의 교량이 건설되었는데, 선죽교, 함평의 고막천 석교 등의 사례가 있다.

사진 1.30 월정교(https : //www.heritage.go.kr/)

은하수를 사이에 두고 떨어져 살게 된 연인들을 위해 일년에 한 번씩 까치와 까마귀가 날개를 이어 다리를 놓아 준다는 **오작교**의 얘기는 우리 민족 정서의 기저에 자리하고 있다. 춘향이와 이도령의 이야기로 유명한 광한루의 연못에 만들어진 **오작교**(1582년 건설)는 사랑을 꽃피운 청춘 남녀의 이야기를 간직한 다리이기도 하였다. 남원의 광한루에 있는 오작교는 현존하는 **연지교** 중에서 가장 큰 규모로 길이가 58m이고 폭이 2.8m인 4경간 아치형의 석교이다. 이와 같이 오작교에는 민족의 정서와 삶의 흔적이 묻어 있으며, 오작교와 관련하여 서로 사랑한 견우와 직녀의 이야기는 동양 최대의 문학적 주제이기도 하였다.

섶다리(Brushwood Bridge)는 징검다리와 함께 우리나라의 하천에 놓여 있던 대표적인 다리이다. 이 다리는 1428년(세종 10)에 섶나무(잎나무와 풋나무 등)를 엮어 다리의 상판을 만들고 그 위에 흙을 깔아 만들었던 것이 그 기원이라 알려져 있다. 이와 같은 교량이 만들어진 것은 우리나라 하천의 특성과 관련이 있는데, 집중호우가 내리는 여름에는 다리가 유실되기 때문에 홍수가 끝나면 섶나무 등으로 상부구조만 새롭게 만들어 다리로 사용한 것이다. 계절적으로 보면 섶다리는 주로 강물이 줄어든 겨울철에 놓여 사용되었던 전통적인 다리라 할 수 있는 것이다. 교량을 한시적으로 사용했다는 측면에서 보면 섶다리는 앞에서 소개한 일본의 전국시대에 목교를 만들었던 것과 비슷한 경우이다.

주남 돌다리(Stone Bridge)는 사진 1.31의 (a)에 소개된 것과 같이 약 800년 전에 경남 창원의 주남 저수지 근처에 자연석으로 만든 석교이다(경남 문화재 자료 제225호). 이는 자연석 그대로를 이용해서 건설되었던 거더 형식의 교량으로 1969년에 홍수로 붕괴된 것을 1996년에 복원한 것이다. 그리고 진천의 **농다리**(고려시대)는 사진 (b)와 같은 구조로 주남 돌다리와 비슷한 방식의 구조인데, 규모는 다르지만 자연석을 그대로 돌쌓기 하여 교각이 시공된 방식이다.

(a) (b) https://www.kogl.or.kr/

(c) (d)

(e) (f)

사진 1.31 거더교 방식의 석교

또 사진 (c)에 소개된 중랑천의 **살곶이 다리**(1482년), 사진 (d)의 수표교(조선 세종, 15세기경) 등도 소규모의 교량들이며, 이들은 다듬어진 돌로 거더교 형식의 다리를 만든 것이다. 수표교는 서울특별시 유형문화재 제18호인데, 길이 27m, 너비 7m이다. 이는 청계천의 수위를 측정하여 홍수에 대비했던 교량으로 본래 청계천 2가에 있었으나, 1959년 청계천 복개공사 때 장충단 공원으로 이전 되었고, 1965년에 지금의 자리로 다시 이전된 것이다. 이들은 석재를 다듬어서 만들어진 거더교의 원형이다. 사진 (e), (f)는 양산 통도사에 있는 '구룡지'라고 하는 작은 연못에 있는 다리로, 연대는 알 수 없으나 이 연못에 형교(거더교) 방식의 아담한 석교가 놓여 있다. 이와 같은 교량들은 모두 지간의 길이가 짧은 특징이 있는데, 이는 그 당시에 교량을 건설하기에 적당한 휨부재가 없었던 이유이기도 하다.

궁궐을 건축할 때에는 궐문을 지나 궁궐 안으로 들어가기 전에 반드시 하천을 건너가도록 계획하였다. 이는 궁궐을 또 다른 신성한 세계로 생각하여 이에 이르는 중간에 금천을 설치하였는데, 궁궐 안에 있는 이와 같은 하천을 **어구**(궁궐의 배수로)라 하였다. 그리고 이 금천에 놓인 다리를 **금천교**라 하며, 이것은 신하들이 왕을 만나기 전에 금천에 흐르는 물에 악한 마음을 씻어 깨끗한 마음으로 궁궐에 들어가라는 뜻이다. 또한 이를 통하여 나쁜 기운이 왕의 신성한 공간인 궁궐 안으로 들어오는 것을 방지하는 의미로 계획한 것이다. 금천교는 궁궐마다 다른 이름을 갖고 있었는데, 고종이 즉위한 후에 중건된 경복궁은 **영제교**(1395년), 경복궁과 창덕궁은 금천교(1411년), 창경궁은 **옥천교**(1483년), 인경궁과 경운궁은 금천교였다. 이들은 웅장하지 않은 소규모의 교량으로 상징적인 하천을 건너도록 하는 소박함이 베여 있는 조선시대의 대표적인 석조 교량이다.

(a)

(b)

(c) (d)

사진 1.32 아치교

금천교의 사례로 사진 1.32의 (a), (b)와 같은 창덕궁의 금천교(1411년)가 있다. 특히 창덕궁의 **금천교**는 현재 서울에 남아있는 석교 중에서 가장 오래된 것이고, 상징적인 조각과 문양, 축조기술 등이 뛰어난 아치교이다. 그리고 아치의 기반석 위에는 남쪽에는 해태상, 북쪽에는 거북이상을 배치하고 각종 문양을 새겨 사악한 기운을 물리치도록 기원하였다. 사진 (c)는 경복궁에 있는 금천교인 **영제교**인데, 아치부분은 최근에 복원한 것이지만, 다리의 난간은 원형을 그대로 보전하고 있다. 사진 (d)는 임진왜란 중에 불탄 선암사를 중건할 때(1698년) 축조된 것으로 알려진 **승선교**인데, 이는 작은 돌을 쌓아 만든 아치교다.

서양의 역사 중에서 특히 중세시대는 교회가 인간의 모든 생활을 지배했다고 해도 과언이 아닌 시대였으므로 성직자가 교량 건설의 책임자가 되어 건설을 주도하는 경우가 많았다. 우리나라의 경우도 강제적이거나 제도가 만들어져 그런 것은 아니지만 종교인(승려)이 교량 건설의 책임자가 되는 사례가 있었는데, 사찰에 건설된 아치교 형태의 교량이 대표적인 사례이다. 이것은 불교의'보시'를 실천하는 뜻으로 다리를 건설했던 것을 의미하며, 이런 활동을 통하여 사람들이 불편 없이 다니도록 한 것이다. 또 다른 의미로 인간 세상(속계)과 불국 정토(불계)를 연결하는 의미로 교량을 건설하기도 했는데, 불국사의 계단식 교량(청운교-백운교, 연화교-칠보교)이 대표적인 것이다. 물론 사찰에 있는 아치교 중심의 교량은 조선시대의 숭유억불 정책으로 사찰이 산속으로 들어가면서 지형적으로 교량을 만들 수 밖에 없었던 것도 사실이기는 하다. 조선시대의 왕궁에 건설된 금천교가 일반인의 세계와 궁궐을 구분하던 상징적인 경계였던 것처럼 사찰의 교량은 속계와 불계를 구분하는 의미를 포함하기도 했을 것으로 사료된다.

20세기에 들어서 국내에서는 일본의 기술로 철도의 건설이 시작되면서 근대적 의미의 교량(철도교)이 건설되었다. 이것의 시초가 한강에 건설된 최초의 다리인 **한강철교**인데, 이는 4개의 교량으로 구성되어 있으며, 우리민족의 아픔의 역사를 간직한 교량이다. 이 철도교는 1896년 미국인 모스가 경인철도의 부설권을 얻은 후에 1897년에 건설을 시작하여 1900년에 완공한 것으로, 완공 당시 한강철교 공사는 근대식 토목 공사로는 가장 규모가 큰 건설공사였다. 처음 계약에 따르면 보행자의 편의를 위하여 다리 한쪽이나 양쪽에 보도를 만들고, 선박의 운항을 위하여 개폐부를 만들거나 충분한 형하고를 확보하도록 하였다. 그러나 부설권을 가져간 일본이 비용절감을 이유로 반대하여 무산되었다가 1917년에 인도교(지금의 **한강대교**)가 완성되었다. 이후에 1912년, 1944년, 1994년에 교량이 증설되어 지금에 이르고 있다. 또한 이 다리는 한국전쟁 때 폭파(1950년 6월 28일)되는 과정을 거치게 되었고, 1958년 복구되어 지금의 한강대교로 존재해 오고 있는 다리이다.

1905년에는 경전선 구간의 사진 1.33의 (a), (b)와 같은 **삼랑진교**가 철도교로 건설되기도 했고, 1911년에는 압록강 철교 등이 준공되었다. 낙동강과 밀양강 그리고 낙동강 하구언이 건설되기 전에 역류되었던 바닷물이 만나는 곳에 삼랑진교가 건설되면서, 낙동나루와 조창은 폐쇄되었다. 이후에 1962년까지 이 다리는 철도교로 이용되었고, 지금은 도로교로만 사용되고 있다.

(a)

(b)

(c)

(d)

(e)

(f)

사진 1.33 초창기의 트러스교

사진 (c), (d)는 1935년에 완공된 근대식 트러스 구조의 **정암철교**로 지금은 보행자용으로 사용되고 있는 교량으로, 삼랑진교와 같은 형식이다. 그리고 사진 (e), (f)는 **금강철교**(공주시)로 1933년에 건설된 트러스 구조의 교량인데, 당시의 철교는 대부분이 철도교였으나, 금강철교는 도로교로 건설되었다. 이들 교량들의 특징은 사진에서 보는 것과 같이 초창기 철교 형식인 교량의 상부가 트러스 구조에 리벳이음으로 시공되어 있다. 그리고 각종 브레이싱과 개별 부재의 형상 등은 1930년대에 건설된 호주 시드니의 하버브릿지와 비슷하고, 연결부는 보강판에 리벳 이음으로 시공되어 있는 특징을 가지고 있다. 그러나 이와 같은 대규모 철도나 교량의 건설은 시설을 보호한다는 명분으로 외국의 군대가 주둔하게 되는 군사적인 원인을 제공한 측면도 있다.

특히 1934년에 가동교 형식(일엽 도개교)으로 준공된 사진 1.34의 (a)와 같은 **영도다리**(1980년에 영도대교로 이름이 변경)는 동양 최초이며, 국내 유일의 가동교였다. 이 영도다리는 한국의 교량 역사에서 아주 중요한 부분을 차지하고 있으며, 부산광역시의 문화유산으로의 가치는 대단하다고 할 수 있다. 일본 나고야의 기술자 야마모토 우타로의 설계로 건설된 이 교량은 동양 최대의 도개교인데, 당시 한국인들에게 다리의 상판이 올라간다는 것은 상상할 수 없는 일이었다. 사진 (b)에는 영도다리의 개통을 보기 위하여 모여들었던 수많은 인파를 소개하고 있는데, 그 당시 부산시의 인구는 15만명 정도였으나, 이 행사에 8만명 정도가 모였다고 한다. 사진 (c)는 2005년 당시의 영도다리의 가동부분이며, 이는 준공 후에 31년 10개월간 가동하였다. 이후에 사진과 같이 각종 배관이 교량상부에 설치되고 영도지역의 교통량이 많아지면서 가동이 멈추게 되었다. 사진 (d)는 영도다리의 건설 당시 전차가 다니던 교량의 설계도면이며, 사진 (e)는 교량의 재건설 당시에 교각의 기초 부분에서 확인된 나무말뚝(80년 정도 경과된 말뚝)의 모습으로 교각의 기초 아래의 암반에 지지된 나무말뚝의 길이는 대략 9m 정도였다.

(a)

(b)

(c)

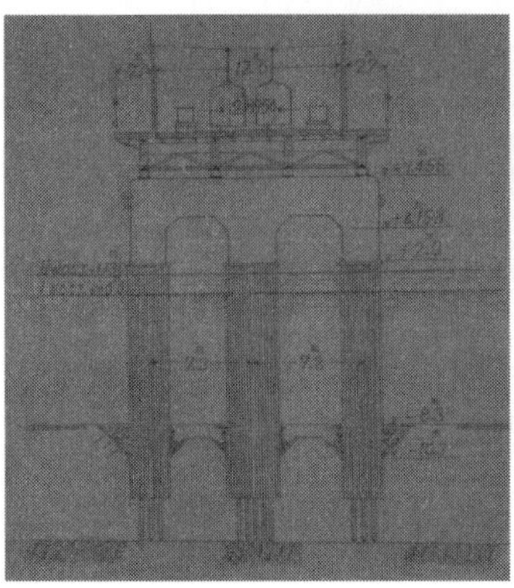

(d)

(e)

(f)

(g)

(h)

사진 1.34 영도대교

2013년에 이 지역의 재개발 사업(백화점과 호텔부지 등의 개발사업)의 일환으로 교량의 재건설(재개발 사업주가 영도대교를 재건설하여 부산시에 기부채납)을 통하여 지금의 영도대교가 준공되었다. 사진 (f), (g)는 교량의 재건설 전후의 가동 부분의 모습으로, 사진 (f)는 재건설 직전의 가동부이다. 이와 같이 사료적 가치가 있는 근대 유산의 복원은 많은 관광객들의 관심을 끌 수 있는 요인이 되는 대표적인 사례라 할 수 있다. 서구의 선진 토목기술은 일찍부터 개방 정책을 편 일본을 통해 우리나라에 도입되었다. 그러나 1960년대에 경제개발계획이 수립되면서 현대적인 의미의 기반시설의 건설이 시작되었고, 이 계획에 따라 도로, 철도 등의 물류 관련 교통 기반 시설이 건설되면서 교량 등의 건설이 동반되었다.

1973년에는 사진 1.35의 (a)와 같이 국내 최초의 현수교인 남해대교가 건설되었는데, 그 당시 이 교량을 건설했던 기술은 간단한 것이 아니었으며, 교량의 설계 및 시공의 전 과정은 일본 기술진에 의해 관리되었다. 이후에 일본은 이와 같은 교량 건설 기술을 바탕으로 꾸준한 기술개발을 이루어 세계적인 교량 건설의 주도국이 되기도 했다. 그러나 우리나라는 남해대교의 건설 이후에 현수교를 포함하여 강 케이블을 이용한 교량의 건설은 당분간 없었으므로 관련된 기술의 개발이 중단되다시피 하였다.

(a)

(b)

(c)

사진 1.35 최초의 케이블 교량

1984년에는 사진 (b), (c)와 같은 강 케이블(Steel Cable)을 이용한 진도대교와 돌산대교가 국내 최초의 사장교 형식으로 건설되면서 특수 교량의 건설이 시작되었다. 이 시기의 교량의 설계나 감리는 외국의 기술에 의존했을 정도로 우리나라는 특수 교량의 건설 기술이 초보 단계에 있었다. 참고로 사진 (b)에 소개된 진도대교는 준공 당시는 하나의 교량만 있었으나, 2005년에 쌍둥이 다리로 개통하였다.

그러나 교량의 설계를 공모 방식으로 하거나 신공법 도입 등으로 교량 건설의 기술이 진일보하게 된 계기가 되기도 했다. 이와 같은 교량건설과 관련된 기술개발(설계와 시공 기술 등)을 바탕으로 하여 서해대교, 광안대교, 영종대교, 인천대교, 울산대교, 이순신대교, 천사대교 등 많은 장대교량이 건설되었다. 이런 기술을 기반으로 교량 건설의 기술 자립화가 가능해지고, 2022년에는 우리 기술로 세계 최장의 현수교(차나칼레대교)를 건설하는 기록을 세우기도 했다.

해상 장대 교량의 건설에는 주로 현수교나 사장교 형식이 적용되는데, 이는 장지간을 필요로 하는 지형적인 특성과 미관 등을 고려한 결과이기도 하다. 국내에서 건설되는 현수교는 일반적인 형식인 **타정식 현수교**(이순신대교, 광안대교 등)가 주류를 이루고 있지만, 많은 기술개발을 통해 다양한 형식의 현수교가 건설되고 있다. **자정식 현수교** 방식인 영종대교(2층교, 하층은 철도용, 상층은 도로용)는 주 케이블을 3차원으로 배치하여 시공되었으며, 소록대교는 모노케이블 방식으로 건설되었다. 그리고 한 경간만 현수교 방식을 적용한 **단경간 현수교**(울산대교, 팔영대교)도 건설하였다. 또 **경사 주탑 현수교**이면서 단경간 형식인 노량대교를 건설하기도 하였고, 단경간 현수교이면서 **1주탑 현수교**인 단등교를 건설하였다. 또한 국내 최초의 **다경간 현수교**인 천사대교를 건설하는 등 꾸준한 기술개발을 통하여 현수교 건설의 다양성을 보이고 있다.

사장교도 다양한 형상의 주탑과 사장 케이블의 배치방식, 그리고 주탑의 수에 따라 2경간(1주탑, 낙동대교, 둔병대교), 3경간(2주탑의 일반적인 형식), 4경간(3주탑, 거가대교) 방식 등으로 건설되고 있다. 이와 같이 다양성을 가진 케이블 교량의 건설로 경관과 미관을 형성하는 등 우리나라는 특수 교량을 건설하고 있는 국가로 국제적인 평가를 받는 계기가 되기도 했다.

2020년 기준으로 국내의 도로별로 건설된 교량의 현황을 표 1.1에 나타내었는데, 이와 같은 교량의 총 길이는 전체 도로 연장의 3.3% 정도를 차지하고 있다. 그리고 상용 중인 전체 교량 중에서 준공된 지 30년 이상 경과한 비교적 오래된 교량도 12.5% 정도 되는 것으로 알려져 있다. 이런 노후화 된 교량은 안전을 확보하고 적정한 서비스 수준을 유지하기 위하여 과학적인 관리와 보수·보강의 계획이 요구된다. 지금도 각종 도로나 철도의 신설이나 선형개량 등의 사업을 진행하면서 다양한 형식의 교량들이 건설되고 있으며, 이들은 새로운 경관을 형성하는데 많은 기여를 하고 있다.

표 1.1 도로별 교량 현황(2020년)

<table>
<tr><th>구분</th><th>개소</th><th>길이(km)</th><th>비고</th></tr>
<tr><td>고속국도</td><td>10,676</td><td>1,415</td><td rowspan="7">참고)
국가 지원 지방도는 지방도 중에서 주요 교통 유발 시설 지역을 연결하고, 고속국도와 일반국도로 이루어진 국가 기간도로망을 보조하는 도로이며 국지도라고도 한다.</td></tr>
<tr><td>일반국도</td><td>8,850</td><td>959</td></tr>
<tr><td>특별·광역시도</td><td>1,464</td><td>388</td></tr>
<tr><td>국가지원 지방도</td><td>1,521</td><td>144</td></tr>
<tr><td>지방도</td><td>4,050</td><td>265</td></tr>
<tr><td>시·군·구도</td><td>9,940</td><td>589</td></tr>
<tr><td>**합 계**</td><td>**36,501**</td><td>**3,760**</td></tr>
</table>

참고로 국내에서 가장 긴 도로용 교량은 길이가 11.86km인 인천대교이며, 그 다음은 길이가 10.86km인 부산의 동서고가이다. 장대교량의 통계(2020년)를 보면 상위의 10개 교량 중에서 7개는 수도권에 있으며, 나머지 3개는 영남권(부산)에 있다. 그리고 전국에 있는 총 36,501개소의 교량은 라멘교 8,672개소, 철근콘크리트 슬래브교 8,523개소, PSCI거더교 8,209개소, 강박스교 5,014개소 등으로 구성되어 있는데, 이의 대부분은 콘크리트교이다. 특히 수도권은 인구가 가장 많은 곳으로 급격한 성장을 한 곳인데, 서울의 한강을 횡단하는 교량은 상류의 팔당대교로 부터 하류의 일산대교까지 총 28개소에 교량이 건설되어 있다. 이는 1900년에 처음으로 교량이 건설된 이래로 교량의 발달과 도시의 발달이 함께하고 있음을 알 수 있게 한다.

우리나라의 교량 건설 기술은 이미 세계적인 수준에 도달해 있으며, 최근에도 도로나 철도의 선형개량 사업 등과 관련된 새로운 교량이 건설되고 있다. 그리고 도서개발을 하면서 이들의 교통망을 확충하는 계획의 일환으로 다도해로 알려진 남해안과 서해안에도 많은 해상교량이 건설되고 있다. 이와 같이 건설된 교량들은 구체적으로 **연도교**(섬과 섬을 연결하는 교량) 60개소(총연장 43,384m), **연륙교**(섬과 육지를 연결하는 교량) 55개소(총연장 56,122m), 그리고 일반 해상교량 33개소(총연장 39,023m)이다. 특히 대경간의 해상 교량은 주로 특수교량의 형식인 **케이블 교량**(현수교, 사장교…) 형태로 건설되는 경우가 많으며, 이와 같은 방식으로 국내에 건설된 주요 교량은 표 1.2 및 1.3에 소개되어 있다. 그리고 중경간이나 소경간의 교량은 특별한 경우가 아니면 아치교, 거더교, 트러스교 등으로 건설되고 있다.

표 1.2 주요 현수교

교량명	주경간장(m)	위치	특징
이순신대교	1,545	여수–광양	국내 최장의 현수교, 2련 강보강형
울산대교	1,150	울산	단경간 현수교
노량대교	890	남해–사천	경사주탑, 단경간 현수교, 3차원 케이블 배치
팔영대교	850	여수–고흥	단경간 현수교
천사대교	650	목포–신안	3주탑 현수교(다경간 현수교, 목포측)
광안대교	500	부산	2층교(자동차 전용)
남해대교	404	남해–사천	국내 최초의 현수교 (1973년 준공)
단등교	400	군산	1주탑의 단경간 현수교
영종대교	300	인천	최초의 자정식 현수교(도로교, 철도교의 2층교)
소록대교	250	고흥–소록도	자정식, 모노케이블

표 1.3 주요 사장교

교량명	주경간장(m)	위 치	특 징
인천대교	800	인천	국내 최장 사장교
서해대교	470	평택	최초의 해상 가물막이 공법
부산항대교	540	부산	강합성 보강형
목포대교	500	목포	3면 배치(3–way) 케이블 공법
거금대교	480	소록도–거금도	2층교(1층은 자전거, 보행자, 2층은 자동차)
거가대교(2주탑)	475	거제–부산	2주탑
거가대교(3주탑)	230	거제–부산	3주탑
천사대교	510	목포–신안	주탑 높이가 서로 다름(신안측)

이처럼 해상교량을 중심으로 국내에서는 다양한 형식의 교량이 건설되면서, 교량의 박물관이라도 해도 손색이 없을 정도로 새로운 경관을 형성하고 있다. 이런 교량 건설의 기술은 우리의 전통적인 건설시장이었던 중동을 비롯하여 동남아, 터키 등의 해외 건설로 이어지고 있다.

(a) https://www.kogl.or.kr/

(b)

(c)

(d) (사진 : 대림산업)

(e) (사진 : 신안군)

(f)

사진 1.36 현대의 교량

사진 1.36의 (a)는 국내에서 가장 긴 교량인 사장교 형식의 **인천대교**(2009년 준공)이고, 사진 (b)는 국내 최장의 현수교인 **이순신대교**(2012년 준공)이다. 이순신대교는 순수 국내 기술로 건설된 교량이며, 여수와 광양을 잇는 해상교량으로 물류수송에 기여하는 바가 크다. 사진 (c)는 **둔병대교**로 이는 여수와 고흥을 연결하는 6개의 교량으로 이루어진 해상 교량군 중의 하나이며, 독특한 형상의 주탑시공과 3차원으로 배치된 사장 케이블이 특징적이다. 사진 (d), (e)는 목포시와 신안군을 연결하는 **천사대교**(2019년 준공)인데, 전체 교량의 길이는 7.22km, 폭은 11.5m인 자동차 전용교량이다. 목포 측에는 사진 (d)와 같이 국내 최초의 **다경간 현수교**가 건설되어 있는데, 이는 주경간이 650m이고 주탑의 높이가 각각 151m, 163m, 151m인 3주탑 4경간의 현수교이다. 그리고 신안 측에는 사진 (e)와 같이 주경간이 510m이고 주탑의 높이가 각각 135m, 95m인 사장교로 시공된 해상교량이다. 특히 사진 (f)는 강합성 보강형의 사장교 형식으로 건설된 부산항대교로 좌측의 접속교가 루프형으로 건설된 사례이다. 이는 짧은 구간에서 접속교량을 건설할 경우에 종구배를 확보하는 방법 중의 하나이다.

1-3 교량의 붕괴사고

교량의 건설 기술이 발전한 이면에는 많은 인명의 손실을 동반한 심각한 붕괴사고도 발생하였다. 이런 사고는 선진국이나 후진국을 불문하고 발생하고 있으며, 붕괴의 원인은 설계나 시공과정 중에 부주의 문제도 있지만, 노후화에 의한 붕괴사고도 많다.

1. 테이교의 붕괴

교량의 붕괴사고로 많은 인명사고를 발생시킨 대표적인 사례가 1879년에 발생된 **테이교(Tay Bridge)**의 붕괴사고이다. 스코틀랜드 던디의 테이강에 건설된 길이 3,264m의 이 교량은 1878년에 준공된 철도교이다. 이 교량은 사진 1.37에 소개된 것과 같이 상로교와 하로교의 혼합 형식으로 시공된 트러스 구조의 교량이다.

(a) (b)

사진 1.37 테이교의 전경

교량의 중앙부를 하로교 형식으로 시공하여 형하고를 높게 한 것은 테이강을 통항하는 선박의 항로를 확보하기 위한 것이다. 테이교는 1879년 12월 28일의 겨울밤에 약 30[m/s]의 풍속으로 부는 강풍에 의해 교각이 붕괴되었다. 이 사고로 달리던 열차가 테이강으로 전복되어, 75명이 사망하는 참사가 일어난 것이다. 풍하중에 의해 교량의 주철 교각 12개가 붕괴되면서 교량이 낙교하여 달리던 기차가 강에 추락한 것이다. 사고가 발생한 테이강의 하구는 강물이 대서양으로 흘러드는 곳으로 강풍이 불어오는 곳이다. 이 교량이 설계될 당시의 설계자(Thomas Bouch, 영국의 철도 기술자)는 트러스 부재가 하중의 부담 없이 비람을 통과시킬 것이라고 믿었다고 알려져 있는데, 이것이 그 당시의 기술의 한계이기도 하다. 또한 이와 같은 이론상의 한계 외에도 주철기둥 재질의 품질관리 및 미숙한 시공관리도 붕괴의 원인이 되었다. 결론적으로 사고의 원인은 설계의 미숙, 풍하중에 의해 발생되는 횡력에 저항하는 상부 트러스를 비롯하여 교각 등의 재질의 불량, 그리고 주철 기둥과의 연결부의 불량으로 붕괴사고가 발생한 것으로 알려졌다. 사고 후 테이교는 1887년에 재건설 되었는데, 사진 1.38의 (a)는 테이교의 붕괴 흔적을 그대로 남겨두고 새로운 교량을 건설한 사례를 보여주고 있다. 특징적인 것은 콘크리트 교각의 두부가 사진 (b), (c)와 같이 주철로 시공되어 있는 것으로, 이는 흔한 경우가 아니다.

(a)

(b)

(c)

사진 1.38 테이교

2. 타코마교의 붕괴

현수교가 붕괴되는 동영상이 생생하게 남아 있는 타코마교(Tacoma Narrows Bridge)의 붕괴는 교량설계에서 진동을 고려해야 한다는 사실을 극명하게 보여주는 대표적인 사례이다. 타코마교는 중앙 경간장이 853m인 현수교로 1940년 미국 서부 워싱턴주의 타코마 지역에 있는 협수로(Narrow Channel)에 건설된 교량이다. 이 교량은 풍속 60[m/s]에 견딜 수 있도록 설계(설계자 : Leon Moisseiff, 리투아니아 출신 이민자, 뉴욕의 맨하탄교를 설계했음) 되었다. 그러나 풍속 19[m/s]의 바람으로 진동에 의한 공진현상이 지속적으로 반복되었고, 보강형의 비틀림 현상으로 교량이 붕괴되고 말았다. 이 교량의 보강형(상판)은 플레이트 거더 형식이며, 형고(보강형의 높이)와 지간의 비가 1:350으로 아주 얇은 형태였는데, 개통 당시부터 바람에 의하여 수직진동이 발생한 것으로 알려져 있다. 또한 중앙부의 Center Stay(교축방향의 Cable과 보강형의 상대적인 변위를 억제하는 기능)가 파손되면서 진동의 형태가 달라졌고, 비틀림도 발생하여 파괴에 이르게 된 것이다. 이 사고는 교량설계에서 진동의 중요성을 일깨워 준 사례가 되었으며, 토목 기술자들은 공기역학에 많은 관심을 가지게 되었다. 또한 이 사고를 겪은 뒤에 장대 현수교의 보강형은 풍하중에 대한 안전을 확보하기 위하여 휨과 비틀림 강성을 가진 무겁고

두꺼운 보강 트러스로 시공하게 된 것이다. 이와 같이 테이교나 타코마교의 붕괴는 교량을 설계할 때 공기역학의 이론이 적용되어야 하는 교훈을 준 사례가 되고 있다.

3. 기타 교량의 붕괴

교량은 선박이나 자동차 등이 충돌하여 교량의 상부구조가 낙교하는 사고 등으로 인명피해가 발생하기도 한다. 특히 해상에 건설되어 있는 교량은 육지에 있는 교량보다 충돌에 의한 낙교사고가 발생하면 더 큰 피해를 유발시킨다. 1980년에 발생하여 35명이 사망한 미국 Sunshine Skyway Bridge의 붕괴사고는 선박의 충돌에 의해 붕괴된 대표적인 낙교사고이다. 2007년 8월 오후에 미국 미네소타주 미니애폴리스에서 일어난 교량의 붕괴사고는 많은 인명피해가 발생했다. 주를 연결하는 고속도로인 트러스교(8차선 교량)가 붕괴되어 25대의 차량이 미시시피강으로 추락하였으며, 일부의 차량은 다리의 잔해에 깔려 화재가 발생하기도 했다. 이 사고로 13명이 사망하고 145명이 부상을 입었는데, 2008년 12월에 발표된 사고의 원인은 자중의 증가와 트러스 보강판의 단면부족, 그리고 특정 단면에 하중이 집중된 것이었다. 즉 노면의 재포장 및 각종 보수 공사 등으로 콘크리트가 계속 덧씌워져서 다리의 사하중이 건설 당시보다 약 20% 가량 초과되었다. 그리고 사고 당시 교량의 중간 부분에 무게 262톤 정도의 보수장비가 있었고, 트러스의 보강판(Gusset Plate)의 부식 및 노후화 현상이 있었던 것이다.

2018년에는 이탈리아의 제노바 항구도시와 프랑스 남부를 잇는 사장교가 붕괴해 수십대의 차량이 다리 아래로 추락하여 수십명이 사망하는 사고가 발생했다. 2019년에는 대만의 난팡아오 대교(아치교)가 붕괴되기도 했는데, 이 교량은 완공된 1998년 이후 21년 동안 점검하지 않았던 것으로 밝혀져 충격을 주기도 했다. 이런 경우의 붕괴 사고는 원인이 자연재해가 아닌 인재의 가능성이 높다는 얘기가 나올 만하다. 이와 같이 상용 중인 교량의 붕괴사고는 설계의 결함, 과도한 하중, 유지관리의 소홀, 화재(차량의 화재나 교하공간의 화재) 등 그 원인 다양하다. 특히 우리가 간과하기 쉬운 조류 등의 배설물이 특정 부재의 부식을 촉진하여 붕괴에 이르게 하거나, 지금은 거의 없지만 영국의 경우에 우마차가 다니던 시절에는 말이나 소의 배설물이 교량의 상판을 열화시킨다는 연구 결과도 있었다.

국내의 경우도 크고 작은 교량의 붕괴사고가 있었다. 이들 사고는 교량의 시공 중에 붕괴되는 사고도 있었지만, 상용 중에 붕괴되어 많은 인명의 피해를 발생시키기도 했다. 완공된 교량에서 발생된 비교적 큰 사고로는 한강에 위치한 성수대교의 붕괴사고(1994년)이다. 이 사고는 차량이 통행하는 중에 교량의 상부 트러스가 붕괴하여 32명의 사망자를 포함하여 49명의 사상자가 발생한 것이다. 이 사고는 교량 상판을 지지하고 있던 트러스 연결 부분의 용접 불량과 교량의 유지관리를 소홀하게 한 것이 주된 원인이었던 것으로 알려졌다. 최근(2019년)에는 러시아의 화물선이 광안대교의 상부구조에 충돌하는 사고가 발생하기도 했으나, 인명피해는 없었으며 교량 상부구조인 강박스 거더의 일부가 찢어지는 정도의 사고였다.

시공 중이던 교량이 붕괴된 사례로는 신행주대교(서울 강서구와 경기 고양시를 연결)의 붕괴사고를 들 수 있다. 1992년 7월 31일에 발생한 이 사고는 안전관리의 소홀, 무리한 공사강행 등이 붕괴의 원인이었다. 2017년 8월에는 압출 공법(ILM 공법, Incremental Launching Method)으로 시공 중이던 평택의 국제대교가 붕괴되었다. 이는 상판 4개(길이 240m)가 붕괴되어 낙교한 사고로 설계의 결함과 현장의 시공관리가 부실하여 발생한 사고였다. 이 외에도 국내에서 크고 작은 교량의 붕괴사고가 발생하였는데, 이들은 주로 시공관리의 부주의에 의한 사고였다.

제2장

교량은 어떻게 계획되어야 하는가

2-1 서언

교량은 국토의 균형적인 발전과 경제 활성화를 위한 물류 수송의 근간이 되는 중요한 기반시설의 하나이다. 이는 구조공학, 수공학, 기초공학, 지형정보공학(측량공학) 등의 모든 토목 기술이 적용되고 인문학적인 특성이 반영된 결정체이다. 일부의 도시는 오랜 역사의 흔적을 보전하면서 문화재적인 가치가 있고, 문명의 가교 역할을 하는 교량을 도시의 랜드마크로 소개하기도 한다. 이는 신기술 등을 적용하여 건설된 교량(사장교나 현수교 등)이 가지는 경관을 바탕으로 한 미관상의 이유도 있다. 또한 이들은 기술 발달의 시대적 흐름을 반영한 대표적인 교량으로 토목 기술이 집약된 종합 예술품이기 때문이다.

우리나라의 교량 건설 기술은 이미 세계적인 수준에 도달해 있다. 최근 들어서는 다도해로 알려진 남해안이나 서해안에 **연도교**(섬과 섬을 연결하는 교량)나 **연육교**(섬과 육지를 연결하는 교량)가 건설되고 있으며, 만(Bay)이나 해협(Strait)을 연결하는 교량도 특별한 형태로 건설되고 있다. 현대의 교량은 주로 콘크리트나 강을 주재료로 하여 건설되고 있는데, 특히 대경간의 해상 교량인 경우는 이와 같은 재료를 기반으로 특수교량(현수교, 사장교…) 형태로 건설되는 사례가 많다. 그리고 중경간이나 소경간의 교량은 특별한 경우가 아니면 아치교, 거더교, 트러스교 등의 형식으로 건설하는 것이 일반적이다. 또한 스카이 브릿지, 스카이 워크, 출렁다리 등의 특별한 목적의 교량도 건설되고 있다.

교량의 형식은 경제성과 주변의 다양한 환경을 고려해서 결정되는데, 설계의 단계에서는 토목기술자 외에 디자인 전문가, 색채 전문가 등도 참여한다. 세계적으로 유명한 교량들은 문학 작품에 소개되거나, 고흐나 모네의 그림을 비롯하여 많은 회화의 주제가 되어 왔다. 특히 기술의 변혁기나 근대의 개화기에 새로운 문물을 경험하는 곳에는 반드시 등장하는 소재이기도 했다. 이와 같이 교량은 우리들의 일상 속에 깊숙하게 들어 와 있으므로, 교량의 건설은 주변의 경관과 조화를 이루도록 하고, 가치공학(Value Engineering) 측면에서도 종합적인 검토를 하고 있다. 예를 들어서 프랑스의 **미요교**(Millau Viaduct)는 프랑스 남부와 스페인을 잇는 고속도로 구간에 건설되어 있으며, 2004년에 준공된 폭 32.05m의 왕복 4차선 도로교이다. 이는 세계적으로도 규모가 큰 다경간 형식의 사장교로 타른(Tarn)강이 흐르는 계곡을 횡단하는데, 주탑의 높이 343m, 교장 2,460m, 최대 경간장 342m로 국제 설계공모를 통해 건설한 것으로 알려져 있다. 이 교량의 설계자인 프랑스의 미셸 비을로죄(Michel Virlogeux)는 세계적인 건축가인 영국의 **노먼 포스터**(Norman Foster)와 같이 설계했다. 또한 런던의 템즈강에 건설된 밀레니엄교(Millennium Bridge)는 테이트 모던과 세인트폴 대성당을 연결하는 현수교 형식의 보행자용 교량(보도교)으로 노먼 포스트의 설계로 이루어졌다. 디자인이나 미관 전문가가 참여한 이와 같은 교량들은 새로운 경관을 형성하면서, 교량의 미관에 관심을 가지는 시대적인 트렌드를 대표하는 사례로 생각할 수 있다. 그러나 이와 같은 설계의 사례는 토목 기술자의 디자인 능력의 한계를 보여주는 예이기도 하다.

국내에는 사진 2.1의 (a)~(c)와 같이 해상교량을 중심으로 다양한 형식의 교량이 건설되고 있다. 특히 남해안의 다도해 지역은 다양한 형식의 교량을 소개하는 교량의 전시장이라 할 정도로 해상교량이 새로운 경관을 형성하고 있다. 경남의 사천시와 남해군을 연결하는 사진 (a)와 같은 교량군은 연육교와 연도교의 기능을 가지며, 전체 교량이 주는 경관의 중요성을 잘 나타내고 있는 사례이다. 그리고 고군산 군도를 연결하는 해상교량 중의 하나인 단등교(단경간, 1주탑 형식의 현수교)는 사진 (b)와 같은 독특한 주탑의 형상이 경관 창출에 기여하는 좋은 사례가 된다. 또한 사진 (c)는 1주탑의 사장교 형식으로 건설된 둔병대교로 연도교이며, 여수와 고흥을 연결하는 교량군 중의 하나인데, 주탑의 디자인이 우수한 교량으로 알려진 사례이다.

(a)

(b)

(c)

(d)

사진 2.1 교량의 미관

사진 (d)는 덴마크 코펜하겐의 뉘하운 운하에 있는 교량으로 디자인 강국의 면모를 보여주는 가동교 건설의 사례이기도 하다. 이는 덴마크 관광의 중심지인 코펜하겐에서 운하주변의 형형색색의 아름다운 건물과 대비되는 현대적인 디자인이 돋보이는 교량이다.

이와 같이 미관을 고려하고 인문학적인 특성까지 반영하는 교량 건설의 기술을 기반으로 우리의 건설기술은 국제 경쟁력을 강화하고 있다. 이를 바탕으로 한 설계와 시공 기술은 우리의 전통적인 건설시장이었던 중동을 비롯하여, 터키의 해상 장대 교량의 건설에 참여하는 등 해외 건설시장을 개척하고 있다.

2-2 교량의 구성

교량이라는 구조물은 크고 작은 규모에 상관없이 상부 구조, 하부 구조, 그리고 기초로 구성되며, 이와 관련된 전체적인 개념을 파악하기 위하여 그림 2.1에 교량의 각 부분의 명칭을 나타내었다. 그림 (a)에 나타낸 것과 같이 하부구조 위에서 교통 하중을 지지하는 바닥틀이나 주형 등을 **상부구조**(Superstructure)라 한다. 그리고 상부 구조를 지지하는 교대와 교각 등을 **하부구조**(Substructure)라 하며, 하부구조를 지지하는 지중에 있는 구조를 기초(Foundation)구조라 한다. 그러나 경우에 따라서는 기초를 하부구조에 포함시키기도 한다. 교량의 양측에 있는 교대의 흉벽 사이의 길이(교량 중심축을 따라 측정한 길이)를 **교장**(**연장**)이라 한다. 그리고 지지점(받침부)의 중심 간의 거리를 **지간**이라 하며, 교대 또는 교각 사이의 표면간의 거리를 **경간**이라 한다. 교량의 상부구조에서 교축 직각 방향으로 양쪽의 연단까지의 폭을 나타낼 때는 그림 (b)에 표현된 **교폭** 보다는 **총폭**이라 말하기도 하며, 도로교의 유효폭은 차도만의 폭을 말하기도 한다. 최근 들어 해상 장대교량의 방식으로 많이 적용되는 현수교(타정식 현수교)의 구조요소는 그림 (c)에 소개하였다.

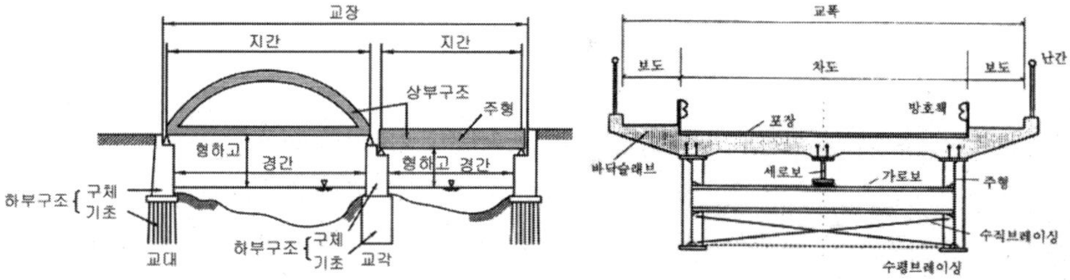

(a) (b)

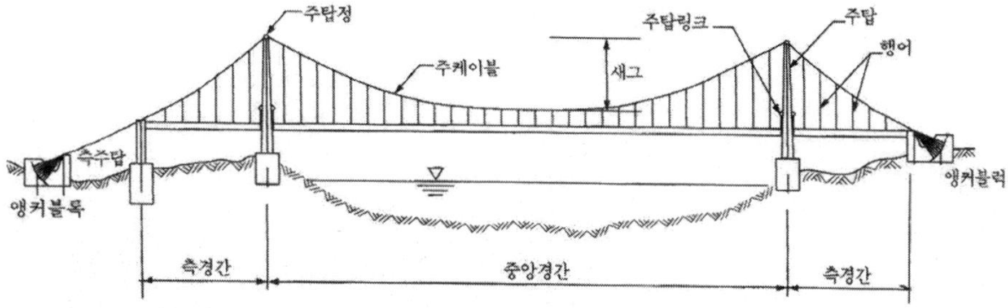

(c)

그림 2.1 교량의 각 부분의 명칭

교량의 길이로 구분하는 경우에는 길이가 100m 이상인 교량을 **장대교**라 하며, 길이가 100m 미만인 교량을 **소교량**이라 한다. 교량의 상부 구조의 아래에 확보된 공간인 **교하공간(형하고)**은 하천이나 바다를 횡단하는 교량은 홍수량이나 선박의 규모 등으로 결정된다. 그리고 각종 고가교의 경우에는 통행하는 자동차 등의 제원을 고려하여 결정된다. 또 교량의 노면 위나 고가교 아래의 도로의 경우에 자동차 등이 안전하게 통행할 수 있도록 확보된 공간을 **건축한계**(Construction Gauge)라 한다.

1. 상부구조

교량의 상부구조는 자동차나 열차 등과 같이 상재되는 각종 교통류의 하중을 직접 지지하는 기능을 한다. 이는 교량의 주체가 되는 거더(Girder, 상부 구조에 작용하는 하중을 지지하고 그것을 하부 구조에 전달하는 부재), 트러스(Truss), 아치(Arch) 등의 다양한 형식이 있다. 이와 같은 상부구조는 바닥판(Deck, Slab), 바닥틀(Floor System), 거더, 브레이싱(Bracing), 받침(Bearing) 등으로 구성된다. 그리고 교량에 설치되는 부속설비(신축이음 장치, 난간, 방호책, 배수시설, 조명설비, 점검설비)도 상부구조에 포함된다. 일반적으로 상부구조의 형식이나 사용된 재료 등으로 교량의 형식을 분류하며, 상부구조는 교량의 미관에 직접적인 영향을 미치는 중요한 요소가 된다.

(1) 주형과 트러스

형교(Girder Bridge)는 2개 이상의 주 거더(Main Girder)가 하부구조에 의해 지지되는 교량이고, **트러스교**(Truss Bridge)는 가로보로 연결된 양측의 트러스로 상부 구조를 이루는 교량이다. 이와 같은 형식으로 소개된 것이 사진 2.2의 사례인데, 사진 (a)는 거더교(형교)이고, 사진 (b)는 트러스교의 일반적인 형태이다. 이런 교량들은 교통하중이 바닥판(Slab, Floor, Deck)에 작용하면, 이를 지지하는 바닥틀을 통하여 거더 또는 트러스에 전달되고, 이것을 다시 받침(지지점)으로 전달되는 하중 전달의 경로를 가진다.

(a) (b)

사진 2.2 거더교와 트러스교

(2) 바닥판과 바닥틀

바닥판(Floor, Slab, Deck)은 교통 하중을 직접 지지하는 부분으로 포장을 포함한다. 그리고 **바닥틀**(Floor System)은 바닥판을 지지하고 작용 하중을 거더나 트러스에 전달하는 역할을 한다. 바닥틀은 **가로보**(Cross Beam)와 **세로보**(Stringer)로 구성되는데, 가로보는 주형 또는 트러스에 직각으로 설치되는 교량 횡방향의 보를 말한다. 그리고 세로보는 가로보 사이에 연결되어 있는 교량 종방향의 보를 뜻한다.

(3) 브레이싱

교량 좌우의 주형이나 트러스를 입체적으로 연결시켜 수평하중이나 비틀림에 저항하는 기능을 하는 부재가 **브레이싱**(Bracing)이다. 이는 그림 2.1의 (b)에 나타낸 것과 같이 수평 브레이싱과 수직 브레이싱으로 구성된다. 수평 브레이싱은 주형이나 트러스 현재에 설치된 수평 방향의 부재로 횡하중을 받침에 전달하는 기능을 가진다. 수직 브레이싱은 서로 맞보는 수직재를 연결하는 브레이싱이다.

(4) 받침부

받침부(Bearing)는 보통 상부 구조와 하부 구조가 연결되는 접점으로 상부 구조의 하중을 하부구조에 원활하게 전달하는 기능을 한다. 사진 2.3과 같은 받침은 다양한 형식이 있으나, 작용하는 방식에 따라 가동받침(Roller Support), 힌지받침(Hinged Support), 고정받침(Fixed Support) 등이 있다. 이런 받침들은 구조물이 각각 다르게 거동하게 하며, 같은 기능을 갖더라도 다양한 형상으로 시공되고 있다. 사진 2.3은 교량 받침의 시공사례를 나타낸 것으로, 특히 사진 (b)는 온도변화에 따른 교량 길이의 변화량을 알 수 있도록 한 경우이다. 그러나 라멘교 등과 같이 상부 구조와 하부 구조가 일체로 된 교량은 받침부가 없다.

(a) (b)

사진 2.3 받침의 시공사례

(5) 신축이음

구조부재는 온도의 변화가 있으면 길이가 변하게 되며, 이런 경우에 구조형식에 따라 부재에는 응력이 발생되게 된다. 이와 같이 길이가 변하는 현상에 대응할 수 있는 기능을 가지는 장치가 **신축이음(Expansion Joint)**이며, 이의 다양한 시공사례를 사진 2.4에 소개하였다.

(a) (b)

(c) (d)

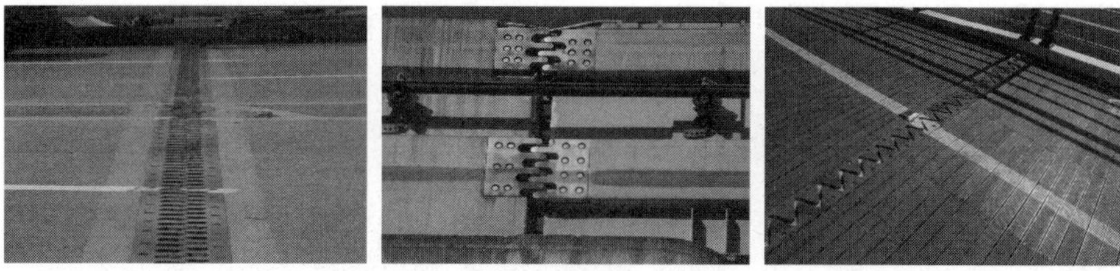

(e) (f) (g)

사진 2.4 신축이음장치

사진 (a)는 현수교인 노량대교, 사진 (b)는 사장교인 거북선대교, 사진 (c)는 사장교인 부산항대교의 시공사례이다. 그리고 사진 (d)는 아치교인 시드니의 하버브릿지에 적용된 신축이음이고, 사진 (e)는 아치교인 좌수영교에 시공된 사례이다. 사진 (f)는 경전철 선로에 시공된 것이고, 사진 (g)는 소규모로 시공된 보행자용 교량의 신축이음 시공사례이다.

2. 하부 구조

교량의 하부구조(Substructure)는 교대나 교각을 말하는 것이며, 기초를 포함하는 경우도 있다. 하부구조는 지상에 있는 부분을 구체(Body)라 하고, 지중에 묻혀있는 부분을 기초(Foundation)라 한다. 하부구조의 하나인 교대(Abutment)는 상부구조를 직접 지지하며, 교량의 양 끝에 건설되는 구조물로 상재하중과 토압을 받는 것이 일반적인 경우이다. 또 교대의 형상은 큰 변화가 없이 거의 일정한 모양이로 시공되고 있다.

(a) (b)

(c) (d) (e) (f) (g)

사진 2.5 교각의 형태

교각(Pier)은 사진 2.5의 사례들과 같이 2경간 이상의 교량에서 교대 사이에 설치된 하부구조로 다양한 형식으로 시공되고 있다. 최근에는 사진 (e)와 같이 고속도로 등을 건설하면서 상당한 높이의 교각을 건설하는 경우가 많다. 이런 경우에는 장주효과(긴 기둥의 효과로 좌굴 등이 발생으로 휨으로 파괴됨)를 고려해야 한다. 또한 교각이 하천에 시공될 경우는 물의 흐름에 유리한 단면(원형, 삼각형 등)이 되도록 사진 2.6과 같이 시공되어야 한다. 이와 같이 교량의 하부구조인 교각은 교대와는 달리 다양한 형태가 있으며, 이들은 미관과 직접 관련되므로 설계단계에서 충분한 검토가 필요하다.

(a) (b) (c) (d)

사진 2.6 교각의 단면형상

기초는 지반의 지지력에 따라서 직접기초, 말뚝기초, 피어기초 등 다양한 공법으로 시공된다. 특히 기초는 땅속 부분이나 해저나 하저면 아래의 구조물이므로 유수에 의하여 교각 구조물 주변의 지반이 깎이어 무너지는 세굴 등의 영향도 검토되어야 한다. 이 경우에 필요하다면 사진 2.7과 같은 **세굴 방지공**(Scour Protection Works) 등을 시공하는 것이 좋다. 그리고 교대를 건설하면서 사면이 생기는 경우에는 표면의 세굴에 대비하여 표면을 불투수층으로 처리하는 등 다양하게 검토하도록 한다.

(a)

(b)

사진 2.7 세굴 방지공

2-3 교량의 계획

1. 교량 계획의 기본 사항

1) 가설 위치와 노선 선형

교량의 건설은 지형적인 특성에 따라 다르지만, 도로 공사에서 교량 구조물이 차지하는 공사비나 전체 공정에 미치는 영향은 아주 크다. 그러므로 노선을 선정하는 경우에는 교량의 설계, 시공 및 경제성 등을 고려하여 가장 합리적인 선형으로 선택해야 한다. 또한 노선의 선형과 관련 있는 교량의 형태는 가능하면 직교 형태로 건설하는 것이 각종 현장관리에 있어 유리한 점이 많다. 그리고 하상이 변동하는 곳이나 하천의 굴곡부 등은 세굴이 많이 일어나기 때문에 하부구조의 건설은 피하는 것이 좋다. 특히 하천의 폭이 좁은 곳에 교량을 건설하면 시공비는 적게 들지만 치수상의 문제가 발생할 수 있으므로 세세한 검토가 필요하다. 상부구조의 형식을 결정한 후에 교장, 지간, 교대와 교각의 위치, 방향, 형하고, 기초의 근입 심도, 지형, 지질 상태 등을 검토한다. 그리고 도로 관리자의 의견 등도 고려하여 유지관리의 측면도 검토되어야 한다. 사진 2.8은 각종 교량의 시공사례를 나타낸 것으로 주탑의 건설이나 교량의 선형, 2층교 등의 건설사례이다.

(a)

(b)

(c)

(d)

(e)

사진 2.8 교량의 건설

특별한 경우이지만 사진 2.9의 (a)와 같이 교량이 건물 속을 통과해야 하는 경우도 있는데, 이 경우는 건물과 교량의 구조배치, 이용자들의 편리성, 소음, 방재시설 등을 다양하게 검토해야 한다. 그리고 또한 사진 (b)와 같이 환경보호 등의 문제로 교량의 선형이 심하게 달라진 사례도 발생하고 있다. 이는 부산의 을숙도 내교의 건설 당시 논란이 되었던 것인데, 이런 경우에 이것이 과연 얼마나 환경보호에 기여하였는지 의문이 들기도 한다.

(a)

(b) https://namu.wiki/

(c) (d)

사진 2.9 교량의 선형

사진 (c)는 해상교량에 접속되는 접속교인데, 이는 짧은 접속 구간에서 해발 66m의 교량의 상판까지 올라가야 하는 구조적인 특징을 가진 교량이다. 이 문제를 해결하기 위하여 접속교의 종구배를 확보할 수 있도록 사진과 같은 회전 구간을 **루프교**로 시공하였다. 이런 경우에는 교각이 높아지면서 운전자가 느끼는 심리적인 불안정 등에 대한 인간공학적인 측면의 검토도 필요하다. 사진 (d)는 단경간 현수교로 시공한 팔영대교의 시공사례로, 이 교량은 현장 조건이 현수교의 앵커리지와 주탑 등이 중심축과 일직선이 아니므로 단경간 현수교로 설계하는 것이 좋았던 사례이다.

사진 2.10의 (a)는 계곡을 횡단하는 고속도로의 건설사례인데, 계곡에는 이와 같은 높은 교각 형식으로 교량이 건설되는 사례가 많다. 이런 경우는 구조검토를 할 때 고려할 요소도 많이 있지만, 겨울철에 발생되는 **블랙아이스**(Black Ice, 도로 표면에 생긴 얇은 빙판) 현상 등의 환경적인 요소도 검토되어야 한다. 특히 사진 (b)와 같이 계곡의 폭이 좁거나 교각이 낮은 경우에 과거에는 성토 구조물로 계획하여 박스형의 통로를 건설하는 사례가 많았다. 그러나 지금은 토량분배와 관련해서 사토(흙을 버리는 것)의 문제가 있어도 개방감을 확보하기 위하여 교량 구조화하는 경향도 많이 있다.

(a) (b)

사진 2.10 계곡부의 교량 건설

(2) 경제성 및 시공성과 유지관리

교량의 형식은 구조적, 기능적, 기타 교량 가설 위치에서의 모든 요구 사항을 경제적으로 만족할 수 있도록 건설되어야 한다. 그리고 기존의 교량을 철거하고 새로운 교량을 신설해야 하는 경우는 임시로 가교를 건설하여 우회할 수 있도록 해야 하는데, 이에 대한 다양한 검토도 필요하다. 특히 대규모의 건설현장은 대형 완성품이나 큰 부재를 현장에 반입하기 위하여 운반로에 존재하는 교량을 보강해야 하거나 도로의 선형을 검토해야 하는 사례도 발생할 수 있다. 그리고 해상 공사의 경우에도 대형 해상크레인 등의 항행을 위한 항로의 사전조사 등도 충분히 검토하여야 한다.

교량은 미관이 아주 중요하며 시공성도 좋고 유지관리가 용이한 형식으로 결정하는 것이 좋다. 특히 건설 현장은 과거와는 달리 준수해야 할 각종 건설관련 법령들이 많이 있다. 그러므로 현장 관리자는 건설기술관리법, 건설산업기본법, 대기환경보전법, 산업안전보건법, 수질환경보전법, 소음·진동규제법, 폐기물관리법 등에 대해 최소한의 숙지를 해야 할 필요가 있다. 이와 같은 건설 관련 법령들을 준수하고 이들에 저촉되지 않는 공법 등을 고려하도록 한다. 상용하는 교량의 유지관리 기법은 교량의 구조재료나 구조공학적인 거동 특성을 면밀하게 분석하고, 다양한 교량 형식별로 장단점을 분석하여 결정해야 한다.

(3) 통행 안전성과 쾌적성

교량 이용자의 만족도를 높이고 안전성과 쾌적성을 확보하기 위해서 교량의 형식이나 선형뿐만 아니라 노면 상에 설치되는 신축 이음 장치 등에 대한 충분한 검토가 필요하다. 이들은 교량 건설에 이용되는 재료나 구조특성과 직접적인 관련이 있으므로 다양한 분석이 필요하다. 사진 2.11의 (a)와 같이 해상교량에 접속하는 접속교의 종구배를 확보하기 위하여 루프(Loop)형의 교량으로 설계한다. 이 경우에 교량의 높이가 갑자기 높아지는 것에 대한 운전자가 느끼는 심리적인 안전의 문제도 검토해야 한다.

(a)

(b)

(c)

사진 2.11 교량의 연결

그리고 사진 (b)와 같이 터널의 출구가 하천 위의 교량과 바로 연결되는 경우에는 겨울철에 블랙 아이스(Black Ice) 현상으로 대형 사고가 발생될 가능성이 크다. 이런 경우는 일반적인 고가도로에서도 발생 가능한 현상이므로 도로면의 동결에 대한 특별한 대책도 강구해야 한다. 이와 같은 경우는 경제성의 문제만 해결되면 일부 도로에 열선을 시공하는 것도 검토해볼만 하다. 이런 현상은 그늘진 도로나 산모퉁이 등에서도 많이 발생하므로 선형설계를 할 때 미리 검토가 필요하다. 그리고 호수나 강 등의 주변에 교량을 건설하는 경우는 안개 발생의 빈도가 높을 수 있으므로 이에 대한 대책도 필요한 경우가 많다. 사진 (c)는 유원지의 관람교 역할을 하는 보도교인데, 관람자들의 편의를 위하여 길이를 확장한 시공사례이다.

2. 구조 해석과 설계

교량의 형식은 총 비용(설계비, 건설비, 유지·보수비 포함)이 최소가 되도록 결정하며, 가능하다면 상부구조는 연속된 구조로 하는 것이 이용자들에 대한 서비스의 측면에서 좋다. 교량의 형식은 설계와 시공 및 경제성의 측면에서 유리하고 교장, 지간, 교대 및 교각의 위치와 방향, 교량 하부 공간 등의 여러 가지 조건에 적당하도록 결정한다. 특히 이런 요소들은 교량의 조형미나 주변의 경관을 함께 고려해야 한다.

자동차 주행의 안정성 및 쾌적성을 좋게 하려면 상로교 형식이 좋고, 신축이음 장치가 적은 연속교가 좋다. 특히 도시 내에 건설되는 교량은 구조물 자체도 세련된 느낌을 주고, 주위의 경관과 조화를 이루도록 하는 것이 중요하다. 각종 구조물에 작용하는 외력이나 환경적인 요인에 의한 구조물의 물리적인 반응을 해석하는 것을 **구조해석(Analysis)**이라 한다. 이를 위하여 표 2.1과 같이 이상적인 구조물로 모델링해서 풀어내는 과정이 필요하다.

표 2.1 구조해석을 위한 모델링의 사례

실제 구조물	모델링된 구조물
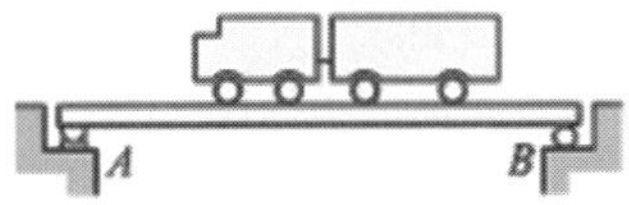	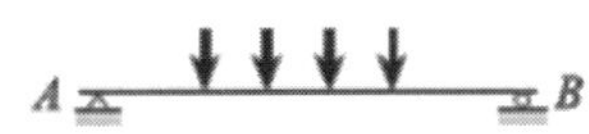
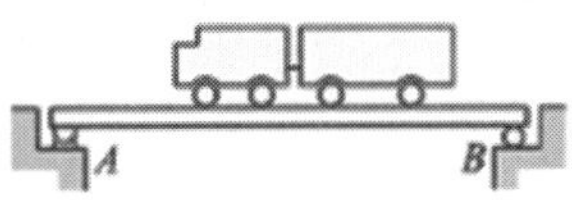	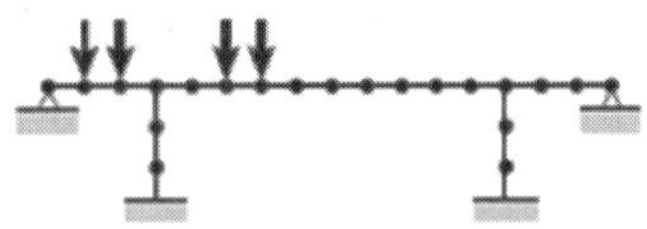

구조 해석을 하기 위한 구조 모델링은 구조 요소나 시스템에 대한 적당한 가정이 필요하며, 경우에 따라서 이런 과정은 경험이 풍부한 기술자의 판단이 요구되기도 한다. 그리고 모델링의 방법은 해석방법이나 구조물이 접해 있는 환경(구조물의 위치, 사용재료, 배열방법, 지지조건)에 따라 다르다. 이에 대한 구조해석은 구조공학의 이론을 적용하여 모델링한 구조의 거동이 실제 구조의 거동을 반영할 수 있도록 해야 한다. 특히 바람이나 지진과 같은 동하중을 고려한 해석의 경우는 그 특성이 반영된 동적해석을 하여야 한다. 구조해석에 널리 이용되고 있는 상용 프로그램은 MIDAS, ABAQUS, LUSAS Bridge, DIANA, ADINA, PENTAGON-Bridge, SAP90 등 많은 종류가 있다. 그리고 경우에 따라서는 해석의 결과를 보완하기 위하여 축소된 모형이나 실물 크기의 모형을 만들어 **풍동 시험**이나 하중재하 시험 등과 같은 각종 시험을 하기도 한다.

설계(Design)란 구조 해석의 결과를 이용하여 단면의 크기나 형상을 결정하는 것이다. 설계의 과정은 각종 기준을 준수하여야 하는 것은 당연한 것이지만, 기준의 범위 내에서 설계자의 능력과 성향에 따라 설계의 결과는 다양성을 보일 수 있다. 설계를 할 때 구조물의 전체적인 외형을 결정할 경우에는 구조물의 미관을 고려한 인문학적 특성을 반영해야 하고, 재료의 선택은 경제적이면서 주변의 환경과 조화를 이룰 수 있으며 내구성을 가져야 한다. 그리고 사용성(Serviceability)과 안전성(Safety)을 고려하여 단면의 크기와 재료를 결정하도록 한다. 축하중을 받는 강선의 가장 기본인 설계의 개념은 '필요한 면적=전달될 하중/허용응력'의 함축된 식으로 단면의 크기를 결정할 수 있다. **허용응력(Allowable Stress)**이라는 것은 허용할 수 있는 최대응력을 말하는데, 재료가 파괴되지 않고 안전하게 사용될 수 있도록 허용되는 최대응력이라는 뜻이다. 그리고 교량 설계의 단계를 보면 기본적인 통행량의 결정 후에 교량의 등급에 따라 슬래브를 제일 먼저 설계한다. 다음에 슬래브를 지지하는 보, 기둥(하부구조), 그리고 마지막으로 기초를 설계하게 된다. 그리고 하부구조는 위치하는 장소에 따라 다양한 모양으로 결정해야 하고, 기초의 환경조건(지중, 수중…)에 따라서 환경 조건에 맞는 재료를 선택해서 시공해야 한다는 것이다.

건설사업 전체의 추진 과정은 그림 2.2로 나타낼 수 있는데, 설계는 사업 구상의 단계와 타당성 조사의 단계 후에 이어지는 기본설계와 실시설계를 말한다. **기본 설계**는 전체 프로젝트를 개략적으로 나타내는 설계이며, 이는 예비설계 과정을 포함한다. 그러나 **실시 설계**는 최종 설계라 할 수 있는 상세한 설계를 뜻하며, 각종 공종에 대한 도면이 제시되어 있고, 물량과 공사비가 산출되어 있으므로, 이를 바탕으로 실제 시공이 가능한 설계이다.

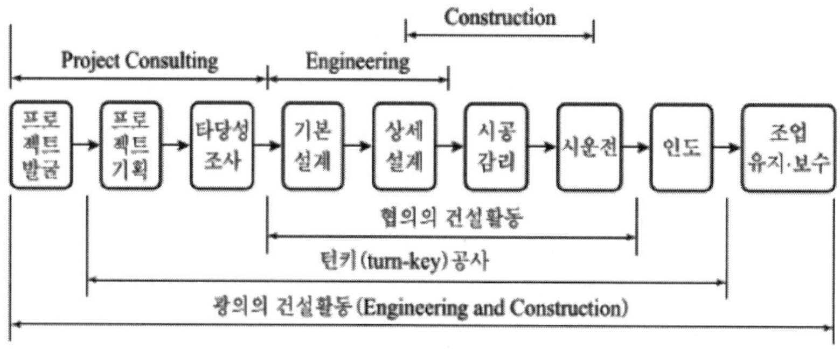

그림 2.2 교량건설의 진행 절차

구조물은 목적하는 기능을 발휘할 수 있는 구조라야 하는데, 각 단면의 크기와 사용되는 재료는 각종 시방서나 설계 편람 등을 참고하여 충분한 검토 후에 결정하도록 한다. 특히 각종 설계에 관련된 기준은 최소한의 규정이라는 것이 유의하여 사용자들의 의식 변화나 장래의 확장 가능성에 대비한 설계도 고려해야 한다. 일반적으로 구조물을 설계할 경우에는 다음과 같은 사항들을 고려해야 한다.

(1) 안전성

구조물의 **안전성**(Safety)은 사용하중의 규모와 직접적인 연관성이 있다. 절대적으로 안전한 구조물이란 존재할 수 없지만, 통상 안전한 구조물이란 구조물의 강도나 내하력이 작용하는 외력보다 큰 상태의 구조물을 말한다. 구조물이 가져야 하는 **안전도**(최소 강도와 최대 작용 하중의 비)는 관련되는 시방서나 각종 기준에 제시되어 있다.

(2) 경제성

과거에는 설계 기준을 만족하면서 경제적인 구조물이 건설되도록 최소 단면만을 고려하여 **경제성**(Economy)을 검토하였다. 그러나 최근에는 이와 더불어 미관과 구조물의 수

명기간 동안 유지관리와 관련된 비용 등도 함께 고려한 총비용의 최소화가 가능한 설계가 이루어지고 있다. 또한 시설물의 성능 개선과 가치 향상에 기여할 수 있도록 **가치공학**(VE, Value Engineering)을 도입하여 시설물의 성능은 높이고 공사비는 줄이도록 노력하고 있다. 그리고 사용 중에 발생될 수 있는 구조물의 손상을 보수하는 비용과 수명을 다한 구조물의 철거 비용 등을 모두 포함한 **생애 주기 비용**(LCC)을 고려해서 경제성을 분석하고 있다.

(3) 구조 성능

구조 성능(Structural Performance)은 구조물을 설계할 때 안전하고 경제적인 설계 목표 외에 구조적인 제반 기능의 원활한 수행을 목표로 하는 것으로 기능성, 사용성, 내구성 측면의 성능 만족의 개념이다. 이는 구조물의 강도뿐만 아니라 내부식성, 내균열성 등과 같은 **내구성**(Durability)의 기준도 만족해야 한다. 그리고 과도한 진동이나 처짐 등으로 인해 사용자에게 불쾌감을 주지 않도록 하는 기준인 **사용성**(Serviceability)의 기준 등도 고려되어야 한다.

(4) 미관

구조물을 아름답게 건설하는 것은 아주 중요한 문제인데, 교량이 주변과 잘 조화를 이루며 아름답게 건설되도록 토목기술자, 건축가, 디자인 전문가 등 각 분야의 전문가가 참여하여 계획한다. 미관이라는 것은 문화적인 차이에 따라 다르게 표현될 수 있으며 계층별, 지역별, 나라별로도 아름다움은 다르게 느껴질 수 있다. 특히 토목 기술이 집약된 교량 구조물은 도시의 공간을 차지하는 비중이 크므로 다른 어떤 토목 구조물보다 미적인 요소가 중요하다. 그러므로 교량은 주변의 지형이나 다른 구조물과의 조화 등의 문제를 고려해서 건설해야 한다.

현대 구조물은 미관을 아주 중요시 하고 있는데, 아름다운 구조물은 주변의 **경관**(Landscape, Scenery)과 조화를 이루어야 그 아름다움이 배가될 수 있다. 따라서 **경관 설계**(경치가 좋도록 계획을 수립하여 결정한 설계)는 아주 중요한 설계 요소 중의 하나이다. 건축 구조물은 미관을 고려한 설계가 일반적이지만, 교량, 터널, 옹벽 등의 토목 구조물은 아직도 미관의 중요성이 부차적인 요소가 되는 경향이 있다. 그러나 최근 들어서는 토목 구조물에도 사진 2.12에 소개된 것과 같이 디자인의 개념을 도입하고, 주변과의 조화를 고려하는 미관과 경관설계가 중요시 되고 있다. 사진 2.12의 (a), (b)에 나타낸 울산의 십리대밭교는 보행자용 교량을 강아치와 원형 교문의 개념을 도입한 조형미가 돋보이는 설계의 사례이다. 또한 사진 (c)에서와 같이 교량군이 가지는 전체적인 경관도 중요하고, 사진 (d)와 같이 해안을 따라 형성되는 단일 고가교의 선형도 새로운 경관을 창출하는 요소가 될 수 있다.

(a) (b) (c) (d) https://www.visitnsw.com/

사진 2.12 경관설계의 사례

3. 상부구조의 형식

교량의 상부 구조의 형식은 미관과 경제성을 검토하여 결정해야 한다. 경제성을 검토할 경우에는 총 비용(건설비와 유지·보수비 포함)이 최소가 되도록 결정한다. 또한 상부구조는 가능하다면 신축 이음 장치가 적은 연속 구조로 하는 것이 차량 주행의 쾌적성을 확보할 수 있다. 자동차 주행의 안정성 및 쾌적성을 좋게 하려면 구조적으로 상로교 형식이 좋고, 소음이나 진동 등의 환경 조건이 문제가 되는 경우에는 강교(Steel Bridge)보다 철근 콘크리트교(RC교)나 프리스트레스트 콘크리트교(PC교, PS 콘크리트교)가 많이 채택되기도 한다. 현재 건설되고 있는 대부분의 교량은 콘크리트교가 80% 정도로 주류를 이루고 있고, 강교가 그 다음을 차지하는데, 이는 이런 특성들이 반영된 결과이기도 하다. 보통 교량의 지간장(지간의 길이) 별로 적당한 상부 구조의 형식은 표 8.2을 참고하여 결정할 수 있다.

표 2.2 교량의 형식별 표준 지간의 길이

교량 형식		적용 지간장[m]	참고
RC교	라멘교	10~30	
	중공 슬래브교	15~25	
	박스형교	20~40	
PSC교	슬래브교	15~30	(라멘교)
	빔형교	20~40	
	박스형교	40~150	
강교	판형교	30~50	
	박스형교	50~120	(빔형교)
	강상판 박스형교	50~150	
특수 교량	트러스교	50~100	
	아치교	60~200	
	사장교	100~1,000	(박스형교)
	현수교	200~2,000	

상부구조는 사용목적, 사용재료, 구조형식, 교량의 위치, 경간의 길이, 하중 경로의 특성, 상판의 형식 등에 따라 여러 가지 형식으로 분류될 수 있다. 이와 같은 교량의 상부는 설계자의 취향에 따라서 다양한 재료를 선택할 수 있고, 그것에 합당한 형상으로 결정 될 수 있지만, 이들은 구조적 측면과 미적 측면을 고려해서 결정하도록 한다.

(1) 구조적 측면

① 최적의 건설 위치에 원칙적으로 상로교 및 연속교 형태(개방감 및 승차감)
② 교량의 외적인 모든 요건 만족
③ 구조상의 안전성 및 경제성
④ 시공의 확실성, 용이성 및 적정한 공기
⑤ 구조물의 표준화 도모
⑥ 단순하고 경제적인 유지보수성

(2) 미적 측면

미관을 고려한 구조의 형식, 주변 구조물과의 조화, 그리고 전체적인 경관을 고려하여 결정한다.

4. 하부 구조의 형식

1) 교대와 교각의 형상

하부구조의 형식은 상부구조 형식, 상부구조의 가설공법, 구조적인 안전성, 상부구조에 재하되는 하중의 규모, 경제성 등을 고려하여 결정한다. 또한 교량의 입지조건에 따른 시공성 및 간편성, 형하고(상부구조 하단으로부터 수면이나 지면까지의 높이), 그리고 미관 및 유지관리 측면 등을 고려하여 결정한다. 교대는 그림 2.3과 같이 중력식, 역T형식, 뒷부벽식, 라멘식 교대 등의 기본형식이 있으며, 이를 참고하여 설계자가 결정한다. 교대의 전체적인 형식은 높이와 관련되는데, 중력식 교대는 4m, 반중력식은 6m, 역T형은 6～12m, 뒷부벽식은 10～20m, 라멘식은 10～15m, 박스형은 12～20m 정도의 높이에 적용한다.

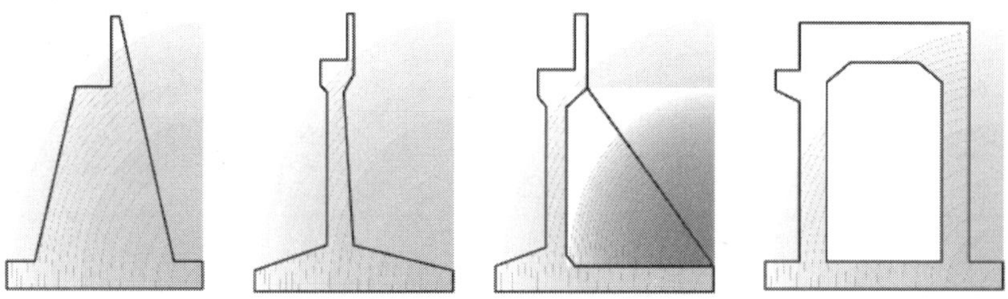

(a) (b) (c) (d)

그림 2.3 교대의 형상

교각은 그림 2.4와 같이 벽식, T형식, 라멘식(1층, 2층), 기둥식, 중공식 등이 있으며, 이들을 기본형식으로 채택하여 아주 높게 시공된 교각도 많다. 그림 200에 소개된 형상은 기본적인 것으로 설계자는 이들을 참고하여 현장조건에 맞도록 다양한 형식으로 결정한다.

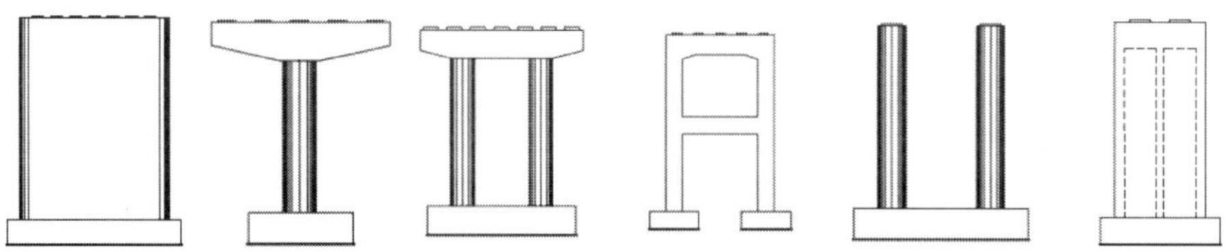

(a) (b) (c) (d) (e) (f)

그림 2.4 교각의 형상

(2) 교각의 시공 사례

교량의 하부구조는 상부구조의 형태나 하중의 크기, 주변의 조건 등에 따라서 다양한 형식으로 건설되며, 특히 교각은 교량의 미관에 영향을 미치는 요소가 될 수 있다. 사진 2.13의 (a)는 계곡을 횡단하는 고속도로의 교각을 벽식으로 시공한 사례이고, 사진 (b)는 교각의 위치와 관련된 다양한 구조설계의 사례를 보여주고 있다. 이런 경우에는 교각의 구조형식도 다각도로 분석하여 합리적인 형식으로 결정해야 한다. 사진 (c)는 자동차 전용교의 교각인데, 중간의 Y자형 교각은 기존의 구조이고, 좌우의 수직교각은 교량의 확장에 따라서 추가로 건설된 교각의 사례이다. 또한 사진 (d)는 영국의 템즈강에 건설되어 있던 기존의 철도교 옆에 교각을 공유하면서 보행자용 교량을 추가로 건설한 것이다. 이 경우는 구조적인 단점을 해소하기 위하여 케이블 형식을 도입하여 경사 주탑으로 시공한 사례로 관광도시화 된 런던에서 추진된 보행자를 위한 교량개선의 사례이다.

(a)

(b)

(c)

(d)

(e) (f) (g) (h) (i) (j) (k) (l)

사진 2.13 교각의 형상과 시공특성

사진 (e), (f)는 지반의 지지력과 교각과의 관계, 그리고 교각과 상부구조의 위치를 고려한 교각의 형상 결정 사례이다. 특히 사진 (g)는 기존의 국도 위에 고속도로를 고가형으로 건설하는 경우에 교각을 시공한 사례로 고속도로의 선형을 변경할 수 없는 조건이었다. 이런 경우에 고속도로의 교각을 기존의 도로상에 건설할 수 없으므로 교각의 폭이 아주 기형적으로 넓어 졌으며, 사진 (h)도 이와 비슷한 경우로 이런 설계는 다각적인 검토가 필요하다. 사진 (i), (j)는 도로 위를 통과하는 철도교의 교각을 강아치형으로 건설한 사례인데, 현장의 조건상 라멘형의 교각으로 시공하기는 하중이 부담이 되고, 형하고가 확보되지 않으므로 이런 방식의 설계가 이루어진 사례이다. 결국 사진 (g)~(j)의 사례는 비슷한 경우이나 상부교량의 하중 특성이 서로 다르고 현장조건이 서로 다르므로 교각의 구조형상을 다르게 시공한 것이다. 앞으로도 고가교가 많이 만들어지면 이와 같은 경우를 자주 직면할 수 있는데, 이 때 기술자는 현장을 정확하게 분석하여 적당한 구조계획을 해야 한다. 사진 (k)의 경우도 경전철의 선로를 고가교로 건설하면서 사진의 좌측방향으로 선형이 바뀌는 경우에 교각의 설치 위치를 고려하여 구조의 상부를 'ㄱ'자형으로 시공한 사례이다. 만일 이 경우에 다른 교각과 같이 일자형으로 시공하면 차선의 중간에 교각을 시공해야하는 문제가 발생하는 것이다. 사진 (l)도 마찬가지의 경우인데, 이는 보도의 위를 따라서 보도교를 설치해야 하는 경우에 일자형 교각을 설치하기가 곤란하여 'ㄱ'형의 교각을 설치한 사례이다.

교각의 크기는 상부구조의 종류, 교각의 높이, 기초공의 공법이나 횡압력 등에 따라 다른데 다음의 기준에 의해 시공한다.

① 교각의 폭은 1.2 m 이상이라야 하고, 구조를 지지하는데 필요한 폭보다 30 cm 이상 크게 한다.

② 구체에는 1/23~1/12 정도의 수직 기울기를 만들어 저면을 확대하고 미관을 좋게 한다.

③ 말뚝기초 위에 교각을 만들 경우 말뚝머리는 15 cm 이상 기초 속에 관입하고, 기초의 가장 자리에서 45 cm 이상 내부에 들어가도록 한다.

(3) 하부구조의 기초시공

기초는 구체의 하중을 지반에 전달하는 기능을 하는데, 보통 교량에 적용되는 기초의 종류로는 직접기초, 우물통 기초, 말뚝기초 등이 있다. 이런 기초의 형식은 현장조건에 따라서 적당한 공법으로 선정하도록 한다. 교량의 기초 형식은 하천변의 지반여건 및 수상구간에서의 시공성, 하천지역은 연약지반인 경우가 많으므로 측방 유동에 관한 검토, 지진 등의 활동에 의한 수평력의 저항 정도, 그리고 세굴의 영향 등을 검토하여 결정한다. 그리고 수심 5m 정도를 기준으로 표 2.3에 제시된 기초의 형식을 고려하여 결정하고 기초 지반의 지질조건, 유속, 상부구조의 형식 등도 고려되어야 한다.

표 2.3 교량의 기초 형식

수심	지지층의 깊이	기 초 형 식
5m 이하 (얕은 경우)	지표면~5m	직접기초
	5~15m	RC말뚝, 현장 타설 콘크리트말뚝, PSC말뚝
	15~30m	강말뚝(지표 부근 토질의 일축 압축강도가 5 [t/m^2] 이하인 경우에 경제적), 현장 콘크리트 말뚝
	30m 이상	강말뚝, 현장 타설 콘크리트 말뚝
5m 이상 (깊은 경우)	지표면~7m	직접 기초
	7~30m	우물통 기초, 공기 케이슨
	30m 이상	우물통 기초(근접 시공의 경우는 말뚝기초, 현장 타설 콘크리트 말뚝, 공기 케이슨은 수심 참고)

사진 2.14는 교량 기초의 시공사례를 나타내고 있는데, 사진 (a)는 축도법(섬을 만드는 방법으로 육지화해서 기초 굴착을 하는 공법으로 우물통 공법 등에 적용됨)으로 사진 (b)와 같은 교각을 건설하기 위한 기초의 시공법이다. 사진 (c)는 기존의 스카이 워크(청사포 다릿돌)를 사진 (d)와 같이 확장하기 위하여 교각의 기초를 위한 강관파일을 시공한 것이다. 그리고 사진 (e)는 여수와 광양을 연결하는 현수교인 이순신대교의 광양측 앵커리지, 그리고 사진 (f)는 하동과 남해를 연결하는 노량대교의 하동측 앵커리지 기초의 시공사례이다.

(a)

(b)

(c)

(d)

(e)

(f)

사진 2.14 교량의 기초공

5. 교량의 미관설계 사례

(1) 상부구조의 미관

일반적으로 상부구조는 교량의 전체적인 외관 및 미관을 결정하는 중요한 요소가 되지만, 교대, 날개벽, 교각 등의 하부구조도 교량의 미관에 영향을 준다. 사진 2.15는 상부구조의 미관설계 사례를 소개한 것이다.

(a)

(b)

(c)

(d)

사진 2.15 상부구조의 미관

특히 사진 2.16은 세계적인 관광 명소이고, 해안도시인 호주 시드니의 하버 브릿지(1930년대 건설)와 국내의 통영대교(1990년대 건설)를 거의 같은 각도로 촬영하여 소개한 것이다. 이 교량은 지명도의 차이는 있지만, 각 지역의 랜드마크 역할을 하고 있으며, 강아치 구조에 중로교 형태의 교량이며, 상판의 중앙부 일부를 인장부재로 지지하는 방식도 거의 비슷하다. 그러나 이들 교량은 건설된지 거의 60년 정도의 시대적인 차이가 있지만, 교량이 가지는 미관의 차이는 독자들의 판단에 맡긴다.

(a)

(b)

사진 2.16 하버 브릿지와 통영대교

(2) 하부구조의 미관

하부 구조의 외형은 다양하게 검토되어야 하며, 특히 현대 교량 건설의 트렌드는 교대를 작게 만드는 추세이므로 이를 참고하여 미관설계를 하도록 한다. 지상에 노출된 구체는 미관을 고려하면서 시각적인 불안정을 주지 않도록 교대나 교각의 표면에 그림을 그리거나 조각을 하는 것도 좋다. 그리고 도시의 규모가 커지면서 고가도로 등이 많이 건설되고 있으므로, 보행자의 시각을 고려하면 교량의 아래에서 위를 볼 때의 미관도 아주 중요하다. 사진 2.17의 (a)~(c)에 소개된 사례는 교대와 교각의 미관설계의 사례이다.

(a) (b) (c)

사진 2.17 하부구조의 미관

교각의 수, 모양, 위치, 크기, 배열 등은 교량의 외형을 창조하는 중요한 역할을 하는 요소인데, 미관을 위한 일반적인 가이드라인은 다음과 같다.

① 철근콘크리트 구조를 원칙으로 하며, 원형 단면의 기둥이 가장 무난하지만 장대교량에서는 불안정성을 주는 경향이 있으므로 사각형의 교각이 좋다. 다만 2층교나 도시의 고가교에서는 강교각 형식으로도 시공된다.

② 기둥의 폭은 경간 길이의 1/8을 초과하지 않아야 하고, 장대 교량의 경우에 문형 기둥은 사용하지 않는 것이 좋다.

③ 데크의 폭이 12 m 이상인 낮고 넓은 교량에는 하나만의 기둥 구조로는 적당하지 않으며, 한 쌍의 원형 기둥을 이용하는 것이 좋다.

④ 높이가 높은 교량에는 교량의 폭과 상관없이 하나의 교각을 사용한다.

⑤ 교각은 하천 내에서는 유수의 흐름에 유리한 원형이나 삼각형 등의 단면이 좋다.

6. 교량의 보호공

해상이나 하천에 건설된 교량은 통행하는 선박이 충돌하면 교량이 붕괴되는 사고가 발생할 수 있으므로 교량의 안전을 도모할 수 있는 **교각 보호공** 등의 시설이 필요한 경우가 많이 있다. 또한 상부구조에는 지진이나 충돌에 의한 낙교 등을 방지하기 위하여 필요하다면 **낙교 방지시설** 등의 관련 시설을 할 필요가 있다. 대형 선박이 통항하는 해역은 이와 같은 시설이 되어 있는 경우가 많이 있지만, 작은 규모의 교량도 필요하다면 사전에 안전에 대한 조치가 필요하다. 사진 2.18의 (a)는 하부구조의 주변에 건설된 **충돌 방지공**이고, 사진 (b)는 지진이나 충돌에 의해 발생될 수 있는 붕괴에 대비한 상부구조의 **낙교 방지공**의 시설 사례이다. 사진 (c)는 차량 등이 상부구조에 충돌하는 것을 방지하기 위한 시설이다. 그러나 국내의 경우에 지진 등이 발생되는 일부 지역은 위험성이 있음에도 낙교 방지시설이 거의 없는 실정이다.

(a) (b)

(c)

사진 2.18 교량의 보호공

7. 경간 분할

교량의 형식별로 표준 적용 지간이나 거더 높이와 지간의 비(거더의 높이/지간)는 설계 조건에 따라 다르지만 다음과 같은 사항을 고려하여 경간을 분할한다.

(1) 미관을 고려한 경간 분할

① 연속교는 중앙 경간을 측경간 보다 크게 분할하는 것이 안정감이 있는데, 개략적인

비율은 3경간일 때는 3 : 5 : 3, 4경간일 때는 3 : 4 : 4 : 3 등이 많이 채택된다.

② 교장이 길고 지형이 평탄할 때는 등경간이 좋다.

(2) 치수를 고려한 경간 분할

① 유속이 급변하거나 하상이 급변하는 지점에는 교각을 두지 않는 것이 좋다.
② 저수로 지역에서는 경간을 크게 분할하는 것이 좋다.
③ 하천의 통수 단면이 줄어들지 않도록 하며, 필요하다면 교각의 설치로 인한 수위의 상승을 검토한다.
④ 하천의 협소부에서는 교각수를 줄이며, 유로가 일정하지 않은 하천에서는 가급적 경간을 크게 한다.
⑤ 동일 하천에 2개의 교량을 평행하게 건설하는 경우에는 경간 분할을 같게 하거나 하나씩 건너뛰는 형식이 좋다.
⑥ 유목 등이 많은 하천에서는 교각의 수를 줄이고, 이들이 걸리지 않는 구조로 한다.

(3) 공사비를 고려한 경간 분할

① 상부 구조와 하부 구조의 단위 길이 당 건설비가 같거나 상부 구조의 공사비가 하부 구조의 공사비를 약간 상회하는 것이 좋다.
② 기초지반이 불량할 때는 장경간이 유리하며, 기초지반이 양호할 때 단경간이 유리하다.
③ 기초지반이 불균일할 때는 각 구간별로 나누어 경제성을 검토한 후 경간을 분할한다.

2-4 기타 상세

교량의 폭원 구성, 시설 한계, 선형 등의 구조 규격은 원칙적으로 「도로의 구조·시설 기준에 관한 규칙」과 철도 건설 공사 표준 시방서 등의 관련 기준에 따라 설계하고 시공하여야 한다. 도로교는 도로의 일부이므로 도로의 종류에 따라 계획되어야 하는데, 도로의 종류, 위치, 지형, 계획 교통량에 따라 구분된다.

1. 교량에 작용하는 하중

교량의 설계에 적용하는 하중은 교량의 형식이나 용도에 따라 하중의 종류, 하중 조합의 조건이 적절하게 조화가 되도록 설계의 기준이 제시되어 있다. 또한 하중은 작용되는 특성, 작용빈도, 교량에 미치는 영향, 그리고 지역적인 특성 등에 따라 주하중, 부하중, 특수하중 등으로 분류한다. 특히 기상이변 등으로 그 규모가 급격하게 증가되는 설하중이나 풍하중, 그리고 파력 등과 같은 **환경하중**(Environmental Load)에 대하여 기술자는 기존의 계측자료를 전향적으로 분석하고 이를 적용하여 설계하여야 한다.

(a)

(b)

(c)

(d)

사진 2.19 교량의 부가하중

특히 교량의 상용 중에 사진 2.19와 같이 일부의 기능이 추가되는 경우(보도교나 상수도관의 설치 등)에는 책임 기술자가 하중의 규모나 조합을 결정해서 검토하기도 한다. 사진 (a)는 기존의 도로교에 보행자용의 보도교를 매다는 형식으로 추가로 건설한 것이고, 사진 (b)는 수관교 위에 보도교를 시공한 사례이다. 그리고 사진 (c)는 기존의 교량 상부에 수도관을 매단 것이고, 사진 (d)는 기존 교량의 교각위에 수도관을 설치한 것으로 각각은 구조 검토의 방법이 다르다는 것에 유의해야 한다.

교량의 설계기준을 초과하는 하중이 통과되어야 하는 경우도 더러 있는데, 이는 아주 규모가 큰 공작물(완성품, 각종 구조물의 부재) 등을 운반해야 하는 사례이다. 이 때는 적당한 구조해석을 통하여 필요하다면 교통의 통제, 그리고 보강공을 하도록 해야 한다. 교량을 설계할 경우에 고려하는 하중은 주하중, 부하중, 특수하중 등이 있으며, 이들은 다음과 같이 분류한다.

(1) 주하중

교량의 주요 부재의 단면을 설계할 경우에 항상 작용하고 있다고 볼 수 있는 하중을 **주하중**(Principal Load)이라 한다. 주하중은 고정하중(사하중), 활하중, 충격하중, 토압, 수압 등이 있다.

(2) 부하중

교량의 설계에 항상 작용한다고 볼 수 없으나, 때때로 작용한다고 볼 수 있고, 하중조합에 반드시 고려해야 하는 하중을 **부하중**(Secondary Load)이라 한다. 부하중은 풍하중, 온도변화의 영향, 지진 등이 있다.

(3) 특수하중

교량의 주요 부분을 설계할 때 교량의 종류, 구조형식, 가설지점의 상황 등의 조건에 따라 특별히 고려해야 할 하중을 **특수하중**이라 한다. 특수하중은 설하중, 지반변동, 지반이동, 파압, 원심하중, 제동하중, 가설하중, 충돌하중 등이 있다. 특수하중은 기술자가 합리적으로 결정해야 하고, 구체적인 것은 각종 설계 기준에서 정하고 있다.

2. 교량의 등급

교량은 통과할 수 있는 총중량의 크기에 따라 분류하고 있는데, 교량의 등급은 1등교(DB-24), 2등교(DB-18), 3등교(DB-13.5)로 구분한다. 이들의 각 등급별로 적용되는 총중량은 표 2.4와 같으며, 이는 세미-트레일러(Semi-trailer)형의 표준트럭(2개의 앞바퀴가 이루는 1축, 2개의 뒷바퀴가 이루는 2개의 축을 더하여 모두 3축의 차량) 하중이다. 이는 바퀴의 하중분포를 고려한 것으로 $W\times(0.1\times2+0.4\times2+0.4\times2)=1.8W$의 식으로 환산된다. 참고로 DB는 미국의 기준을 참고하여 설계기준(강도로교설계 표준시방서)을 제정할 1962년 당시에 '도(Do)로교에 적용되는 반(Ban)트럭 하중'의 한글 의미(Doro-Semi trailer, 도로-반트럭)를 DB라고 부르게 된 것으로 추측된다. 미국의 고속도로 설계기준인 HS20 등의 HS는 Highway Semi-trailer의 약자이다.

표 2.4 DB하중의 상세

교량등급	하중 W (tonf)	총중량		전륜하중		후륜하중	
		1.8W (tonf)	1.8W (kN)	0.1W (kgf)	0.1W (kN)	0.4W (kgf)	0.4W (kN)
1등교	DB-24	43.2 (1.8×24)	432	2,400	24	9,600	96
2등교	DB-18	32.4 (1.8×18)	324	1,800	18	7,200	72
3등교	DB-13.5	24.3 (1.8×13.5)	243	1,350	13.5	5,400	54

도로교를 설계할 경우에 적용하는 교량의 등급기준은 나라마다 다르며, 국내에서 사용하고 있는 3가지의 교량의 등급은 1~3등급의 기준을 적용하고 있다. 고속도로나 자동차 전용 도로상의 교량이나 국방상 중요한 도로상에 가설하는 교량, 장대교량, 교통량이 많고 중차량의 통과가 불가피한 교량은 1등교로 건설한다. 또 주무부서의 장관이 지정하는 특별한 도로상의 교량은 원칙적으로 1등교로 설계한다. 2등교는 일반 국도, 특별시도와 지방도상의 교통량이 적은 교량, 시도 및 군도 중에서 중요한 도로상에 가설하는 교량 등에 해당한다. 그리고 산간벽지의 지방도나 교통량이 적은 지방도나 군도는 3등교의 기준으로 설계한다. 표 3.6에 나타낸 1, 2, 3등교는 총 하중(W)이 앞바퀴 2개가 각각 0.1씩 부담하고, 뒷바퀴 4개가 각각 0.4씩 부담[$W \times (0.1 \times 2 + 0.4 \times 4) = 1.8\,W$]하는 식을 이용한 것이다.

3. 교하공간과 경간장의 결정

국내의 하천은 물류수송의 기능이 거의 없기 때문에 교하공간에는 대형 선박이 통항하는 경우가 많지 않다. 그러나 해상교량의 경우는 해역에 따라 대형선박이 통항하는 경우가 대부분이므로 미래의 통행량을 고려하여 형하고를 결정하도록 한다. 교하 공간은 하천의 경우는 선박이 통행하기 위하여 보통 3~4 m, 대하천 또는 해협의 경우는 30~60 m로 하는 것이 보통이지만, 반드시 통항 예상 선박의 제원을 검토해야 한다.

도로의 교하공간은 그 높이가 4.7 m 이상이나 가급적이면 5 m 이상으로 하고, 하천인 경우에 형하고는 계획 홍수량에 따라 표 2.5의 값을 표준으로 한다. 또 경간장과 계획 홍수량의 관계는 별도의 수리 검토가 필요 없는 경우에는 표 2.5에 따르며, 계획 홍수량이 10,000 [m^3/sec] 이상인 경우는 검토한 후 결정하여야 한다. 철도와 교차하는 교량은 궤도에서의 이격거리, 철도의 건축한계 등을 고려하여 지간을 구성하고 교량의 높이를 결정하여야 한다.

표 2.5 계획 홍수량과 교하 공간 및 경간장의 관계

계획 홍수량 [m^3/sec]	교하 공간 [m]	경간장 [m]
200 이하	0.6 이상	-
200 ~ 500	0.8 ~ 1.0	20 이상
500 ~ 1,500	1.0 ~ 1.2	30 이상
1,500 ~ 3,500	1.2 ~ 1.5	40 이상
3,500 ~ 10,000	1.5 ~ 2.0	50이상

4. 교량의 구배

일반적으로 도로교는 노면의 배수를 위해서 **종단 구배**(Longitudinal Slope, 교량의 길이 방향의 경사도)와 **횡단 구배**(Lateral Slope, 교량의 폭 방향의 경사도)를 둔다. 도로의 종구배를 따라서 교량이 건설되므로 상부구조의 높이에 따라 유간의 길이를 결정할 때 유의하여야 한다. 그리고 ILM공법으로 시공하는 교량의 경우는 종구배의 제한이 있을 수 있으므로 이런 점도 검토해야한다. 양쪽 교대의 높이가 같으면 종단 구배는 중앙에 정점을 갖는 포물선 형태로 하며, 이 때 구배는 완만한 경우는 0.5~4%, 보통은 1.5~2.0%, 급한 경우는 3.0~4.0%로 한다. 그러나 철도용의 판형교에서는 종단 구배를 두지 않는다. 횡단 구배는 보도부에서 1%의 직선 구배를 두며, 차도부에서는 포장의 종류에 따라 다르나 1.5~2% 정도의 포물선 구배를 둔다.

2-5 풍동시험

구조물은 위치하는 지형적인 조건에 따라 자연의 영향을 많이 받으며, 특히 풍하중은 장지간의 교량에서는 중요하게 다루어야 하는 하중이다. 최근에 장대교량의 형식으로 건설되고 있는 케이블 형식의 교량은 연성 구조이므로 바람에 의한 유해 진동의 발생에 대비해야 한다. 바람에 의한 문제를 해결하기 위하여 **내풍설계**를 하게 되는데, 이 때 이용되는 **풍동**(Wind Tunnel)은 공기의 흐름이 물체에 미치는 물리량을 분석하거나 공기의 흐름 속에 있는 구조물의 운동 현상 등을 조사하기 위하여 인공적으로 공기가 흐르도록 만든 장치이다. 풍동 시험을 구조물의 거동특성에 따라 여러 가지로 나누어 실시할 수 있는데, **부분 모형 시험**(Sectional Model Test)은 각각의 특성을 비교함으로써 최적의 단면을 추구할 수 있는 시험이다. 이는 모델 제작이 비교적 간단하며 풍압계수를 산정하고 와류 진동 및 1차적인 정·동적 불안정 현상 등을 검토하기 위해 실시하는 시험이다. **전체 모형 시험**(Full Model Test)은 구조물의 완성시나 가설시의 변형이나 진동 상태를 실측함으로써

구조물 전체의 내풍 안정성을 확인할 수 있다. 이는 전체 교량에 대해 검토할 수 있는 시험으로, 부재를 역으로 제거하면서 가설 도중의 불안정성도 검토할 수 있는 시험이다. 또 **주탑 모형 시험**(Tower Model Test)은 시공 초기에 주탑의 단독 거동을 검토할 수 있는 시험으로 해양에 건설되는 구조물은 구조물의 중요도에 따라 이런 시험을 실시하는 것이 안전을 확보하는 좋은 방법이다. 이와 같은 모형실험의 대표적인 사례가 사진 2.20이나 사진 2.21에 소개된 **풍동 시험**(Wind Tunnel Test)이다.

(a) (b) (c)

사진 2.20 영종대교의 풍동시험 (https://www.hiway21.com/)

교량의 경우에 내풍 안전성을 평가하기 위하여 풍동시험을 실시하는데, 부분 모형시험, 주탑 모형시험, 전교(Whole Bridge) 모형시험을 수행하여 공기역학적인 불안전 현상을 분석한다. 이는 진동이 발생하는 경우에 적절한 제진 대책을 제시하고, 정적 내풍 설계에 필요한 풍하중 자료를 제공하기 위한 목적으로 실시하는 것이다. 사진 2.20에서 사진 (a)는 주탑, 사진 (b)는 전교 모형에 대한 난류 상태, 사진 (c)는 전교 모형에 대한 정적 상태의 풍동 시험을 나타내고 있다.

(a) (b)

사진 2.21 진도대교와 소록대교의 풍동시험 (출처 : 유신코퍼레이션 보고서)

풍동시험은 구조물의 내풍 안정성을 확인하기 위하여 풍동 내에서 바람에 의한 구조 모형의 거동 특성을 분석하는 시험이다. 이는 항공기, 자동차, 고속전철 등과 같이 고속으로 이동하는 물체들의 공기 역학적인 특성을 분석하여 형상 결정에 필요한 자료를 얻기 위하여 수행한다. 또 크레인, 철탑, 해상에 설치되는 구조물 등과 같이 바람에 의해 영향(공기역학적인 영향)을 받는 각종 구조물들의 안정성 분석 및 하중 분포 측정이나 풍압의 영향을 분석하고 평가가 가능하기 위하여 시험하는 것이다. 특히 주 경간의 길이가 200m 이상인 교량은 정적설계의 결과와 동적해석과 풍동시험을 통한 동적 효과의 안정성을 검토해야 한다. 현수교, 사장교 등의 장대교량 및 특수한 단면 형상을 가진 교량에 대해서는 바람이 구조물에 미치는 영향을 고려하여 내풍 설계가 행해지고 있는데, 이 경우에 풍동시험은 중요한 역할을 한다. 이와 같이 바람에 의해 영향을 받는 각종 구조물들의 안정성 분석 및 하중 분포 특성이나 풍압의 영향을 분석하고 평가가 가능하도록 인공적으로 다양한 바람을 만들어 시험한다. 풍하중은 장지간의 해상교량에서는 중요하게 다루어야 하는 하중인데, 특히 케이블 형식의 교량 구조는 연성 구조이므로 바람에 의한 유해 진동의 발생에 대비해야 한다. 바람에 의해 생기는 구조물의 진동 특성은 단면 형상이 조금만 변해도 현저한 차이가 있으므로 풍하중을 받는 교량은 풍동시험을 통하여 내풍 안정성을 검토하여야 한다. 교량은 구조물의 특성상 단면이 복잡하여 내풍설계를 할 때 해석적으로는 분석이 어렵기 때문에 풍동시험으로 그 특성을 규명하여 설계에 반영하는 것이 최선의 방법이다.

2-6 친환경 교량건설

최근 들어서 토목 구조물은 환경보호의 개념을 도입하여 건설되고 있는데, 이는 환경에 내한 인식이 달라지고 있으며 설계자의 의식도 달라지는 등의 이유도 있다. 각종 개발을 통하여 지역이 분할되면서 동물의 이동로가 차단되는 경우가 많이 있으며, 이는 과거에는 무시되었으나 지금은 설계자가 고려해야 하는 중요한 요소가 되고 있다. 이 경우에 사진 2.22에 소개된 터널형식의 교량 등과 같은 구조물을 시공하여 이동로를 확보하여 로드 킬(Road Kill) 등을 방지하고 있다. 이와 같은 구조물이 에코브릿지(Eco-bridge)인데, 이런 시설을 할 경우에 조명의 관리, 적당한 숲길의 조성 등은 동물의 행동특성을 파악하여 건설하도록 해야 한다.

(a)

(b)

(c)

(d)

(e)

(f)

(g)

(h)

사진 2.22 에코브릿지의 사례

제3장

교량은 어떤 종류가 있는가

3-1 교량은 왜 만드는가?

교량은 사용되는 목적, 사용된 재료, 상부 구조의 형식, 전체 구조 중에서 상판의 위치, 평면의 형상, 적용되는 설계하중 등의 규모 등에 따라서 다양하게 분류될 수 있다. 이중에서도 상부구조의 형식은 교량의 전체적인 경관이나 개별적인 미관과 직접적인 관련을 가지므로, 교량은 상부 구조의 형식으로 분류하는 경우가 많다. 교량은 무엇 때문에 만드는가? 그리고 교량이 어떤 목적으로 건설되어 사용되는가에 따라 그 용도별로 구분할 수 있다.

1) 철도교

철도 수송의 목적으로 건설된 교량을 **철도교**(Railway Bridge)라 한다. 18세기에 시작된 **산업혁명**(Industrial Revolution) 직후에 교량의 발전은 철도교가 주도해 왔다고 해도 과언이 아니다. 인류문명에 커다란 영향을 미친 산업혁명으로 대량생산에 의한 물류수송의 수요가 급증하면서, 수송수단 또한 획기적인 개선이 필요하게 되었다. 철도의 초창기에 사진 3.1과 같이 마차를 이용하던 철도 수송은 도로수송에 비해 대략 10배 정도 효율적이었던 것으로 알려져 있었다. 예를 들어서 초창기 철도는 레일 위에 마차를 올려서 달리던 방식인데, 도로에서 말이 50Kg을 끌 수 있었다면 레일 위에서는 500Kg을 끌고 갈 수 있었다는 것이다. 따라서 이런 효율에 더하여 증기기관이 발명되고 부터 철도는 비약적인 발전을 하게 되었고, 이와 관련하여 철도의 발달에 동반하여 철도교의 발달을 가져오게 된 것이다.

(a) (b) (c)

사진 3.1 초창기 철도

그리고 토목공학의 발달은 산업혁명과 밀접한 관계가 있는데, 이는 인구의 도시집중에 따라 발생되는 도시 기반시설(주택, 도로, 교량, 상하수도)의 건설 등이다. 그리고 공장에서 대량생산된 제품의 수송을 위한 각종 시설(도로, 항만, 철도)의 건설도 비약적인 발전을 이루게 되었다. 국내에서도 철도 건설이 시작된 19세기말부터 현대적인 교량 건설의 역사가 시작되었다고 해도 과언이 아니다. 특히 한강철교(1900년 7월 완공)의 건설은 근대식 토목 공사로는 가장 규모가 큰 건설사업 이었는데, 건설과정 중에 건설의 허가권이 미국에서 일본으로 넘어 가는 등 많은 우유곡절을 겪었던 교량이기도 하다.

철도는 친환경적인 교통 특성과 정시성, 대량 수송성 등으로 세계적인 건설의 붐이 일어나고 있으며, 이와 더불어 철도교의 건설도 활발해지고 있다. 최근에는 고속철도가 건설되면서 선로의 직선화가 활발하게 진행되었고, 선로의 개량되는 등에 수반하여 많은 철도 교량들이 새로운 형식으로 건설되고 있다. 또한 이와 같은 철도의 선형개량 작업으로 폐선된 교량은 새로운 용도로 리모델링되어 사용되는 사례도 많이 있다. 특히 철도교는 연속보 형식보다는 단순보 형식으로 건설되는 경우가 많은데, 이는 구조상 유리하고, 사용 중에 유지관리가 용이하며, 구조적인 문제가 발생할 경우에 보수 등의 방법이 비교적 간단하기 때문이다.

최근에는 국내에서도 광역 철도망의 구성이나 고속철도 등의 건설로 새로운 형식의 교량이 건설되고 있다. 특히 교량 분야는 사진 3.2의 (a)에 소개된 강아치교 등과 같은 다양한 형식의 철도교가 건설되고 있다. 이 아치형 철도교는 서해선 복선 전철공사 구간의 평택호(아산호)를 횡단하는 교량으로 국내 최대 규모의 철도용 아치교이다. 이 교량은 크기가 다른 5개의 아치형 구조가 연결된 형식으로 시공된 길이 625m, 높이 44m의 대규모 구조이다. 이 교량은 아치부의 구조물을 육상에서 미리 조립하여 바지선를 이용해 시공 위치로 운반하고, 이를 교각 위에 설치하는 공법으로 시공되었다. 이와 같은 시공법은 대규모의 해상 크레인을 이용하면서 일반적인 공법으로 자리잡고 있다.

(a) 사진 : DL이앤씨

(b)

(c)

(d)

사진 3.2 철도교

사진 (b)는 트러스 형식으로 시공된 낙동강을 횡단하는 철도교의 건설 사례이다. 이 경우에는 새로운 철도교가 건설되면서 기존의 철도교는 레일바이크 등의 위락시설로 리모델링 되어 새롭게 활용되고 있다. 그리고 사진 (c)는 연속보 형식(일정 구간에서는 상부구조가 하나로 연결된 구조)으로 하천 구간에 건설된 강박스 거더교의 시공 사례이다. 이런 경우는 부정정 구조의 단점인 교각의 침하에 의한 응력이 발생되지 않도록 유의해야 한다. 사진 (d)는 하천을 횡단하는 거더교 형식의 철도교에 **교상역** 방식의 정거장을 건설한 사례로 일반적인 지하철 역 등의 경우에 많이 볼 수 있는 방식이다.

사진 3.3의 (a), (b)는 기존의 철도교에 특이한 공법을 적용하여 보행자를 위한 보도교를 추가로 건설한 사례를 보여주고 있다. 영국 런던의 템스강에 건설되어 있는 이 교량은 1864년에 철도용으로 준공된 **채링크로스교**(Charing Cross Bridge)인데, **헝거퍼드교**(Hungerford Bridge)라 불리기도 한다. 이 교량은 2002년에 사진 (b)에 나타낸 것처럼 공통 교각을 이용하여 보행자용 교량(**골든 주빌리교**, Golden Jubilee Bridge)이 기존 철도교의 좌우에 하나씩 추가로 건설된 특이한 교량이다. 특히 보도교를 추가 건설하기 위한 독특한 아이디어와 케이블 교량의 형식을 도입하여 템즈강의 전체적인 경관을 고려한 설계가 돋보이는 사례이기도 하다.

(a)

(b)

사진 3.3 철도교와 보도교의 혼용교

2) 도로교

자동차의 통행을 위해 건설된 도로상에 있는 일반적인 교량을 도로교(Road Bridge)라 하며, 도로교는 우리 일상에서 가장 익숙한 교량형식으로 모든 교량의 기본형이 된다. 특히 철도수송 이후에 도로수송이 일반화 되면서 도로교는 비약적인 발전을 이루어 왔다. 주변에는 다양한 형식의 자동차용 교량(도로교)들이 건설되고 있는데, 도로망이 다양하게 구성됨에 따라 도로교는 대단한 발전을 이루고 있다. 특히 도로교는 자동차 전용도로 상에 있는 교량을 제외하고는 대부분이 보행자용 공간(보도)을 확보하고 있다. 그러나 최근에는 많은 사람들이 이용하고 있는 자전거용 교량을 포함하는 경우도 많다. 또한 도로교는 필요하다면 중앙 분리대, 가드레일, 배수시설 등의 부속 설비도 갖추어야 한다.

사진 3.4의 (a)는 2층교로 건설된 자동차 전용교량인 광안대교인데, 이는 부산광역시의 랜드마크라 할 수 있는 대표적인 현수교이다. 특히 여기에 소개된 광안대교의 접속교는 경간의 길이에 따라서 각각 거더교와 트러스교로 구성되어 있다. 이는 지간의 길이별로 적용할 수 있는 교량의 형식을 이해할 수 있는 좋은 사례가 되는 교량이기도 하다. 사진 (b)에 소개된 영산강의 **송촌보**에는 도로교의 특별한 형태의 교량이 강에 건설된 보(Barrage, Weir)의 상부에 시공된 사례이다. 4대강 사업을 하면서 주요 강에는 하천의 수량을 확보하기 위하여 보를 건설하였고 이 보의 상부에 도로교의 형태로 다리가 건설되어 있다.

(a)

(b)

(c)

(d) (https://www.isaemangeum.co.kr/)

(e)

(f)

(g)

(h)

(i)

사진 3.4 도로교

사진 (c)는 일본의 요코하마에 건설되어 있는 고가교인데, 대도시의 도로망 구성의 전형적인 방식이라 할 수 있는 사례이다. 이 고가교는 상부구조와 하부구조가 모두 강(Steel)으로 건설되어 있으며, 국내에서는 보기 드문 형식의 교량건설의 사례이다. 사진 (d), (e)는 네덜란드의 대제방을 벤치마킹하여 건설한 새만금 방조제의 배수갑문 위에 건설되어 있는 교량의 사례이다

또한 사진 (f)는 1903년에 개통한 룩셈부르크의 **아돌프교(Adolphe Bridge)**로, 이는 콘크리트로 시공된 상로교 형식의 아치교이다(이 사진은 리모델링 되기 전의 2009년에 촬영). 이 교량은 2014년과 2017년에 2층교 형식으로 리모델링의 과정을 거쳐, 하층부는 사진 (g)와 같이 시공되어 있다. 이 교량의 상부는 트램, 자동차, 그리고 보행자용의 혼용교 형태이고, 하부는 보행자용과 자전거용 도로로 건설되어 있다. 사진 (h), (i)에 소개된 호주 시드니의 **하버 브릿지(Harbor Bridge)**는 주 기능이 도로교이지만 철도, 보도, 자전거용의 모든 기능을 포함하고 있는 **혼용교**이다. 이와 같은 혼용교 형식은 교량에 재하되는 하중의 규모가 너무 크기 때문에 널리 적용되는 교량 형식은 아니다.

3. 수로교

물은 인류문명을 이어가는데 필수적인 자원으로, 이와 같은 물이 계곡이나 하천을 횡단하는 경우에는 상수도관이나 관개수로 등과 같은 시설이 다양한 방법으로 보완되어야 하는 구조가 필요하다. 이와 같은 방법의 하나로 교량에 물이 흐르는 기능을 갖도록 만들어진 것이 **수로교(Aqueduct, 수도교, 수관교)**이다. 도시의 규모가 커지게 되면 도시 기능의 원활한 유지를 위한 상수원이 필요하게 되고, 이로부터 물을 공급받아 도시로 송수할 수 있는 시설이 필요하게 된다. 이런 경우에 옛날에는 기술상의 문제로 개수로(중력의 힘으로 흐르는 흐름) 형태로 물을 공급할 수 밖에 없었다. 그러나 지금은 관수로(압력의 차이로 물을 흐르게 하함) 형태로 물을 공급하는 것이 일반적이다. 근대화 이전에 국내의 수로교는 나무를 깎아서 만든 작은 규모였으며, 일부의 농촌 지역에는 아직도 농경지에 물을 공급하는 용도의 콘크리트로 만들어진 수로교가 존재하고 있으나 점차 사라지는 추세이다.

수로교의 역사를 소개할 때 로마시대의 수로교를 언급하지 않을 수 없다. 대략 2000년 전에 로마는 사진 3.5의 (a)와 같은 수로교인 Gard교를 건설하였는데, 이 수로교는 구조물의 경사도(구배)를 정확하게 결정하여 시공하는 것이 아주 중요했다. 따라서 이와 같은 개수로 방식으로 장거리로 물을 공급하기 위하여 구조공학뿐만 아니라 관련된 측량기술도 발전하게 된 것이다.

사진 (a), (b)에 소개된 유명한 **Gard교**(BC 19년 건설)는 프랑스 남부의 프로방스에 건

설된 고대 로마시대의 석조 아치형 수로교이다. 사진 (a)의 3층의 아치 부분이 수로교 기능을 하는 물이 흐르는 부분이고, 1층의 아치 부분은 사진 (b)와 같은 도로이며 현재 보행자 도로로 이용되고 있다. 그리고 사진 (c)는 터키의 이스탄불에 건설되어 있는 수로교이다. 이런 형식의 로마시대 수로교는 스페인의 세고비아 등 여러 곳에도 건설되어 있다.

(a)

(b)

(c)

사진 3.5 로마의 수로교

일본에도 현재까지 그 기능을 유지하고 있는 수로교가 있다. 특별한 사례로 큐슈의 구마모토에는 농업용수를 공급하기 위한 특이한 구조의 수로교인 **쓰준교**(1855년, 길이 76m, 폭 6m)가 있다. 사진 3.6의 (a)와 같은 쓰준교에 장기간 동안 물이 흐르면 교량 상부의 수로에 흙이 침전되게 된다. 이런 현상이 발생되는 것을 막기 위하여 수로의 중간 부분에 마개(Plug)를 설치하고, 침전된 흙을 제거해야 할 필요성이 있을 때 마개를 제거하여 청소가 되도록 했다. 이 교량은 청소와 관련되는 행사로 사진 (b)와 같이 침전된 토사 등을 방출하도록 하는 '가을 물빼기' 행사가 유명한 것으로 전해오고 있다.

(a) (https://www.welcomekyushu.or.kr/)

(b)

(c)

(d)

사진 3.6 일본의 수로교

사진 (c), (d)에 소개된 수로교는 1888년에 일본의 고도인 교토(수도를 토쿄로 이전하기 전의 1000년의 수도)의 남선사에 건설되어 아직도 물이 흐르고 있다. 사진 (d)는 수로교 상부의 물이 흘러가는 단면을 나타낸 것으로 비와호의 물을 교토에 공급하는 시설이다.

국내에 건설되어 있는 현대적인 수로교인 사진 3.7의 (a)는 도로교에 인접하여 건설된 **수관교**이다. 이는 하천을 횡단해야 하는 수도관을 교량의 상부구조 주변에 설치하기에는 규모가 너무 크기 때문에 독립된 교량(수관교)을 건설한 사례이다. 사진 (b)는 하천의 수문 부분을 통과하는 상수도관을 간단한 수관교 방식으로 시공한 사례이다. 또한 사진 (c), (d)는 1980년대에 낙동강에 건설된 수관교인데, 이는 상수도관이 낙동강을 횡단되도록 건설된 특수용도의 교량이다. 특히 사진 (d)와 같이 수관교의 유지관리를 위한 이동로가 관로의 사이에 설치되어 있고, 또한 전기를 이용하여 수도관의 부식을 방지하는 **방식설비**가 되어 있다.

(a) (b) (c) (d)

사진 3.7 수관교

4. 운하교

운하교(Canal Bridge)는 선박의 통항을 위하여 교량위에 물을 채운 형태의 교량으로 선박 통항용의 수로교를 운하교라 생각하면 된다. 사진 3.8과 사진 3.9와 같은 구조의 운하교는 흔한 형태는 아니며, 이는 운하구간에 자동차의 통행을 위해 만든 단순한 명칭의 운하교와는 다른 의미이다. 운하가 일반화 되었던 유럽의 경우는 사진 3.9의 마그데부르크 운하교와 같은 상당한 길이의 운하교도 있지만, 지금은 특별한 경우를 제외하고는 운하의 건설이 시대에 맞지 않으므로 운하교도 거의 건설되지 않는다.

사진 3.8은 스코틀랜드의 에딘버러 근처에 있는 운하에 건설된 **폴커크 휠**(Falkirk Wheel)이라는 시설이다. 영국은 운하가 발달한 나라로, 특히 스코틀랜드는 산악지가 많은 지형적인 특성으로 갑문이 설치된 운하가 많이 있다. 그러나 폴커크 휠은 **포스 앤 클라이드 운하**(Forth and Clyde Canal)와 **유니온 운하**(Union Canal)의 수위차를 극복하기 위하여 갑문보다 선박을 들어 올리는 휠을 설치한 시설이다. 하부의 운하를 항행하던 선박이 사진 3.8의 (a), (b)에 나타낸 휠의 하부에 들어오면, 사진 (c)와 같이 휠을 회전시켜 사진 (d)와 같은 상부의 수로에 선박을 올려서 운항하도록 하는 시설이다.

(a)

(b)

(c)

(d)

사진 3.8 운하교

사진 3.8에 소개된 폴커크 휠은 포스 앤 클라이드 운하와 유니온 운하의 표고차(고저차 24m)를 극복하기 위하여 건설된 선박 이동 장치이다. 당초에 이 운하에는 11개의 갑문이 설치되어 선박이 통항하였으나 1930년대에 운하가 폐쇄되었다. 그러나 스코틀랜드의 중앙부를 가로 지르는 아름다운 운하의 관광기능을 살리자는 여론이 형성되어, 2001년에 운하가 복원되었다. 이 때 운하의 고저차를 극복하도록 독특한 형태의 회전식 리프트 구조를 건설하여 선박이 통항하게 된 것이다. 이 폴커크 휠은 미국토목학회(ASCE)가 발표한 경이로운 구조물의 하나로 선정되기도 하였으며, 지금은 이 시설의 특이성을 보기 위하여 많은 관광객들이 찾는 관광명소가 되었다.

독일의 **마그데부르크(Magdeburg) 운하교**는 2003년에 완공된 사진 3.9와 같은 구조이며, 길이가 918m로 세계에서 가장 긴 운하교이다. 이 운하교는 수심이 4.25m, 유효 폭은 32m로 일반 수로교와 같은 구조로 선박의 통항을 위한 교량이다. 양쪽에 보행자 통로가 확보되어 있으며, 선박이 한쪽 방향의 통행만 허용되는 방식으로 운용되고 있다. 그리고 엘베강을 건너 마텔란트 운하와 엘베-하벨 운하를 연결하기 위하여 갑문시설도 있다.

(a) (b)

사진 3.9 마그데부르크 운하교 (https://www.magdeburg-tourist.de/)

5. 보도교

보행자의 통행을 위한 교량이 **보도교(인도교, Pedestrian Bridge, Footbridge)**이며, 일반적으로 보행자 통로는 도로교(자동차용 교량)에 부속해서 설치되는 경우가 대부분이다. 더러는 도로교로 건설하여 이용하다가 노후화되거나, 새로운 교량이 건설되면서 기존의 도로교를 보행자를 위한 보도교로 전환하여 이용하는 경우도 있다. 유원지 등에 있는 탐방로나 유행처럼 건설되고 있는 스카이 워크, 도시의 육교 등이 보행자를 위한 대표적인 보도교이다. 그러나 최근 들어서 걷는 것이 하나의 트렌드가 되면서 보도교는 다양한 형태로 개성있게 건설되고 있다. 특히 관광지를 중심으로 계곡이나 하천, 그리고 해안에 **'출렁다리'**라는 이름의 보도교가 현수교 형식으로 건설되는 사례도 많이 있다. 또 하천이나 해안, 호수 등의 수변 개발의 일환으로 데크 형태의 보도교나 자전거교와 겸용하도록 건설되기도 한다.

최근에 각 지자체는 **스카이 워크(하늘 산책로)**나 출렁다리 형태로 다양한 보도교를 경쟁적으로 건설하고 있다. 일상 속에서 걷는 것은 사색의 시간을 가질 수 있고, 사유를 통하여 내적 성숙을 추구하는 활동인데, 걷는 인구가 많아지면서 보도교 건설의 붐이 일고 있는 것이다. 이런 시설은 지역 주민을 위한 것일 뿐만 아니라 관광객을 유인하는 수단으로 건설되고 있지만, 전국적으로 보면 너무 많이 건설되어 있어 운용의 문제가 발생될 수 있을 것으로 생각된다.

사진 3.10의 (a), (b), (c)는 영국 런던의 템즈강에 건설된 **밀레니엄교(Millennium Bridge, 2000년)**로 보행자 전용의 보도교이다. 이 교량의 길이는 325m이고, 3경간의 현수교인 최대 지간장은 144m이며(81m+144m+108m로 구성), 보강형은 폭이 4m인 압출 알루미늄 박스형의 데크로 시공된 특이한 교량이다. 세계적인 건축가 **노먼포스터(Norman Foster)**가 설계에 참여한 이 교량은 런던의 전통적인 관광 명소인 세인트폴 대

성당과 발전소를 리모델링 하여 미술관으로 개장한 테이트 모던(Tate Modern)을 연결한다. 사실 영국의 런던은 세계의 자본이 모이는 금융과 자본의 도시라고 하지만, 과거 세계를 지배했던 '해가 지지 않는 나라'의 영광을 배경으로 관광의 도시라고 해도 과언이 아니다. 또한 의회 민주주의가 시작되었고 산업혁명으로 세계의 산업을 주도했던 대영제국의 역사가 시작된 도시인 런던은 모든 사람들의 관심을 끌기에 충분한 관광도시인 것이다.

(a)

(b)

(c)

사진 3.10 밀레니엄교

밀레니엄교는 케이블을 통해 총 2,000t의 인장력으로 지지되며, 한 번에 5,000명이 통행해도 견딜 수 있도록 설계되어 있다. 교대는 지름 2.1m의 철근 콘크리트 말뚝으로 시공되었는데 북쪽 교대에는 16개의 말뚝, 남쪽에는 지역적 제약으로 12개의 말뚝이 타설되었다. 교각은 템즈강의 하상에 두개가 건설되었는데, 이는 지름 6m의 케이슨 기초(Caisson Foundation)로 시공되어 있다. 특히 테이트 모던에서 내려다보는 템즈강과 밀레니엄교가 이루는 경관(Scenery)은 여행자들의 가슴을 설레게 하는 풍경이기도 하다. 그러나 이 교량은 2000년 개통 당시에 과도한 진동이 발생하였는데, 보강을 위하여 2년 정도의 기간 동안 통행이 금지되기도 하였다.

국내에도 많은 보도교가 건설되어 있으나, 일반적인 육교 형태의 보도교 보다는 걷는 용도의 개성있는 보도교 위주로 소개한다. 사진 3.11의 (a)는 **4대강 사업**의 일환으로 경상남도의 양산과 삼랑진 사이의 낙동강에 건설된 보행자나 자전거용의 데크형 교량이다. 이와 같은 형식의 교량은 해안이나 하천 등의 주변에 산책로를 건설할 때 주로 적용되는 구조 방식이기도 하다. 사진 (b)는 경남 양산시의 양산천을 횡단하는 사장교 형식의 보도교로, 이는 학을 형상화하여 설계한 교량이다. 사진 (c)는 경남 창원시의 해양 신도시(마산 앞바다에 인공섬을 조성하여 도시를 건설하는 중)를 연결하는 보도교의 사례이다. 사진 (d)는 호수(안동호)에 건설된 산책로의 기능을 가지는 보도교이다. 사진 (e)는 남해안의 욕지도에 건설되어 있는 현수교 형식의 보도교인데, '**출렁다리**'라고도 하며, 인근의 연대도, 연화도 등에 건설된 보도교도 같은 형식이다.

(a)

(b)

(c)

(d)

(e)

(f)

(g) (h)

사진 3.11 보도교의 사례

특히 대규모의 아파트 단지를 중심으로 고층부를 연결하는 스카이 브릿지(Sky Bridge)를 건설하거나, 사진 (f)와 같이 아파트 단지 내의 원활한 통행을 위한 보도교를 건설하기도 한다. 사진 (g), (h)는 울산의 국가정원에 있는 보행자 전용교(십리대밭교)인데, 사진 (h)는 이 교량이 원형 거더로 시공된 특성을 보여주고 있다.

최근에 부산에는 화명 생태공원에 접근할 수 있는 육교형의 보도교(**금빛노을 브릿지**)가 2022년 5월에 준공되었다. 트러스 구조로 건설된 이 교량은 도심에서 낙동강으로 접근할 수 있도록 경부선 철로와 강변로를 횡단하는 사진 3.12와 같은 방식의 교량으로 길이 382m, 폭 3m의 규모로 223억의 사업비가 투자되었다. 이 교량은 일반적인 보도교의 방식으로는 규모가 크고, 출입구의 구조도 사진 (b)와 같이 타워형으로 건설하여 많은 공사비가 소요되었는데, 이는 지역적으로 경부선 철도와 하천의 일부를 횡단해야 하는 현장의 조건 때문이다.

(a) (b)

사진 3.12 금빛노을 브릿지

그리고 2022년에 세종시에는 원형의 2층교 형식으로 건설된 독특한 교량인 **금강보행교**가 완공되었다. 이는 사진 3.13과 같이 직경 460m의 원형의 교량으로 길이가 1,446m인 복층 구조(2층교)의 강관 트러스교인데, 하층은 자전거 전용교(폭 7m)이고, 상층은 보행자 전용교(폭 12m)이다. 또한 이 교량에는 사진 (b)와 같은 높이 15m의 전망대도 설치되어 있다. 하층의 자전거용 교량은 중앙 분리대 역할을 하는 구조 부재의 시공도 독특한 방식이고, 상층의 보행자용 교량은 식재 등을 통하여 보다 진전된 형식의 보행교로 평가 받고 있다. 그러나 이 보행교는 세종보에 물을 담은 상태를 전제로 계획되고 시공된 것인데, 보의 해체문제 등으로 물을 담지 않으면서 주변의 경관이 문제가 되고 있다. 또한 차양시설 등의 부가시설이 없이 이렇게 길이가 긴 보도교를 걷는 것이 가능한지도 생각해 볼 일이다.

(a)

(b)

사진 3.13 금강 보행교 (https://www.sejong.go.kr/)

(1) 스카이 워크

관광지 등에는 통행용의 보도교가 아닌 순수한 전망용의 교량이 건설되기도 하는데, 이를 **스카이 워크**(Sky Walk)이라 하고, 다른 이름으로 **하늘 산책로**라고 부른다. 이는 산이나 해안의 전망대 등에 설치하여 공중을 걷는 느낌을 주도록 만든 구조물로, 최근에는 유원지 등에 많이 건설되고 있다. 사진 3.14의 (a), (b)는 캐나다 로키에 건설된 전망교 방식의 스카이 워크인데, 고공에서 캐나다 로키의 장엄한 계곡과 만년설을 조망할 수 있도록 바닥을 강화유리로 시공하여 하여 많은 관광객들을 유인하고 있다. 이와 같은 방식으로 건설된 하늘 산책로는 미국의 그랜드캐년 등에도 비교적 큰 규모로 건설되어 있다. 그 외 지역에도 비슷한 용도의 교량이 관광용으로 건설되어 있으며, 국내의 관광지에도 설치된 사례가 많이 있다. 이들은 사진 (c)~(h) 등의 형상으로 많이 건설되고 있는데, 특히 부산 청사포의 **다릿돌**은 사진 (c)와 같은 현재의 구조가 사진 (d)와 같은 구조로 확장하는 공사 중에 있다.

(a)

(b)

(c)

(d)

(e)

(f)

(g)

(h)

사진 3.14 스카이 워크

사진 (e)는 해파랑 길의 시작점인 부산의 오륙도에 건설된 스카이 워크로, 단조로운 디자인과 작은 규모로 만들어진 것에 아쉬움이 있는 구조물이다. 사진 (f)는 부산의 송도 해수욕장에 건설된 **해중 산책로**인데, 송도는 원도심에 가까운 지리적 위치와 해상 케이블카의 운행, 구름다리의 건설 등으로 최근 들어 명소가 되고 있다. 또한 이곳은 부산 최초로 근대적 해수욕장으로 개장된 곳으로 최근의 대대적인 정비 사업을 통해서 새로운 핫 플레이스가 되고 있다. 그리고 사진 (g)는 포항에 건설되어 있는 해상 스카이 워크이며, (h)는 **장길리 복합 낚시공원**에 있는 **보릿돌 연결교**로 스카이 워크의 기능을 가진 교량이다. 이와 같은 시설들은 특색이 있고, 주변 관광지과 연계되어야 그 효과를 기대할 수 있지만, 이와 같은 개발이 일회성에 그치는 것이 아닌지 염려가 되기도 한다.

(2) 출렁다리

전국에는 현수교 방식의 출렁다리를 건설하는 것이 지금까지는 유행처럼 되고 있는데, 이는 무주탑 현수교 방식으로 건설되는 사례가 많다. 최근에 강원도 원주시에는 사진 3.15의 (a), (b), (c)와 같은 보도교가 건설되었다. 이는 길이가 404m에 이르는 현수교 방식의'울렁다리'로 알려진 교량으로 많은 관광객이 찾는 명소가 된 곳이다. 그리고 소금산 정상부 아래 절벽을 따라 높이 200m, 길이 360m의 **잔도(Plank Road)**가 건설되어 있다. 이와 같은 관광용의 교량은 규모의 차이가 있으나, 거의 같은 방식으로 많은 지자체에서 경쟁적으로 건설하고 있는 교량 형식이기도 하다. 사진 3.16의 (a), (b)는 최근에 울산광역시의 대왕암 공원에 건설된 출렁다리인데, 이는 길이 303m의 무주탑 현수교 방식으로 건설되었다.

(a)

(b)

(c)

사진 3.15 울렁다리와 잔도 (https://www.wonju.go.kr/)

(a)

(b)

사진 3.16 무주탑 현수교

(3) 스페이스 워크

전국적으로 스카이 워크라는 구조물이 유행처럼 건설되고 있지만, 최근 포항에는 스카이 워크의 진전된 방식인 '**스페이스 워크**'라는 새로운 교량이 작품의 형태로 건설되었다. 이는 작품 이름이기도 하지만, 구름 위를 걷기, 느림, 철강도시의 상징 등이 이 구조물의 설계 컨셉이며, 이는 포스코가 건설하여 포항시에 기부 채납한 시설이다. 독일의 예술가 하이케 무터와 울리히 겐츠(Heike Mutter & Ulrich Genth)의 작품인 사진 3.17과 같은 구조는 철강의 도시 포항을 상징하는 철구조물로 만들어진 시설물이다.

(a)

(b)

사진 3.17 스페이스 워크

이 구조물의 최대 높이는 24.6m이고, 트랙의 길이는 333m인데, 불편함을 느낄 정도의 진동이 문제가 되고 있다. 이 구조는 안전을 위하여 입장 인원의 제한을 두고 있으나 진동이 발생되고 있는데, 이는 장주(Long Column)형태로 시공된 강기둥(Steel Column)에서 흔히 발생되는 현상이기도 하다.

(4) 수로교와 보도교의 혼용교

도시의 발전에 따라 시민들의 통행의 편리를 위하여 기존의 교량에 새로운 기능을 추가한 교량으로 용도를 전환하는 경우도 있다. 이런 경우는 새로운 구조방식에 대한 구조해석을 통하여 안정검토를 하고 이의 결과를 이용하여 시설을 보강하는 과정이 필요하다. 이와 같은 사례는 사진 3.18의 (a)와 같은 수관교 위에 사진 (b)와 같은 데크를 설치하여 보도교의 기능을 추가한 혼용교로 사용한 경우이다.

(a)

(b)

사진 3.18 보도교 기능이 추가된 교량

6. 잔교

잔교는 다양한 의미를 가지고 있는데, 잔교의 본래 의미는 절벽과 절벽 사이에 걸쳐 놓은 다리(Bridge)를 뜻한다. 그러나 보통의 경우에 해안선이 접한 육지에서 직각 또는 일정한 각도로 돌출한 선박의 접안 시설이 다리처럼 생겼으므로 사진 3.19와 같은 시설들을 **잔교**(Pier, Jetty, Landing Stage)라 부른다.

(a)

(b) (c)

사진 3.19 잔교

이는 선박의 접안이나 이안이 용이하도록 바다 위에 말뚝을 박고, 그 위에 콘크리트나 철판 등으로 상부 시설을 설치한 교량 모양의 접안 시설이다. 그러나 말뚝 대신에 우물통, 케이슨(Caisson, 상자 형태로 제작된 콘크리트 구조물) 등을 설치하여 직립부를 만들고, 이것을 수평 방향으로 연결하여 시공하는 경우도 많이 있다. 잔교는 구조재료에 따라 나무 말뚝식, 강철 말뚝식, 철근 콘크리트 말뚝식, 원통식, 교각식 등으로 분류하기도 한다. 잔교는 아주 소규모도 있지만 대규모의 시설로 오래전부터 항만에서 사용해 오던 중요한 구조물이다. 사진 3.19의 (a)는 중국 청도의 잔교로 관광의 용도로 이용되고 있으며, 사진 (b), (c)는 각각 울산과 오사카의 잔교의 시공사례로 산업용으로 이용되고 있다.

7. 부잔교

부잔교(Floating Pier)는 폰툰(Pontoon)이라는 상자 모양의 부체를 띄우고 이를 육지와 연결시킨 접안시설을 말하며, 국내의 대부분 항구에서 많이 볼 수 있는 시설이다. 사진 3.20은 부잔교의 사례인데, 사진 (a)는 1930년대에 건설되어 군산에 있는 국가 등록 문화재인 부잔교 시설이고, 사진 (b)는 일반적인 소규모의 부잔교 시설로 우리 주변에서 많이 이용되고 있다.

(a)

(b)

사진 3.20 부잔교

8. 특수 용도의 교량

산업의 형태가 다양화 되면서 교량은 순수한 교통용의 용도뿐만 아니라, 사진 3.21에 소개된 것과 같이 특수용도의 교량도 많이 건설되고 있다. 사진 (a)에 소개된 포르투갈의 마데이라 공항은 활주로 길이의 1/3이 **활주용 교량(Taxiing Bridge)**으로 건설되어 있다. 당초 이 공항의 활주로를 확장할 때 기존 활주로의 지반고와 같도록 해발 60 m정도의 높이로 매립하는 것은 기술적으로 거의 불가능 하였다. 따라서 바다의 일부만 매립하고 높이 70 m의 기둥을 시공하여 활주로용 교량(길이 1,000 m, 폭 190 m)을 건설한 사례이다. 또한 이 활주로용 교량 아래의 매립지는 주차장의 용도로 교하공간을 활용하고 있다. 사진 (b)는 북경 수도공항의 활주용 교량(교량의 크기는 항공기의 날개의 길이, 항공기의 무게, 착륙기어의 형태 등에 따라 달라진다)의 건설사례이다. 그 아래는 공항내의 셔틀 교통수단인 경전철의 통행공간으로 이용되고 있다. 그리고 사진 (c)는 특수배관의 하천횡단을 위하여 시공된 교량의 사례이며(일본 요코하마), 사진 (d)는 공장의 원료 수송을 위해 도로를 횡단하는 구조로 설치한 교량이다.

(a) https://ko.wikipedia.org/wiki/

(b)

(c)

(d)

사진 2.21 특수 목적의 교량

9. 특수 형태의 교량

(1) 잠수교

교량을 건설할 경우에 접속도로나 교량 하부에 흐르는 하천의 규모 등에 따라 다양한 요소를 고려해서 교량의 높이를 결정해야 한다. 산악지가 많은 지형은 홍수기에 하천의 유량이 많아지면서 수위가 급격하게 상승하게 된다. 이런 경우에 사진 3.22의 (a)와 같이 경우에 따라 물에 잠기도록 건설된 교량을 **잠수교**(Submerged Bridge)라 하며, 이런 교량은 난간을 설치할 때에 주의해야 한다. 잠수교는 수위가 높아지면 물에 잠기도록 설계된 다리이지만, 드물게는 배가 통항할 수 있도록 인위적으로 교량의 상부구조가 수면 아래로 내려가게 만든 **가동식 잠수교**도 있다. 이는 그리스의 코린트에 건설되어 있는 **코린트 운하교**인데, 이곳은 코린트 운하로도 널리 알려진 곳이다.

① 반포대교

국내에서의 잠수교의 건설사례는 1976년에 한강에 건설된 사진 3.22의 (a)와 같은 잠수교가 대표적이다. 이는 건설시의 형하고가 2.7m로 매우 낮게 건설되었는데, 이와 같은 건설방식은 당시의 시대상을 반영하여 안보 상황을 고려한 결과이기도 하다. 이 잠수교는 건설된 이후에 교통량의 증가로 1982년에 사진 (b)와 같은 라멘형 교각으로 상층 부분이 증축되었으며, 이는 **반포대교**의 이름으로 불리고 있다.

(a) (출처 : 서울기록원)

(b)

(c)

사진 3.22 한강의 잠수교

그러나 현재 반포대교의 하층부인 잠수교는 선박의 통항을 위해 사진 (c)에 나타낸 것과 같이 일부 구간을 아치형으로 리모델링(1986년)하여 선박의 항로를 확보하였다. 과거에는 잠수교 형태의 교량을 건설했지만 지금은 특별한 경우를 제외하고는 거의 건설하지 않는다. 최근에 반포대교는 상층부에 분수대를 설치하여 한강의 새로운 경관을 형성하고 있는데, 앞으로도 교량은 다양한 방법의 리모델링 작업으로 끊임없는 변화를 할 것으로 기대된다.

② 진섬다리

진섬다리는 바다에 건설된 잠수교의 건설사례인데, 전남 여수에 있는 예술의 섬으로 알려진 장도에 사진 3.23과 같이 건설된 보도교이다. 이는 조수 간만의 차이에 따라 교량의 일부가 물에 잠기는 형식의 교량으로 흔한 형식은 아니다. 이 다리는 육지부에서 장도까지 길이가 330m에 이르는 보행교로 물에 잠기는 기존 **석축교**(돌을 쌓아 만든 석교의 일종으로 하부에 수로공이 시공되어 있음)의 역사성을 최대한 살려서 건설된 교량이다.

(a)

(b) (c) (d)

사진 3.23 진섬다리

사진 (b)~(d)와 같이 거의 만조 시에는 마치 바다 위를 걷는 것과 같은 신비로운 분위기를 연출할 수 있도록 만들어진 이 교량은 밀물과 썰물의 시간대에 따라서 출입이 통제되기도 한다. 이와 같은 방식의 교량은 불편하다고 느낄 수도 있겠지만, 이곳의 통행수요가 많지 않고, 잠시 여유를 가질 수 있다는 점에서 설계자의 독창적인 아이디어가 돋보인다.

(2) 교문이 있는 교량

교량의 상부구조는 사진 3.24와 같이 **교문(Bridge Gate)**을 특별한 형상으로 시공하는 사례도 많이 있는데, 이와 같은 교문의 시공은 중세의 다리에서 많이 볼 수 있다. 사진 (a)는 알칸타라교의 교문인데, 아주 오래된 석교로 장식 등도 비교적 심플한 구조로 되어 있다. 사진 (b)는 시드니의 하버브릿지에 건설되어 있는 교문인데, 인도 부분에 웅장한 규모로 만들어져 있으며, 한때는 교문 상층부의 일부분을 교량의 건설과 관련된 전시공간(박물관)으로 이용되기도 했다. 사진 (c)는 독일의 하이델베르그에 있는 **테오도르 호이스교**의 교문으로 동화속의 성과 같은 이미지의 교문이다. 스코틀랜드의 **포스교**에도 사진 (d)와 같이 간단하기는 하지만 석조 구조의 교문이 설치되어 있다. 사진 (e)는 영국의 템즈강에 건설된 **타워브릿지**인데, 스코틀랜드 풍으로 장식된 교량의 전체적인 아름다움은 거의 예술이다. 또 하나의 건축물과 같은 4개의 타워에 건설된 교문도 아주 우아하게 장식되어 있다. 그리고 사진 (f)는 캐나다의 **그랜빌교**이며 하로교 형태의 교량에 섬세한 조각의 교문이 건설되어 있다. 사진 (g), (h)는 세상에서 가장 아름다운 다리로 알려진 프라하의 '카를교' 인데, 이는 블타바강에 만들어진 체코에서 가장 오래된 교량이다. 이 다리는 수많은 드라마의 배경이 되기도 한 교량으로 프라하의 명소이며, 교량위에 만들어진 30개의 의미 있는 조각상 등으로 유명한 교량이기도 하다. 카를교는 신성로마제국 황제이며 보헤미아의 왕인 카를 4세가 1357년 착공해 1402년에 완공한 교량으로, 교문에 다양한 장식을 하는 등 아주 아름다운 교량이다.

(a)

(b)

(c)

(d)

(e)

(f)

(g)

(h)

(i)

(j)

사진 3.24 교문이 설치된 교량

현대의 교량은 특별한 경우가 아니면 교문이 건설되는 경우는 거의 없으며, 장식도 단순화 하고 있다. 이것은 20세기 초에 건축디자인에 등장한 **모더니즘(Modernism)**의 영향을 받은 것으로 화려한 장식보다는 기능의 유용성을 중요시하는 실용적인 디자인을 강조하는 것이다. 사진 (i), (j)는 부산광역시의 해운대에 건설되어 있는 **좌수영교**로 모던함의 설계가 돋보이는 교문건설의 사례이다.

(3) 가교

교량이 가지는 연결의 주 기능 외에 특별한 용도의 교량도 있는데, 중세의 유럽에서는 주로 아치교 위에 집을 짓고 주거를 한 사례도 있다. 이를 **가교(House Bridge, Bridge House)**라고 하며, 단순하게 지붕만 있는 교량이나 수상가옥과는 다른 형식이다. 철도의 역을 건설하는 방식 중에서 교상역(교량 위에 만든 역)이라는 것이 있는데, 이것이 일종의 가교와 같은 것이다. 가교의 형태는 동양권에서는 보기 드문 형식이나, 중세의 유럽에서는 흔한 형식이었다. 유명한 베키오교나 리알토교 등도 이런 형식의 교량이다.

(a)

(b)

(c)

(d)

사진 3.25 가교

사진 3.25의 (a)와 같이 베트남의 호이안에 건설되어 있는 **내원교**(**일본교**, 1593년)는 석재의 하부구조와 상부는 목구조 형식으로 건설된 교량이다. 교량 위에 사찰(Temple)이 건설되어 있고, 보행자 통로도 있는 특징을 가진 가교의 형식이다. 일본인이 건설한 이 교량은 일본의 전국시대에 일본에 건설되었던 '하부 석재-상부 목재'의 전형적인 교량 형식이다. 사진 (b)는 17세기에 건립된 영국 엠블사이드(Lake District)에 있는 가교(교량집)이다. 사진 (c)와 같은 가교는 독일의 밤베르그에 있는 것으로 15세기에 건설된 시청 건물인 **헹케르스틱교**이며, 지금은 박물관으로 사용 중에 있다. 그리고 사진 (d)는 박물관교로 독일의 뉘른베르그에 있으며, 당초 교회에 부속되어 있는 양로원 건물이었으나 지금은 병원으로 사용되고 있는 오래된 건물이다.

(4) 관람교

관람교(**Viewing Bridge**)는 하늘 산책로와 비슷한 개념이나 이것은 단순하게 걷는 개념의 교량이 아니라 관람(Viewing)의 기능을 가지는 교량이다. 이는 관광지 등에 건설되는 특별한 방식의 교량으로 각종 관람시설의 규모가 커지는 추세에 따라 건설이 활성화될 가능성도 있다. 사진 3.26의 (a), (b)는 싱가폴의 실내 식물원에 만들어진 인공폭포와 열대 우림 식물의 관람로 역할을 하는 **공중교량** 형식의 관람교이다. 그리고 사진 (c), (d)는 부산 해운대의 블루라인 일부 구간에 건설된 **스카이 캡슐**의 선로 구조물로 청사포 일대의 바다를 조망하는 교량인데, 이는 부산 해운대의 새로운 관광 중심지가 되는 시설 중의 하나이다.

(a)

(b)

(c)

(d)

사진 3.26 관람교

3-2 교량은 무엇으로 만드나?

어떤 재료를 가지고 다리를 만들까? 교량을 건설할 때 사용되는 재료는 돌(Stone), 나무(Wood), 강(Steel), 콘크리트(Concrete), 알루미늄(Aluminum), 스테인레스(Stainless), 합성재료(Hybrid, Composite) 등이 있다. 돌을 이용한 석교는 휨부재(휨모멘트로 설계 단면을 결정하는 부재)가 개발되기 전에 널리 이용되던 방식이다. 그리고 나무를 이용한 목교는 나무의 강도나 내구성의 문제로 특별한 경우가 아니면 건설되지 않는다. 최근의 교량은 대부분이 철근 콘크리트교, PC교 또는 강교로 건설되고 있으며, 일부는 복합교 방식으로도 건설되지만 콘크리트교가 거의 80% 정도로 대부분을 차지하고 있다. 알루미늄교는 자중이 가벼워야 하는 조건이 요구되는 경우에 이용되고, 스테인레스교는 장점이 있지만 경제성 등의 문제로 아직 일반화되지 못하고 있다.

1. 석교

석재(돌)를 이용하여 만든 교량이 석교(Stone Bridge)인데, 이는 구조 재료가 나무, 돌 등으로 한정되었던 아주 오래 전에 많이 적용된 교량 형식이다. 석교는 내구성이 있으나, 휨부재의 특성이 요구되는 장지간의 경우에는 지간 길이의 한계가 있기 때문에 적용이 곤란한 구조형식이다. 따라서 석교는 재료와 구조거동의 특성상 주로 아치 형식(주로 압축력을 받는 구조형식)의 교량으로 건설되어 왔다. 석교의 건설사례는 과거의 교량에서는 많이 볼 수 있으나, 최근에 건설되는 교량 중에서 콘크리트교에 돌붙임(주로 화강석 붙임)을 하여 석교처럼 보이게 한 사례도 많이 있다.

사진 3.27 석교

석교(돌로 만든 다리)는 사진에서 소개한 것과 같이 '돌'이라는 재료의 특성 때문에 아치형으로 만들지 않으면 길이가 긴 교량을 만들 수 없다. 사진 3.27에는 국내의 석교를 소개하였는데, 사진 (a), (b)는 **형교(거더교)** 방식으로 건설된 **수표교**(조선초기 건설)로 길이가 길게 돌을 다듬어 상부구조를 만들고, 기둥의 역할을 하는 교각의 간격을 좁게 시공하여, 전체 길이를 길게 만든 교량이다. 그러나 이런 방식의 교량은 많은 수의 교각으로 물이 흐르는 단면이 작아져 물의 흐름을 방해하기 때문에 하천에 시공하기가 쉽지 않고, 유량이 많은 하천에서는 건설하기가 더욱 곤란한 경우가 많다. 아치형의 교량인 사진 (c), (d), (e)는 경남 영산의 **만년교**로 자연석을 쌓아 그 위는 흙으로 덮은 방식의 석교이다. 당초 이 다리는 1780년에 만들어 졌으나, 1892년에 다시 건설하는 등 수차례의 부분적인 보수작업을 하기도 했다. 사진 (c)는 보수하기 전의 모습이고, 사진 (d)는 전면적으로 보수 작업이 진행되는 모습이며, 사진 (e)는 현재의 모습이다. 사진 (f), (g)는 국내에서 석교의 백미로 알려진 경주 불국사의 **청운교**와 백운교이다. 아치 위의 계단으로 이루어진 이 교량은 전체적인 구성미나 돌을 다듬은 기교 등 어느 면을 보아도 아주 뛰어난 교량이다.

국외에 건설되어 있는 대표적인 석교를 소개하면 사진 3.28의 (a)는 터키의 이스탄불에 있는 **발렌스 수로교**(Valens Aqueduct)로 로마 발렌스 황제가 통치하던 378년에 완공하였다. 지금은 이 수로교의 일부만 남아 있지만, 로마인 들이 자랑하는 기반시설의 하나로 로마의 업적과 위용을 상징하는 기념물이기도 하다. 이와 같은 수로교를 통해 도시로 흘러 온 물을 관리하기 위한 저수조가 필요했는데, 이 때 만든 지하 저수조가 **예레바탄 지하 저수조**(Yerebatan Sarnici)이다. 이는 8 m의 높이의 기둥을 4 m 간격으로 배치하여 가로 143 m, 세로 65 m에 달하는 거대한 지하 구조물로 건설되어 있는데, 수압에 견딜 만큼 두꺼운 외벽과 방수공이 적용되었다. 그리고 아치구조로 건설된 지하 저수조는 주두장식과 볼트구조로 건축적인 아름다움을 가진 지하 구조물이다.

(a)

(b) https://www.discover-nagasaki.com/

(c)

(d)

(e)

사진 3.28 석교

사진 (b)는 일본 나가사키에 있는 최초의 아치형 석교인 **메가네바시(안경다리)**인데, 1634년 당나라의 승려 모쿠스뇨조에 의해 중국풍으로 건설되었다(1980년대에 홍수로 유실된 것을 재건설 함). 나가사키는 일본 **난학**의 발생지로 유명한 곳으로 개방의 상징과 같은 도시이다. 에도 막부는 1636년에 **'데지마'** 라는 인공섬을 만들어 네덜란드 무역은 오직 이곳에서만 이루어지도록 했던 교류의 상징적인 곳이다. 당초에는 이 섬을 포르투갈이 잠시 이용했으나, 선교 활동을 이유로 포르투갈인들은 추방되고 네덜란드인들이 이용하게 된 것이다. 지금은 인공섬은 없어지고 그 당시의 거리를 조성하여 시대상을 소개하고 있다.

사진 (c), (d)는 보스니아 헤르체고비나의 모스타르에 있는 민족을 잇는 석교로 1566년에 건설되었다. **'스타리 모스트'**라는 이 다리는 1557년에는 목조의 현수교 형식의 다리였으나, 1993년 보스니아와 크로아티아의 전쟁으로 파괴되었던 교량을 2004년에 지금의 교량으로 복원한 것이다. 보도교인 이 교량의 바닥은 사진 (d)와 같이 돌로 마감되어 있다.

사진 (e)는 스페인의 남부 안달루시아 지역의 코르도바(Cordoba)에 있는 **로마교로** 구 시가지를 연결하는 길이 360m의 아치형 석조교량이다. 이 다리의 역사는 기원전 1세기에 이를 정도로 오래된 교량이지만, 수차례 복원의 과정이 있었으며, 현재의 모습은 8세기에 재건설한 것이다. 코르도바는 이슬람 사원인 **메스키타**(Mezquita, 스페인어로 '모스크'의 뜻)와 카톨릭의 성당이 조화를 이루는 독특한 느낌의 도시이다. 이는 스페인의 역사와 관련 있는 것인데, 메스키타는 단순한 이슬람 사원이 아니라 '사원 안에 있는 성당'이라는 형태로 다른 종교와 공존함을 보여주고 있다.

2. 목교

나무(목재)를 주 재료로 하여 만든 교량이 **목교**(Timber Bridge)이며, 지금은 내구성이나 강도의 문제로 많이 사용되지 않는 교량 형식이다. 그러나 간혹 유원지 등에서 특수 처리된 목재를 이용하여 보행자용으로 건설되기도 한다. 옛날에는 교량을 만들 수 있는 재료가 목재나 석재에 한정되어 있었기 때문에 길이가 긴 교량은 목교 형식으로 만들거나 아치형의 석교로 만들 수 밖에 없었다. 특히 일본의 경우는 전쟁이 많았던 전국시대에 교량의 하부는 석재로 만들고, 상부는 나무를 이용한 목교를 건설하였다. 이는 적의 침입 시에 상부의 목조 부분을 불에 태워 제거했다가 전쟁이 끝나면 석재의 하부구조에 상부구조를 다시 시공하는 방식이었던 것이다. 그러나 지금은 목재의 단점을 극복할 수 있는 많은 건설재료가 개발되어 있으므로 특별한 경우가 아니면 목교형식의 교량은 거의 만들지 않는다.

목교는 재료의 특성상 오래 보전되기 어렵기 때문에 특별한 경우가 아니면 아주 오래된 교량이 없다. 목교의 건설사례를 보면, 유럽의 대표적인 목교는 사진 3.29의 (a), (b)에 소개된 스위스 루체른의 **카펠교**이다. 당초에 이 교량은 1300년대에 건설되었지만, 1990년대에 복원된 것이며, 지붕이 건설되어 있다. 특징적인 것은 지붕의 안쪽 천정에 사진 (b)와 같이 스위스와 루체른의 역사에 관련한 그림(작가 : 하인리히 베그만)이 그려져 있다. 또한 이 교량은 화재로 소실되어 재건설의 과정이 있었지만, 유럽에서 가장 오래된 목조 교량으로 알려져 있다.

(a)

(b)

(c)

(d)

(e)

(f)

(g)

(h)

사진 3.29 목교

사진 (c), (d)는 중국의 **풍우교**(Wind Rain Bridge)인데, 특히 부재의 연결부에 못을 사용하지 않고 건설한 보도교이며, **가교**(House Bridge)의 기능도 있다. 이 교량도 지붕이 있는 특징을 가지고 있으며, 교량에는 간단한 상업시설(가게) 등도 있는 형태이다. 사진 (e)는 일본 고베 근교의 아름답기로 유명하고 유네스코 문화유산으로 지정되어 있는 히메지성의 입구에 있는 목교이고, 사진 (f)는 일본 교토에 있는 목교이다. 유원지 등에 교량 형식의 산책로를 조성하는 경우에 친환경의 측면에서 목교 형식으로 만드는 경우가 많다. 사진 (g)는 주남 저수지에 산책 및 철새 탐조용으로 건설된 목교로, 이와 같은 형식은 갯벌이나 일반 습지 등에 산책로를 만들 때 적용되는 교량의 전형이라 할 수 있는 방식이다. 사진 (h)는 발칸반도에 있는 크로아티아의 국립공원인 플라트비체에 있는 목교이다. 이 다리는 낡고 오래된 다리이기는 하지만 환경 친화적이고 분위기 있는 목교이다.

3. 강교

현대의 많은 교량들은 **강교**(Steel Bridges)형식으로 건설되고 있으며, 강(Steel)재는 많은 장점이 있지만 미관이 우수한 구조물의 건설이 가능한 장점을 가지고 있다. 1779년에 영국에 건설된 길이 30.5 m의 보도교인 Coalbrookdale교는 주철로 건설된 최초의 교량인데, 이후에 철을 다루는 제강기술의 발달로 강교의 건설이 활성화 되었다. 강재는 콘크리트에 비해 무게가 가볍기 때문에 하부공에 미치는 하중의 영향이 적으며, 내진성이 좋고 미관이 좋은 다양한 형식으로 시공하기에 좋다. 그리고 콘크리트에 비해 품질의 신뢰성이 높고 역학적 거동도 분명하며, 공장 제작과 현장 가설의 통상적인 시공관리도 신뢰할 수 있다. 강교는 개별부재를 현장에서 조립하거나, 공장에서 제작하여 조립된 구조를 현장에서 거치하는 공법으로 시공하기 때문에 건설공기가 짧고 보수, 보강, 해체 등의 작업이 쉽다. 그러나 경우에 따라서 대형으로 조립된 강구조물을 수송하기 위한 운반로의 제약(도로의 선형, 교량의 통과하중이나 형하고의 제한 등)이 있을 수 있다. 이때는 개별 부재를 현장에서 조립하는 트러스형의 교량이나 철근 콘크리트교 등으로 시공하기도 한다. 또 강재는 선택의 폭이 넓고 도장할 색채의 선택이 용이하므로 경관을 중요시 하는 경우에 자주 이용되는 구조재료이다.

사진 3.30은 대표적인 강교의 시공 사례인데, 강교는 미관을 위하여 아치교 형식으로 시공되는 경우가 많지만, 각종 거더교(판형, 박스형교) 등으로도 널리 이용되는 형식이다. 사진 (a)는 부산의 수영강에 건설된 아치형 도로교이며, 사진 (b)는 일본 오사카에 건설되어 있는 2층교 형식의 미나토교이다. 이 교량의 중앙지간은 510m이고, 형하고가 51m인 규모가 큰 2층교 형식의 교량으로 캔틸레버식 트러스교이다. 캐나다의 퀘벡교나

영국의 포스교도 부재의 형태는 차이가 있지만, 이와 같은 캔틸레버식 트러스교로 시공되었다. 사진 (c)는 일본 기타큐슈의 해상공항을 연결하는 중로교 형식의 도로교이며, 사진 (d)는 호주의 시드니를 상징한다고 해도 과언이 아닌 하버 브릿지로 강아치교의 대표적인 사례이다. 그리고 사진 (e)는 강재를 이용한 트러스를 구성하여 섬을 연결하는 소규모의 보도교를 시공한 사례이고, 사진 (f)는 강박스 거더의 도로교이다.

(a)

(b)

(c)

(d)

(e)

(f)

사진 3.30 강교

사진 3.31의 (a)는 강박스 거더교의 시공 현장인데 크레인을 이용해서 상부구조를 거치할 경우에 권상된 거더의 평형을 유지하는 것이 아주 주요하다. 그리고 사진 (b)는 해상에서 대형 크레인을 동원하여 강아치교를 시공한 **리프트업(Lift-Up) 공법**의 사례이다. 이는 공기를 단축할 수 있는 공법이기도 하다.

(a) (b)

사진 3.31 강교의 시공

4. 콘크리트교

건설재료 중에서 가장 일반적이고 널리 이용되는 재료인 콘크리트를 이용하여 시공되는 **콘크리트교(Concrete Bridge)**는 철근콘크리트교(RC Bridge)와 PS콘크리트교(PC Bridge)를 포함한다. 현재 건설되고 있는 교량의 대부분은 거더교나 라멘교, 그리고 슬래브교 등의 콘크리트 교량으로 전체의 80% 정도를 차지하고 있다. 이와 같이 콘크리트교의 점유율이 높은 것은 경제적인 원인이 가장 큰 이유이다. 그러나 콘크리트는 염해를 받기 쉽고, 균열이 발생하기 쉬우며, 이에 수반되는 철근의 부식 등으로 강교보다 공용수명이 짧을 수 있다. 또한 강도에 비해 자중이 크기 때문에 장대화하기가 어려운 단점도 있다. 지금은 이와 같은 단점을 극복하기 위하여 **초고성능 콘크리트(UHPC, Ultra-High Performance Concrete)** 등도 개발되고 있다. 이들은 콘크리트 속에 일정량의 강섬유를 혼입하여 강도를 개선하는 등 다양한 종류가 있으며, 보통 콘크리트보다 10배 정도의 고강도를 나타내는 경우도 있다.

콘크리트교는 사진 3.32의 (a)~(e)와 같은 슬래브교, 거더교, 그리고 박스거더 형식으로 건설되는 경우가 대부분이다. 사진 (b)는 사장교의 보강형을 콘크리트 박스형 보강형으로 시공한 콘크리트 사장교의 사례이다. 그리고 사진 (c)는 박스 거더교, 사진 (d)는 거더교의 시공사례이다. 그러나 간혹 시공현장의 여러 가지 환경에 따라 사진 (e)와 같은 콘크리트 아치형으로 시공되기도 하지만, 이는 현장에서 시공관리의 번거로움 많다.

그럼에도 불구하고 사진 (e)와 같이 콘크리트 아치교의 시공 사례로 이 형식을 택한 것은 여러 가지 이유가 있었을 것이다. 이를테면 강아치교로 시공하기에는 현장의 여건(부재 운반로의 선형, 교량의 통과 하중)이 맞지 않았을 가능성 등 여러 이유가 있었던 것으로 추측된다.

(a) (b) (c) (d) (e) (f)

사진 3.32 콘크리트교

특히 사진 (f)는 교각의 좌측 부분은 강거더, 우측부분은 콘크리트 거더로 시공되어 있는데, 이는 설계자가 교하공간의 조건을 고려하여 경간의 길이에 따른 재료특성 등을 고려한 결과이다. 이와 같이 현장조건을 다각도로 검토하여 상부구조의 형식을 철근 콘크리트교(RC교), 강교(Steel Bridge) 등으로 결정하게 된다. 이 사례의 현장조건은 좌측이 고속도로이고 우측은 농경지이므로 좌측은 경간을 길게 할 수 있는 강거더를 택한 시공사례이다.

5. 알루미늄교

고강도의 알루미늄 합금을 주 재료로 사용하여 시공된 교량이 **알루미늄교(Aluminum Bridge)**이다. 이 형식의 교량은 강도가 낮기 때문에 경량(Light Weight)의 조건 등 특별한 경우를 제외하고는 널리 이용되는 교량형식은 아니다. 그러나 녹슬지 않기 때문에 도장(Painting)할 필요가 없고, 가볍다는 장점이 있으므로 부식의 가능성이 매우 높은 해양현장에서 경량이 요구되는 가반교 등에 사용될 수 있다. 예를 들어 석유시추 시설의 이동 통로나 사진 3.33의 (a), (b)와 같이 마리나 시설 등에 있는 보행자용의 소규모 교량 등에 이용되고 있다. 그러나 사진 (c)와 같은 영국 런던의 템즈강에 건설된 독특한 형식의 현수교로 보행자 교량인 **밀레니엄교**의 보행 데크는 고강도의 알루미늄이 이용되기도 하였다.

(a) (b)

(c)

사진 3.33 알루미늄교

6. 스테인레스교

강교는 완공 후에 내구성을 확보하기 위하여 유지관리의 일환으로 주기적인 도장작업을 해야 하는 경우가 대부분인데, 이와 같은 유지관리의 비용도 무시할 수 없다. 그러나 스테인레스를 이용한 구조는 페인팅의 필요성이 없으므로 유지 관리비가 저렴하고 미관이 아름다운 장점도 있다. 이런 이유로 최근에는 교량을 포함하여 각종 구조물(특히 바다에 접한 구조물)의 재료로 스테인레스를 이용되는 경우가 많이 있다. 호주 수도인 캔베라에 있는 의사당 건물의 상징탑을 스테인레스로 시공한 것도 이와 같은 이유이다. 물론 스테인레스는 일반 강재에 비해 고가의 재료이기 때문에 이런 측면도 고려되어야 한다.

(a) (b) https://www.bridgeinfo.net/

사진 3.34 스테인레스교

이와 같은 재료의 특성을 고려한 **스테인레스교(Stainless Bridge)**의 시공사례는 흔하지 않은데, 국내에서는 사진 3.34의 (a)와 같은 소규모의 교량에 스테인레스를 이용한 건설 사례가 있다. 사진 (b)는 홍콩에 사장교 형식으로 건설된 해상교량인 Stonecutters교인데, 이 교량의 주탑 일부분에 스테인레스 강관이 적용된 것이다. 이 교량의 주탑은 높이가 295m인 2개의 단주형으로 시공되어 있는데, 주탑 상부의 120m 부분을 콘크리트로 충전된 스테인레스관(CFST, Concrete Filled Stainless Tube)으로 시공하여 내구성을 개선한 것이다.

7. 합성교

최근에는 우주산업이나 비행기 등에 이용되던 경량의 소재를 구조물에 적용하여 시공하는 경우도 많아지고 있는데, FRP 등의 재료도 그 중의 하나이다. 이런 재료들은 내식성, 내피로성(1,000만회 정도의 반복 하중에도 피로가 없음), 고강도, 그리고 경량성 등의 특징을 가지고 있다. 이외에 합성구조인 **하이브리드 구조**는 전체 구조물에서 일부분이 복합재료로 이루어진 것을 의미하는데, 교량의 거더, 바닥판 등의 부재를 합성형으로 건설하는 경우가 많다.

일반적으로 **합성교**(Composite Bridge)는 교량의 상판을 2가지 이상의 재료(주로 콘크리트와 강을 이용)를 합성하여 시공한 교량이다. 이와 같은 시공사례인 사장교 형식의 부산항대교가 있는데, 사진 3.35의 (a), (b), (c)와 같이 상부구조(보강형)를 강거더에 프리캐스트 방식의 철근 콘크리트 상판을 올린 **강합성 보강형**의 방식을 적용한 합성교의 시공사례이다.

(a) (b) (c)

사진 3.35 합성교

최근에는 교량 박스거더의 복부(상판과 하판의 사이의 웨브에 해당하는 부분)를 강관 부재로 치환한 **복합트러스** 구조로 시공한 합성교도 있다. 이런 개념은 표 3.1의 (a)에 나타낸 박스 거더의 복부를 (b)와 같이 강관 부재로 치환한 **복합트러스** 구조이다. 또한 경우에 따라서 **복합트러스**의 하부 플랜지를 (c)와 같은 강관 구조물로 대체한 **공간트러스**(Space Truss)로도 시공이 가능하다. 이는 압축부재인 콘크리트와 인장부재인 강재의 특성을 반영한 구조 형식이 된 것이다.

표 3.1 합성 부재의 개념

	단면 형태	시공 사례
(a) 박스거더		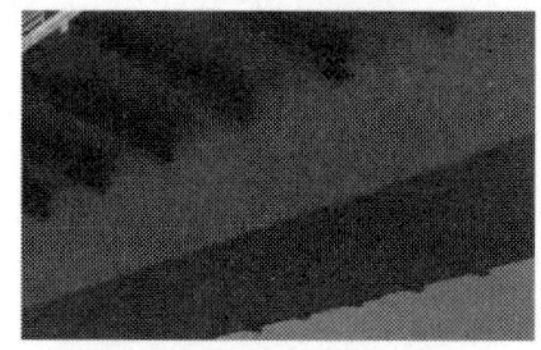
(b) 복합트러스	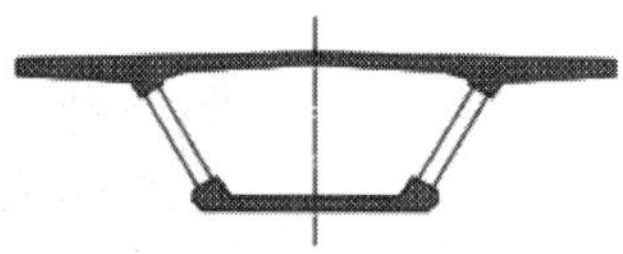	
(c) 공간트러스	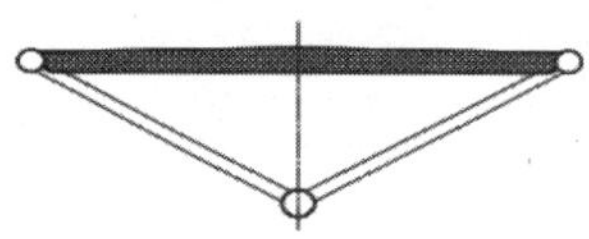	

이와 같은 복합트러스와 공간트러스의 개념으로 시공된 교량의 사례를 사진 3.36에 소개하였다. 사진 (a), (b)는 자동차 전용 고가교의 콘크리트 박스 거더를 복합트러스 형태로 적용한 사례이다. 그리고 사진 (c), (d)는 보행자용 교량을 공간트러스의 개념으로 시공한 사례인데, 사진 (d)는 상부구조 하부의 상세이다.

(a)

(b)

(c)

(d)

사진 3.36 복합트러스와 공간트러스의 시공 사례

보통 박스 거더형 교량을 복합트러스로 대체하면 10~15% 정도의 중량을 줄일 수 있고, 공간트러스로 시공하면 거더 중량의 35% 정도까지 줄일 수 있는 것으로 알려져 있다. 이는 재료의 절약은 물론이고 하부공(교각이나 교대)에 부담되는 하중을 경감시키는 장점도 있다. 특히 이런 경우에는 시공비의 분석이 필요할 수 있으며, 만일 관의 내부가 콘크리트로 충진된 CFT(Concrete Filled Tube) 부재로 시공한다면 품질관리에 대해서도 분석할 필요가 있다.

3-3 교량의 주형 배치는 어디에?

교량은 노면이 있는 주형(Main Girder)을 상부구조의 어느 부분에 배치하는가에 따라서 상로교, 중로교, 하로교, 2층교 등으로 구분할 수 있다. 이와 같은 형식은 미관상의 문제나 고가교의 건축 한계, 선박이 통항하는 경우는 통과 높이(형하고) 등 여러 조건을 고려해서 결정한다. 경우에 따라서는 시공현장의 특성에 따라서 상로교와 하로교를 혼용해서 건설하기도 한다.

1. 상로교

교량의 상판이 상부구조의 위에 있는 교량의 형식이 **상로교**(Deck Bridge, Top road Bridge)이다. 이는 개방감이 있는 장점이 있으며, 콘크리트교나 석교는 특별한 경우를 제외하고는 모두 상로교 형식이다. 이 형식은 아치구조나 트러스 구조로 시공되는 교량에도 많이 적용된다. 사진 3.37의 (a)는 남프랑스의 에즈에 건설되어 있는 콘크리트 아치교 형식의 도로교이며, 사진 (b)는 캐나다 벤쿠버의 그랜빌 지역에 건설되어 있는 트러스형 아치교인 **그랜빌교**(Granville Bridge)이다.

(a)

(b)

(c)

(d)

(e)

(f)

(g)

(h)

사진 3.37 상로교

그리고 사진 (c)는 나이아가라 폭포가 있는 미국과 캐나다의 국경에 있는 콘크리트 아치형의 **레인보우 브릿지**(Rainbow International Bridge)이다. 사진 (d)는 일본의 구로베 협곡에 건설되어 있는 강아치교이다. 사진 (e)는 체코의 프라하에 건설되어 있으며, 세계적인 명소로 알려진 석조 아치형의 **카를교**이다. 사진 (f)는 일본 토쿄의 천황이 거주하는 황궁(The Imperial Palace)의 아치형의 **이중교**이다. 그러나 사진 (g)는 특이한 방식의 상로교로 도로의 상부를 횡단하는 철도교이다. 도로의 건축한계를 고려한다면 이런 설계를 하는 것이 쉽지 않지만, 건축한계의 문제가 해결되고, 이 위치의 상부공간을 활용하는데 제약이 있다면 가능한 방식이다. 사진 (h)는 트러스 구조의 교량을 상로교 형식으로 건설한 사례이다.

2. 중로교

중로교(Half Through Bridge)는 사진 3.38과 같이 교량의 상판(교면)이 상부구조 높이의 중간 정도에 위치하는 교량 형식이다. 이는 상로교와 하로교의 중간 형태로 안정감이 있다. 사진 (a)는 부산대교, 사진 (b)는 **초양대교**(사천시 초양도와 모개도를 잇는 교량), 사진 (c)는 일본 고베의 해양도시(포트 아일랜드)에 건설되어 있는 중로교 형식이면서 2층교 형식의 **고베대교**이다.

(a)

(b)

(c)

(d)

(e)

(f)

사진 3.38 중로교

그리고 사진 (d)는 스코틀랜드 서부지역의 오반에 있는 트러스 구조로 시공된 중로교 형식의 교량이다. 사진 (e)는 보행자용의 보도교로 교량의 중간에 전망공간이 만들어진 강아치형의 교량이다. 사진 (f)는 시드니 하버브릿지의 일부분인데, 이 교량을 분류하면 용도로는 혼용교, 재료상으로 강교, 상부의 형상으로는 아치교, 상판의 위치로는 중로교 형식이라 할 수 있다.

3. 하로교

교량의 상판이 트러스나 아치의 하부에 위치하는 형식의 교량을 **하로교(Through Bridge)**라 한다. 이 교량은 교하공간을 확보하는데 유리한 형식이기도 하다. 사진 3.39의 (a)는 벤쿠버(캐나다) 그랜빌 지역의 **버드 브릿지(Burrard Bridge)**, 사진 (b)는 거제도의 **가조연육교**, 사진 (c)는 오사카의 도로교, 사진 (d)는 고흥군에 건설된 녹동의 바다정원을 연결하는 보행자용 아치교의 시공사례이다.

(a) (b) (c) (d)

사진 3.39 하로교

그러나 사진 3.40과 같이 영국의 던디에 건설되어 있는 **테이교**의 경우는 교량의 중앙부분(하천의 중심부)은 하로교 형식이고, 양쪽 단부는 상로교 형식을 혼용하여 시공하는 경우도 있다. 이와 같은 형식을 채택하는 것은 교량의 형하고를 확보하여 선박의 통항을 고려하는 등 다양한 이유가 있을 수 있다.

(a)

(b)

사진 3.40 상로교와 하로교의 혼용 방식

4. 2층교

2층교(Double-Deck Bridge)는 상판이 2층 형식으로 된 교량으로 구조의 특성상 트러스 구조로 시공하는 것이 유리한 교량 형식이다. 2층교는 흔한 형식은 아니지만 영종대교나 광안대교, 거금대교 등이 2층교 형식이다. 사진 3.41의 (a)의 광안대교는 1층, 2층이 모두 도로교(자동차 전용교)이며, 트러스형 보강형으로 건설되어 있다. 그리고 현수교에 접속되는 접속교는 트러스교와 거더교로 시공되어 있는 형식이다. 사진 (b)의 거금대교는 소록도와 거금도를 연결하는 연도교인데, 상층은 4차선의 도로교이며, 하층은 보도 및 자전거 도로의 겸용으로 시공된 역사다리꼴 형태의 특이한 배치 형식이다. 사진 (c)는 요코하마의 베이 브릿지(Bay Bridge)이며, 사진 (d)는 고베의 해상 순환 교량으로 건설된 2층교이다. 사진 (e)는 오사카의 고가교 시공사례로 강구조로 시공된 단순한 고가형태나 다양한 형식의 교각으로 시공된 2층교가 공존하는 사례이다. 사진 (f), (g)는 사장교나 아치교에 적용된 2층교의 사례로 일반적인 형식이 아닌 독특한 방식의 시공사례이다.

(a)

(b) (http://www.goheung.go.kr/)

(c)

(d)

(e)

(f)

(g)

(h) (i)

사진 3.41 2층교

울산의 **십리대밭교**는 교량의 일부만 2층교 형식으로 건설된 교량인데, 사진 (h), (i)와 같이 기존 교량의 하부에 보행자교(보도교)를 매다는 방법으로 시공하여 일부만 2층교가 된 경우이다. 이 경우는 새로운 보행자교를 건설하는 것 보다 상당한 공사비를 절약 할 수 있다. 이 외에도 최근에 건설의 붐이 일고 있는 스카이 워크 형태의 보행교들은 2층으로 건설된 사례가 있다.

레오폴드 세다르 셍고르교는 프랑스 파리의 센강(Seine River)에 설치된 사진 3.42와 같은 보도교이며, 사진 (a)와 같이 교량의 상부에는 제방의 정부와 센강의 둔치에서 동시에 접근이 가능한 방식으로 건설된 교량이다. 이는 보행자를 위한 기능성을 극대화 한 교량으로 설계자가 보행자의 편의를 고려하여 상로교 형식에 일부는 사진 (b)와 같은 2층교 형식을 더한 교량이다. 또한 센강을 통항하는 각종 선박(유람선 등)을 위한 형하고를 확보하기 위하여 아치구조로 시공되어 있으며, 보행자의 접근성을 우선으로 생각한 보도교이다.

(a) (b) (c)

사진 3.42 레오폴드 세다르 셍고르교

SNP교는 슬로바키아의 수도인 브라티슬라바에 있는 사장교 형식의 교량으로 경사 주탑의 정부에 상업시설이 건설된 교량이다. 도나우강을 횡단하도록 사진 3.43과 같이 건설된 이 교량의 상층은 자동차전용 교량이며, 하층에는 보도교가 캔틸레버 형식으로 시공되어 있다. 주탑의 정부에는 상업시설(카페)을 만들어 전망대의 기능을 가진 특색 있는 교량이다. 이 교량은 비대칭 강선 배치의 사장교이면서 콘크리트교, 2층교, 그리고 경사형 주탑의 정부에 상업시설이 만들어져 있는 독특한 설계의 교량이다.

(a) (b)

사진 3.43 UFO교

3-4 교량의 평면은 어떤 모양인가?

교량의 중심선이 교대와 이루는 각도에 따라 직교, 사교, 곡선교 등으로 구분한다. 직교(Straight Bridge)는 교량의 중심선(교축)이 교대와 하천의 유심에 직교하는 교량으로 대부분의 교량은 이 형태이다. 사교(Skew Bridge)는 교량의 중심선과 교대가 경사를 이루는 교량이며, 시가지의 교량에는 지형적인 특징으로 사교가 많다. 그리고 곡선교(Curved Bridge)는 교량의 중심선이 곡선을 이루는 교량형식인데, 사진 3.44는 곡선교의 시공사례로 사진 (a), (b)는 각각 광안대교와 부산항대교의 접속교 부분이다. 그리고 사진 (c)는 최근에 경북 포항의 환호공원에 건설된 스페이스 워크인데, 교량에 오르는 인원을 제한하여도 구조물에 진동이 발생하고 있다. 이는 충분한 검토를 했다고 하지만 고공에서 이용자가 느끼는 심리적인 공포감 등은 문제가 되는 교량이라고 생각된다. 사진 (d)는 포항의 죽도시장 근처에 건설된 보도교로 곡선의 곡률이 큰 교량이다.

(a) (b) (c) (d)

사진 3.44 곡선교

3-5 교량이 어떻게 움직이는가?

움직이는 교량인 가동교(Movable Bridge)는 아주 오래 전부터 군사용의 교량에 이용되었다. 중세 때 이용되었던 가동교는 주로 도개교의 형태였으며, 그 시대의 가동교는 사진 3.45의 (a), (b)와 같이 출입문과 교량의 겸용으로 건설되었다. 이 경우는 일반적으로 교량의 아래에는 해자(Moat)가 있어 성의 방어용으로 이용되는 사례가 많았다. 그러나 산업혁명 이후 영국에서는 운하의 건설이 본격화 되고, 유럽이나 북아메리카 등지에도 운하가 건설되면서, 수로를 통행하는 선박 등의 통과 높이를 확보하기 위해 새로운 방식의 가동교가 건설되게 되었다. 사진 (a)는 리투아니아의 카우나스, 사진 (b)는 포르투갈의 리스본에 있는 가동교인데, 이들은 모두 아래에 해자가 있으며, 출입문의 용도로 건설된 가동교이다. 사진 (c)는 크로아티아의 트로기르에 있는 운하에 건설된 선박 통항용의 가동교이다. 사진 (d), (e)는 운하도시로 알려진 네덜란드의 암스테르담(Amsterdam)에 있는 가동교인데, 암스테르담은 러시아의 표트르 대제(1672-1725)가 네바강변에 '북방의 베네치아'로불리는 상트 페테르부르크(Saint Petersburg)를 건설할 때 벤치마킹의 대상이었던 도시이기도 하다. 암스테르담에는 사진과 같은 일엽 도개교나 이엽 도개교 형식의 통항용 가동교가 많이 있으며, 특히 사진 (e)의 마헤레 다리(1691년에 완공, 흰색의 목교)는 암스테르담에서는 유명한 가동교로 알려져 있다.

(a) (b) (c) (d) (e)

사진 3.45 가동교(도개교)

현대적 의미의 가동교의 건설은 운하의 건설과 더불어 19세기에 시작되었다고 할 수 있으며, 이 때 부터 다양한 형식의 가동교가 건설되었다. 그러나 새로운 운하의 건설이 거의 없는 최근에는 관광용의 가동교가 건설되는 경우가 있다. 일반적으로 가동교는 가동을 위한 동력 장치가 필요하며, 이들은 꾸준한 유지관리가 필요하므로, 고정식 교량보다 유지비용 등이 많이 소요되는 단점이 있기도 하다.

일본은 아시아에서는 비교적 일찍 개방(메이지 유신, 1868년에 일본이 서구식 근대화를 목표로 추진한 개혁)한 나라이다. 따라서 서양의 근대 기술을 받아들인 결과 다수의 가동교도 건설되어 있다.

(a)

(b)

(c)

(d)

(e)

사진 3.46 관광용 가동교

사진 3.46의 (a)~(c)와 같은 도개교는 일본 큐슈의 모지코항에 건설된 보행자용의 가동교(블루윙모지)로 지역 관광의 명소가 된 구조물이다. 이와 같은 관광용의 가동교 형식의 교량은 지역 관광을 활성화시키는 하나의 요인이 될 수 있는 것이다. 사진 (d), (e)는

고베의 하버랜드에 건설되어 있는 보행자용 가동교인 하네코교(Hanekko Bridge)이다. 특히 이 교량은 암스테르담의 **마헤레 다리**(1691년에 완공, 흰색의 목재다리)와 유사한 모양인데, 이는 마헤레 다리의 유명세도 있지만, 화란의 영향을 많이 받았던 일본의 개항 초기의 역사와 관련 있는 것이라 생각된다.

국내에 건설된 유일한 가동교의 사례는 1930년대에 일본의 기술로 건설된 사진 3.47과 같은 **영도다리**인데, 이는 동양 최초의 가동교로 1934년 11월 23일 개통되었다. 영도다리는 연육교로서 길이가 214.63 m로 육지쪽의 31.30 m를 가동교로 건설하였는데, 개통 당시에 다리가 도개되는 모습을 보기 위해 8만명 정도의 사람들이 몰려왔다고 한다. 그 당시에 부산의 인구가 약 15만명 정도 되었다고 하니, 이 가동교의 개통은 시민들에게는 대단한 관심의 대상이었다. 영도다리는 1934년 개통된 이후 하루 7차례씩 도개부가 가동되었으며, 당시의 가동 모습은 부산 제일의 볼거리가 되었다고 한다. 또한 6.25 동란 당시 부산이 임시수도가 되었던 시절에 영도다리는 전국에서 모여든 피난민들의 애절한 사연의 장소가 되기도 했다. 그러나 영도지역의 인구가 증가되면서 교통난이 가중되고, 교량의 상부구조에 상수도관 등이 설치되면서 1966년 9월 1일 부터 가동을 중단하게 되었다. 1980년 부산대교 준공 직후에 '영도다리'란 이름은 '**영도대교**'로 명칭이 변경되었으며, 2006년에는 부산시 지정 기념물 제56호로 지정되었다. 2009년에는 기존의 영도대교를 해체하여 복원하도록 결정되었고, 2010년부터 복원 공사가 시작되어 기존의 4차선을 6차선으로 재건설하여 개통(2013. 11. 27)하였다. 영도대교는 길이 214.8 m, 너비 25.3 m로 주변 지역의 개발과 관련된 건설사가 복원공사를 하였으며, 당초 계약에 따라 부산시에 기부체납 되었고, 새로운 부산의 명소로 거듭나게 되었다.

(a)

(b)

사진 3.47 영도대교

사진 3.47은 부산의 가동교인 영도대교의 모습인데, 개통 당시에는 전차의 선로가 부설되어 있어 온천장(일본인들이 좋아하던 동래에 있는 온천지역)까지 전차가 통행하였

다. 사진 (a)는 재건설되기 전의 영도다리로 좌측 부분이 가동 부분이었으며, 가동이 중지된 후에 사진과 같이 각종 배관과 설비 등이 교량의 상부에 부설되었다. 사진 (b)는 기존의 영도다리를 해체하여 재건설한 영도대교의 가동된 모습이다. 이 **영도대교**는 한국전쟁으로 인한 피난민들의 애환과 관련된 스토리텔링을 가지고 있는 사연이 많은 교량이다.

1. 도개교

가동교가 가동되는 방식은 여러 종류가 있으며, 이들은 교량이 건설되는 현자의 조건과 교량의 규모 등에 따라 방식이 달라진다. **도개교(Bascule Bridge, Draw Bridge)**는 고정된 수평축을 중심으로 상부 구조가 사진 3.48과 같이 가동되는 방식의 교량이다. **일엽 도개교(Single-leaf Bascule Bridge)**는 상부구조가 한쪽으로 개폐되는 방식인데, 이는 사진 3.48의 (a)와 같은 영도대교(1934년)가 사진 (b)와 같이 가동되는 방식이다. 그러나 윗 방향으로 양측의 좌우 2개로 개폐되는 형식의 도개교를 **이엽 도개교(Double-leaf Bascule Bridge)**라 한다. 사진 3.49의 (a), (b)에 소개된 런던의 템즈강에 건설되어 있는 **타워 브릿지(Victorian Tower Bridge, 1894년)**는 사진 (b)와 같이 양측으로 가동되는 이엽 도개교이다. 특히 **타워 브릿지**의 상부에는 스카이 브릿지 방식의 회랑이 설치되어 있어 통로의 기능과 전망의 기능을 가지고 있으며, 이는 템즈강을 조망할 수 있는 공간이 되기도 한다.

(a)

(b)

사진 3.48 일엽도개교

(a)

(b)

사진 3.49 이엽도개교

사진 3.50의 (a)는 스웨덴의 말뫼에 있는 가동교인 Klaffbron교로 카운터 웨이트(균형추, Counter Weight)를 이용하여 가동되는 일엽 도개교 형식이다. 특히 말뫼는 터닝 토르소(Turning Torso)라는 건물로 유명한 도시이기도 하다. 사진 (b)는 네덜란드의 암스테르담에 건설된 이엽 도개교 방식의 운하교이며, 이 형식은 네덜란드의 운하에 설치된 가동교의 일반형식이기도 하다. 사진 (c)는 슬로베니아의 유명한 관광지인 블래드성(16세기에 건축된 예배당과 박물관이 있음)인데, 이 성의 입구에는 사진 (d)와 같은 소규모의 도개교가 설치되어 있다. 이는 고딕양식으로 만들어진 성문의 역할을 하고 있으며, 소박한 나무다리의 기능을 하는 가동교이다.

(a)

(b)

(c)

(d)

사진 3.50 도개교의 사례

2. 선회교

가동교가 고정된 수직축을 회전의 중심으로 하여 가동되는 교량이 **선회교**(Swing Bridge)이다. 이는 사진 3.51과 같이 상부구조가 교대 또는 교각에 설치된 수직방향의 회전축을 중심으로 수평으로 회전하거나, 수평방향의 회전축으로 회전되는 가동교 형식이다. 대부분의 선회교는 구조의 특성상 경간의 80% 정도만이 선박 등의 통행이 가능한 폭이지만, 무제한의 수직 여유공간이 확보될 수 있는 장점이 있다. 그러므로 요트 등과 같이 마스트의 높이가 높은 선박이 통항하기에 적당한 교량 형식이다. 특히 호주 시드니의 달링하버에 건설되어 문화재로 등록되어 있는 사진 3.51의 (a), (b)와 같은 가동교는 자중이 큰 교량이므로 중앙부의 교각을 중심으로 회전하는 방식으로 건설되어 있다. 이와 같이 규모가 큰 선회교는 서로 대칭되는 길이를 갖는 회전축을 교각에 설치하는 것이 좋다. 그러나 사진 (c), (d)에 소개된 남아공(남아프리카 공화국)의 케이프타운에 건설되어 있는 보행자용의 가동교는 자중이 가벼운 교량이므로 교량의 한쪽 끝에 회전축을 설치한 선회교의 사례를 보여주고 있다.

(a) (b) (c) (d)

사진 3.51 선회교

영국 뉴캐슬의 타인강에 건설되어 있는 사진 3.52에 소개된 **게이츠헤드 밀레니엄교**(Gateshead Millennium Bridge)는 수평방향의 회전축으로 회전하는 선회교이다. 이 가동교는 2001년 개통되었으며, 많은 건축상을 수상한 교량으로 움직이는 눈꺼풀과 닮은 독특한 설계로 시공된 '깜박이는 눈'을 이미지화 하여 설계된 도시의 랜드마크가 된 교량이다. 이 교량은 보행자와 자전거가 통행할 수 있으며, 자전거 도로와 보행자 도로는 30cm 정도의 단차를 두어 통행의 안전을 확보하고 있다.

(a)

(b)

사진 3.52 게이츠헤드 밀레니엄교

교량은 전기 모터를 이용하여 가동되는데, 교량의 종축(수평방향의 축)을 중심으로 좌, 우로 회전하는 방식이다. 즉, 사진 (a)와 같은 사용 중의 상태에서 사진 (b)와 같이 가동되는 방식으로 건설되어 있다. 특히 다리가 가동되어 사진 (b)와 같이 기울어지면 다리 위에 있는 각종 쓰레기와 오물들이 아치의 양쪽 끝으로 모일 수 있도록 편리하게 설계되어 있다.

3. 승개교

고정된 수직 기둥을 따라 위·아래로 이동하는 방식의 교량이 **수직 가동교**(Vertical Lift Bridge)이며, 수직으로 승강하므로 **승강교**(Lift Bridge, 승개교)라고도 한다.

(a)

(b)

(c)

사진 3.53 승개교

이런 방식의 교량은 사진 3.53의 (a)와 같은 구조로 상부를 들어 올리는 동력실이 만들어져 있으며, 가동력을 최소화하기 위해서 카운터 웨이트 방식을 택하는 것이 좋다. 사진 (b), (c)는 네덜란드(로테르담)와 일본(치쿠고강)에 건설되어 있는 승개교의 사례로, 이는 양쪽 교각에 탑을 만들어 상부구조를 수직으로 들어 올리는 형식이다.

4. 잠수식 가동교

승개교와는 반대로 그리스의 코린트에는 선박의 항행을 위하여 교량의 상부가 물속으로 내려가는 구조로 건설된 가동교가 있다. 이와 같은 형식의 **잠수식 가동교(가잠교, Submersible Bridge)**는 일반적인 잠수교가 홍수로 수위가 높아지면 교량이 물에 잠기게 되는 방식과는 다른 구조이다. 이는 사진 3.54에 소개된 것과 같이 선박의 통행을 위하여 교량의 상부구조가 수면 아래로 내려가는 방식이다. 사진 3.54는 그리스의 코린트 지역에 있는 강구조로 건설된 잠수식 가동교로 세계 3대 운하의 하나인 코린트 운하의 입구에 있다. 이는 사진 (a)와 같은 통행상태에서 사진 (b), (c)의 과정으로 수면 아래로 상부구조가 내려가면, 사진 (d)와 같은 상태에서 선박이 통항하는 방식이다. 통항 후에 사진 (e)와 같이 수면하의 상부구조가 다시 원위치로 회복되어 교량의 기능을 하는 것이다.

(a) (b) (c) (d) (e)

사진 3.54 잠수형 가동교 (https://youtu.be/AJihG6QgK8Y)

5. 수납교

교량의 상부구조를 동력장치를 이용하여 종방향으로 움직이게 하는 방식의 가동교를 **수납교**(Rolling Draw Bridge, Retractable Bridge) 또는 **전개교**라 한다. 사진 3.55의 (a)와 같이 덴마크 코펜하겐의 뉘하운 운하에 건설되어 있는 운하교는 사진 (b)와 같이 가동된 상태가 되면 선박이 통행하게 되는 교량이다. 이 경우에 교량의 규모가 크면 가동을 위해 큰 동력을 필요로 하는데, 사진 (c)는 이와 같은 전개교를 가동하기 위해 상부구조의 하부에 설치된 휠(Wheel) 장치이다.

(a)

(b)

(c)

사진 3.55 전개교

3-6 교량의 상부구조는 어떤 형상으로 만들어 지는가?

교량의 상부 구조란 교대나 교각 위에 설치되는 교형을 포함하는 구조를 의미하는데, 이는 형상에 따라 구조 해석법이 달라진다. 교량을 분류할 때 상부구조의 형식으로 분류하는 것이 일반적인 분류법으로 알려져 있다. 상부구조의 형상으로 슬래브교, 강절 프레임교(문형, π 형 라멘교), 거더교[단순형교, 연속형교, 캔틸레버형교(게르버형교)], 트러스교, 아치교, 현수교, 사장교 등으로 분류할 수 있다.

1. 슬래브교

교량의 상부구조가 슬래브로만 이루어진 교량으로 콘크리트 슬래브가 상부 하중을 받아서 거더를 거치지 않고 바로 하부구조로 전달되는 교량이 **슬래브교(Slab Bridge)**이다. 사진 3.56의 (a)~(c)와 같은 형식으로 건설되는 슬래브교에 이용되는 슬래브는 RC Slab, PC Slab, 중공 Slab 등이 있다.

(a)

(b) (c)

사진 3.56 슬래브교

슬래브교는 일반 거더교에 비해 형고가 낮으므로 형하 공간의 제약을 받는 곳에 유리한데, 소규모의 하천에 교량을 건설하거나 고가교 등에 적당한 형식이다. 단순교 형태의 슬래브교는 5~15m, 연속교 형태의 경우는 10~30m 정도의 지간일 때 적용하면 좋으며, 이 교량의 일반적인 슬래브의 두께는 보통 지간장의 1/16~1/20 정도가 적당하다.

2. 라멘교

상부구조와 하부구조를 강절(Rigid Joint)로 결합하여 일체형으로 시공한 라멘 형태의 교량이 **강절 라멘교(Rigid Frame Bridges)**이다. 이와 같은 형식은 사진 3.57의 (a)와 같은 π형 **라멘교** 등이 있으며, 이런 교량은 지간내의 휨모멘트를 감소시키는 대신 이를 교대나 교각에 부담하게 하는 형식이다. 사진 (b)와 같이 문형 라멘이 연속된 형태의 교량도 있으며, 이는 교각의 높이가 높지 않는 중간 규모 경간의 교량에 사용하는 것이 경제적이고, 경사 교량 등에 적합한 형식이다.

(a) (b)

(c)

사진 3.57 라멘교

라멘교는 50m 정도의 지간까지 신축이음 없이 시공이 가능하며, 같은 지간의 단순보에 비해 유지관리가 쉽고 주형의 두께를 작게 할 수 있기 때문에 미관이 좋다. 사진 (c)는 거더가 교량의 슬래브를 지지하는 거더교 방식이지만 이들 상부가 교좌장치 없이 교대에 고정되어 있는 라멘교의 시공사례이다.

3. 거더교

바닥판에서 전달된 하중을 I형 단면의 거더나 상자형 단면의 거더(박스거더)가 부담하는 교량을 **거더교(Girder Bridge)**라 하며 **형교**라 하기도 한다. 거더교는 보통 철근 콘크리트로 만들어진 슬래브를 세로보(강, 철근 콘크리트, PS콘크리트)로 지지하는 방식이며, 가장 단순하고 경제적으로 시공할 수 있는 교량이다. 이 교량은 하중의 전달경로가 '슬래브→보→교대(또는 교각)'로 이어지고, 짧은 경간의 교량에 적합하다. 일반적으로 거더교는 20~150m의 지간에 적용되는 교량형식이지만, 지지 방식을 불문하고 60m 정도의 경간에 경제적인 형식이다.

(1) 거더의 지지 방식에 따른 분류

① 단순교

주형이나 주 트러스의 양단에서 단순보 형태로 지지하는 교량을 **단순교**(Simple Beam Bridge)라 한다. 이의 사례인 사진 3.58의 (a)는 강박스 거더교 형식이며, 사진 (b)는 콘크리트 거더교 형식의 단순교이고, 사진 (c)는 아치교 형식의 단순교이다. 이와 같은 단순교의 시공법은 공장에서 제작된 상부구조(거더, 아치 등)를 사진 (d)와 같이 크레인으로 들어 올려서 시공하는 것이 일반적인 공법이다.

(a) (b) (c) (d)

사진 3.58 단순교

② 연속교

2경간 이상의 연속된 거더를 사용한 사진 3.59의 (a), (b)와 같은 교량 형식을 **연속교**(Continuous Girder Bridge)라 한다. 연속교는 휨모멘트나 전단력이 감소되어 경제성, 사용성, 기능성 등 여러 요건이 단순교나 게르버교 형식에 비해 우수하다. 그러나 보통의 경우에 연속교는 부정정 구조이므로 부등 침하가 우려되는 연약 지반에 적용할 경우는 주의해야 한다. 또한 Creep에 의한 변형이나 수축 또는 온도 변화 등에 의하여 내부 구속력이 발생하는 단점도 있다. 그러나 사진 (b)에 소개된 철도교는 콘크리트 거더교 형식의 단순보를 연속 형태로 시공된 사례이다. 사진 (c)는 트러스 구조를 연속보 형식으로 건설한 사례이다.

(a)

(b)

(c)

사진 3.59 연속교

③ 게르버교

게르버교(Gerber Girder Bridge)는 연속교의 메인 거더의 중간에 사진 3.60과 같이 힌지(Hinge)를 설치하여 정정구조로 만든 교량이다. 형교와 트러스교에서 많이 적용되는 게르버교는 정정 구조물이므로 해석 및 설계 과정이 간단하며, 연속교 형식에서 우려되는 단점들을 피할 수 있는 교량 형식이다.

(a) (b)

사진 3.60 게르버교

그러나 이 형식은 모멘트 재분재가 이루어지지 않는 구조이므로 연속교 형식의 교량에 비해 내하력이 부족하다. 또 힌지부의 시공이 어렵고 장기적으로 볼 때 힌지부에서 여러 문제점이 발생될 수 있으므로 근래에는 잘 사용하지 않는다. 그리고 콘크리트 교량의 경우 크립(Creep, 시간과 관련되는 처짐)에 의한 처짐이나 처짐각(변형각)에 대해 구속력이 없어 장기적인 변형이 크게 일어난다. 그리고 연속교 형식에 비해 신축 이음 장치가 많아지므로 차량의 주행성이 좋지 않다. 일반적으로 이 형식은 교대측 경간이 짧은 경우에만 적용성이 좋으며, 내부 힌지부의 열화 현상(피로, 지연파괴, 부식 등)과 배수불량의 문제로 손상이 발생되는 경우도 있다. 따라서 이와 같은 단점으로 서비스의 질이 저하되기 쉽고, 구조물의 안전에 심각한 영향을 줄 수도 있는 구조형식이다.

(2) 거더를 구성하는 부재의 종류에 따른 분류

거더의 형상에 따라서 사진 3.61~3.63과 같이 *I* 형 거더교, 박스 거더교, 원형 거더교 등으로 시공되는 형식이다.

① *I* 형 거더교

이 교량은 오래된 교량형식으로 **형교**(Girder Bridge) 또는 **판형교**(Plate Girder Bridge)라 부르기도 하는데, 경제적이고 단순한 형태로 설계 및 제작이 쉬워 과거에 많이 사용된 형식이다. 이는 사진 3.61의 (a)와 같은 방식의 교량으로, 주로 50m 이하의 지간에 이용되는 방식이다. 사진 (b)는 철근 콘크리트보에 프리스트레스를 도입한 PC보(PSC빔)의 시공사례이다.

(a)

(b)

사진 3.61 I 형 거더교

② 박스형 거더교

이 교량은 거더가 박스형으로 된 교량형식이며, 이는 강성이 커서 주로 장지간이나 곡선교에 이용된다. 사진 3.62의 (a)는 강박스 거더교(Steel Box Girder Bridge)로 건설된 도로교이고, 사진 (b)는 콘크리트(PSC) 박스 거더교(Prestressed Concrete Box Girder Bridge)로 시공된 철도교의 사례이다. 사진 (a)에 소개된 강박스 거더교의 좌측에 보이는 경사 부재가 있는 돌출 부분은 강박스에 캔틸레버 형식으로 시공되는 경우가 많다.

사진 (c), (d)는 변단면으로 시공된 강박스형 거더교인데, 보도교로 건설된 시공사례이다. 사신 (e)는 교각을 중심으로 좌측과 우측이 각각 콘크리트 박스기더와 강박스 거더로 건설된 철도교인데, 이는 우측 경간의 길이가 길기 때문에 강박스형으로 건설된 사례이다.

(a)

(a)

(c)

(d)

(e)

사진 3.62 거더교

③ 원형 거더교

교량의 거더는 드물게는 원형의 거더를 이용하기도 하는데, 이런 원형거더는 휨거동을 하는 일반 형교의 경우에 유리한 단면 형상이 아니다. 이는 비교적 재하하중이 작은 보행자용의 교량 건설에 적용되는 사례가 많이 있다. 사진 3.63의 (a), (b)에 소개된 교량은 부산 시민 공원과 주변의 산을 연결하는 보도용의 에코브릿지인데, 사진 (a)에 소개된 원형 단면의 거더는 하중의 대부분을 사장재가 부담하는 사장교에 적용된 특별한 경우이다. 사진 (c), (d)는 원형 거더로 건설된 보행자용 육교(Pedestrian Bridge)의 시공사례이다.

(a)

(b)

(c)

(d)

사진 3.63 원형단면의 거더

④ 기타 거더교

이외에도 Preflex빔교, T형빔교, U형빔교, 격자형 거더교, 합성 거더교 등이 있다.

(3) 바닥판과 거더의 연결 유무에 따른 분류

① 합성형교

바닥판과 거더가 그림 3.1의 개념과 같이 강결 형식으로 연결되어 거더와 슬래브의 두 부재가 일체로 시공된 교량을 **합성형교**(Composite Girder Bridge)라 한다. 이는 그림 3.1의 전단 저항 방식의 개념으로 시공되는 구조물이다.

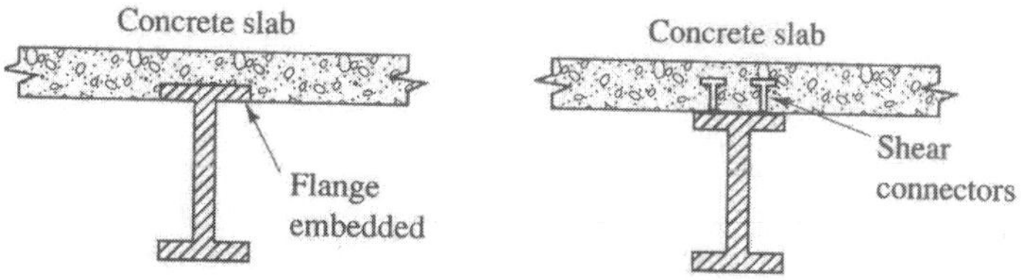

(a) (b)

그림 3.1 전단 저항 방식

시공 사례로는 사진 3.64의 (a)와 같은 강박스 거더와 철근콘크리트 슬래브가 일체로 거동하도록 한 것으로, 사진 (b)와 같은 방식의 전단 연결재 위에 포장을 하는 형식의 교량이다.

(a) (b)

사진 3.64 합성형교

② 비합성형교

바닥판과 거더가 강결로 연결되지 않은 방식의 교량을 **비합성 형교**(Non-composite Girder Bridge)라 한다.

4. 트러스교

거더 대신에 직선 부재를 연속된 삼각형의 뼈대 구조로 조립한 그림 3.2와 같은 (a)Warren 트러스, (b)Pratt 트러스, (c)Parker 트러스 등을 이용한 교량이 **트러스교**(Truss Bridge)이다. 일반적으로 트러스는 평면트러스(Plane Truss)와 공간트러스(Space Truss)로 구분하며, 특히 최근에는 박스 거더의 복부를 강관 등의 부재로 치환하여 트러스 구조화한 **복합트러스**(Complex Truss)도 이용되고 있다.

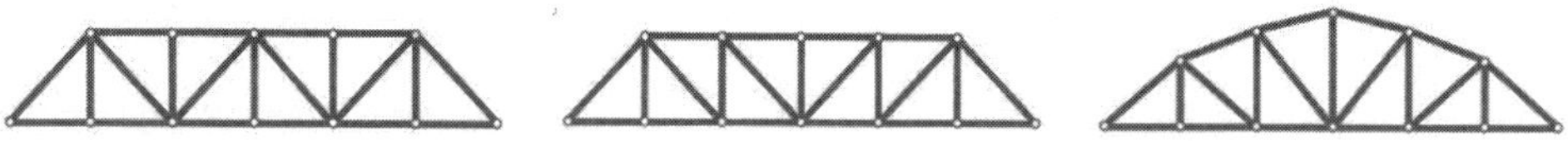

(a) (b) (c)

그림 3.2 교량 트러스의 종류

트러스교의 시공사례는 많이 있으며, 지점의 지지 방식에 따라서 단순 트러스교, 연속 트러스교, 게르바 트러스교 등으로 사용되고 있다. 트러스의 절점(연결부)은 사진 3.65와 같이 시공되어 있으며, 이때 사진 (a)와 같이 연결되는 아이바의 구멍이 마모되면 핀 결합의 기능을 못하게 된다. 그러므로 연결부를 사진 (b), (c)와 같이 리벳을 이용한 **거셋 플레이트**(Gusset Plate) 방식으로 결합한 트러스가 이용되었으나, 지금은 사진 (d)와 같이 고장력 볼트나 용접한 방식이 이용된다.

(a)

(b)

(c)

(d)

사진 3.65 트러스의 연결부

트러스교는 경간이 길어지면 판형교보다 사용 강재가 적어 경제적이나, 각 부재의 제작에 많은 시간이 소요되는 단점도 있다. 그러나 트러스 구조의 개별 부재는 크기가 작고 가볍기 때문에 운반로의 확보가 곤란한 산간벽지 등과 같은 곳에 건설하기 유리한 형식이기도 하다. 트러스교의 시공사례는 사진 3.66과 같은 많은 사례가 있으며, 최근에는 사진 (d), (e)와 같은 방식의 합성형 교량도 시공되고 있다. 이와 같은 합성형의 구조는 상부와 하부는 판구조이고 복부는 트러스형으로 건설되는 형식이다. 이는 기존의 박스 거더교를 경량화하기 위하여 박스의 웨브 부분을 강부재(트러스 부재)로 대체한 **복합트러스** 형식의 구조이다. 이런 형식의 교량을 **합성교**(하이브리드교)라고도 할 수 있다.

(a)

(b) (c) (d) (e) (f) (g)

사진 3.66 트러스교

트러스교는 과거에는 경간이 20~40m 정도인 경우에 많이 이용되었지만, 건설 재료나 건설 공법의 발달로 지금은 경간이 50~500m 정도에도 가능한 형식이다. 도로교에서는 100m이상, 철도교에서는 80m이상인 경간의 교량에 적용하면 경제적이나, 여러 크기의 부재가 다방향으로 배치되어 외관상 복잡한 경우는 미관이 좋지 않아 특별한 경우에만 적용하고 있다(과거에는 이런 경우가 많았음). 교통 하중의 특성상 도로교가 철도교보다 가볍고 도로는 철도보다 넓기 때문에 도로교의 트러스 간격은 철도교의 그것보다 더 넓다. 일반적으로 트러스교의 경우 복부판은 경제성, 제작, 운반, 가설상의 제약이 있지만, 높이를 크게 하면 휨모멘트에 유리하다. 또 각 부재에 작용하는 하중은 축력만 고려하므로 구조가 단순하고 확실하다. 그리고 상현재의 위치에도 노면 설치가 가능하기 때문에 사진 3.66의 (c), (f), (g) 등의 사공사례와 같이 2층 구조의 교량 형식에도 좋다. 특히 작은 부재를 순차적 조립하여 큰 강성을 얻을 수 있으므로 외팔보 공법(FCM)에 유리한 교량 형식이기도 하다.

5. 아치교

하중이 축방향 부재의 압축력으로 지점에 전달되도록 만들어진 구조 형식이 아치(Arch) 구조이다. 이 구조 형식은 수평 반력에 의해 아치리브(Arch Rib, 아치의 곡선부재)의 모멘트를 감소시켜 축방향 압축력으로 단면을 설계되는 구조이다. 아치교는 휨부재가 없었던 시대에 재료사용의 한계 때문에 적용한 구조형식인데, 이는 교량이나 건축구조의 형식 중에서 건설의 역사가 가장 오래된 형식이다. 아치교는 **홍예교, 무지개 다리**라 하기도 하며, 이 형식은 축력을 고려해서 단면의 설계하므로 휨을 고려해 설계하는 형교에 비해 단면을 유효하게 사용할 수 있다. 그리고 비교적 장지간의 교량에 적합하며, 곡선을 이용하므로 다른 구조 형식에 비해 미관이 우수하고, 형하고를 확보하기에 유리하다. 그러므로 교량 아래에 선박 등이 통과할 교하공간의 확보에 적합하고, 특히 구조의 특성상 지점부의 수평 반력이 중요하므로 이의 설계와 시공도 중요하다.

아치교(Arch Bridge)는 사진 3.67의 사례처럼 다양한 형식으로 시공되고 있으며, 현재는 주로 강아치(Steel Arch)로 시공되는 경우가 많다. 이는 많은 시공관리가 필요한 콘크리트 아치에 비해 시공이 간단하고 미관이 우수하기 때문이다. 아치교는 주위의 경관과 조화를 이루도록 한 교량으로 Tied Arch, Langer Arch, Lohse Arch, Nielsen Arch 등 다양한 형식으로 이용된다. 아치구조는 건축구조에도 많이 적용되고 있으며, 교량구조에는 경간장이 40~150m 정도가 되는 지형에 적용할 수 있다.

(a)

(b)

(c)

(d)

(e)

(f)

(g)

(h)

(i)

(j)

사진 3.67 아치교

사진 (a)에 소개된 Gard교는 프랑스의 남부에 건설된 로마시대의 대표적인 석조 아치교인데, 수로교의 용도로 건설된 지 2,000년 이상 되는 교량이다. 사진 (b)는 1188년 프랑스 아비뇽(Avignon)의 교황청 앞을 흐르는 론강에 건설된 22경간의 아치교(홍예교)인 **생베네제교**이다. 이 교량은 지간이 31~34m이나, 교량의 대부분은 소실되고 현재 4경간만 남아 있다. 그리고 사진 (c)는 최근에 건설된 고속 철도용의 콘크리트 아치교의 시공사례인데, 이와 같은 콘크리트 아치 형식은 장점도 있지만 시공과정이 복잡한 단점이 있다. 이 외에도 사진 3.67에 소개된 나머지 교량들은 강아치 형식의 시공사례들인데, 이와 같이 강재로 건설된 교량은 미관을 고려한 시공에 유리한 장점이 있다. 특히 사진 (j)에 소개된 아치교는 다양한 이유로 이런 형태로 시공되었지만 라이즈 높이(아치 구조의 바닥에서 정부까지의 거리)와 지간의 비가 작을수록 아름다워지는 기준을 고려해 볼만 하다.

최근의 교량 시공현장은 트러스 구조나 강아치 구조 등을 현장에서 개별 부재를 조립하여 시공하는 경우는 드물다. 주로 육상에서 상부구조를 조립하는 동시에 현장에서는 하부구조를 시공하고, 조립된 상부구조를 대형 크레인을 이용한 '**헤비 리프트**(Heavy Lift)' 공법으로 현장에서 시공한다. 최근에 시공되고 있는 서해안선 철도의 아치교 시공현장은 이와 같은 공법을 적용한 시공사례이다.

(a)

(b)

(c)

사진 3.68 교량의 시공

사진 3.68은 헤비 리프트 공법의 시공사례이며, 이 공법은 현장의 안전관리, 시공관리, 그리고 공기 단축 등 많은 장점이 있다. 이와 같은 공법은 해상 크레인의 권상 능력이 10,000톤에 이르는 초대형 크레인이 개발되면서 가능해 졌고, 이로 인하여 시공이 간단하고 공기 단축이 가능하게된 것이다. 그러나 건설현장에서 대형 크레인의 이용하는 것은 많은 경비가 소요되므로 시공현장은 대형 크레인의 작업환경에 대한 철저한 사전준비가 필요하다. 예를 들어 대형 장비가 작업장에 진입하는데 필요한 수심의 확보와 항로상의 장해물은 사전에 조사되어야 하는 것 등이다. 사진 3.68은 1990년대에 대형 크레인을 이용한 통영대교의 시공사례를 소개한 것이다.

제4장

특수교량

4-1 현수교

현수교(Suspension Bridge, 적교, 조교)는 주탑의 새들(Saddle)에 케이블을 걸고 이를 앵커블록(앵커리지)이나 보강형(상판)에 연결한 교량형식이다. 현수교의 원리는 옛날 시골집의 마당에 빨래를 건조하기 위한 줄(빨랫줄)을 윗채와 아랫채의 추녀에 매달고 중간 부분인 마당에서 대나무 봉(장대)으로 빨랫줄을 지지하던 원리와 같다. 일반적인 현수교는 주탑, 앵커블록, 케이블, 상판(보강형)으로 구성되어 있으며, 현수교는 주경간의 길이가 200~2,000m 정도인 장경간의 경우에 적합한 교량형식이다. 특히 현수교는 중앙 경간(주탑 사이의 경간, 주경간)이 400m 이상일 경우는 트러스교나 사장교보다 경제적인 교량형식으로 알려져 있는 대경간의 시공이 가능한 구조형식이다.

현수교의 일반적인 형식은 사진 4.1의 (a)에 소개된 광안대교와 같이 앵커리지를 시공하여 주 케이블을 연결하는 **타정식 현수교**이다. 그러나 사진 (b)와 같은 1주탑의 단경간 현수교(단등교)도 시공되고 있고, 최근에는 사진 (c)와 같이 3주탑의 다경간 현수교(천사대교)가 건설되기도 했다. 특히 보행자 용으로 많이 건설되는 사진 (d)의 무주탑 현수교(출렁다리)는 주로 관광용으로 건설되는 추세이다. 또한 일반적이지 않지만 영종대교나 사진 (e)의 소록대교 등과 같이 주 케이블을 보강형(상판)에 연결한 방식의 **자정식 현수교**의 사례도 있다.

(a)

(b)

(c) 사진 : 대림산업

(d)

(e) 사진 : http://tour.goheung.go.kr/tour/

사진 4.1 현수교의 종류

현수교는 일반적인 경우에 2개의 주탑으로 지지하는 교량 형식이지만, 경우에 따라서 1개의 주탑이나 3개의 주탑 형식도 있다. 이와 같이 현수교는 경간의 길이에 비해서 최소한의 주탑만으로 시공이 가능하므로 수심이 깊거나 하부구조를 설치하기 곤란한 지형에 적당한 교량 형식이다. 그러나 주탑이나 앵커리지를 설치하는 위치(해상, 육상)나 방식에 따라 건설비의 차이가 크기 때문에 이에 대한 검토가 필요하다.

현수교는 활하중이나 풍하중에 의한 변형과 진동을 방지하기 위해 상판의 보강이 필요한 구조이며, 특히 상판(보강형)은 풍하중에 유리한 단면으로 건설해야 한다. 최근에 이순신대교와 천사대교 등은 진동으로 교량의 변위가 크게 발생하여 교통이 차단되는 사례가 있었다. 이와 같이 큰 변위가 발생한 원인은 잠정적으로 바람에 의한 것으로 분석되었지만, 이런 현상에 대해 다양한 측면에서 정확한 검토가 요구된다. 특히 현수교는 주탑의 건설비가 전체 건설비의 많은 부분을 차지하므로 해상보다는 육지에 건설하는 것이 경제적이다. 또한 해상에서 주탑 공사가 진행되면 어업권과 관련된 많은 민원이 발생할 수 있으므로 이런 점도 유의해야 한다. 그러므로 주탑의 위치는 아주 중요하며, 주탑의 형상도 전체 교량의 미관에 큰 영향을 미치므로 지역의 인문학적인 특성 등을 반영하여 다양한 모양으로 시공하도록 한다. 현수교는 미국의 금문교, 일본의 아까시 대교, 세토대교군의 연속 현수교, 터키의 보스포러스 3교(사장·현수 복합교), 세계 최장인 차나칼레대교 등 많은 시공사례가 있다. 그리고 국내에도 광안대교, 영종대교, 이순신대교, 천사대교, 울산대교, 노량대교, 단등교 등 각각의 특성을 가진 많은 시공사례가 있는데, 이들은 주로 해상 장대 교량에 적용된다.

남해대교는 1973년에 한국 최초의 현수교로 사진 4.2의 (a)와 같이 건설되었으며, 2000년에는 국내 최초의 자정식 현수교인 영종대교가 완공되었는데, 이는 2층교 형식으로 하층에는 기차, 상층에는 자동차가 통행하는 혼용교이다. 2003년에는 사진 (b)와 같은 2층교 방식의 광안대교가 완공되었고, 2013년에는 사진 (c)와 같은 국내 최장의 이순신대교가 건설되었다. 이순신대교는 중앙 경간(주경간)의 길이가 1,545m로 국내 최장이며, 콘크리트로 시공된 주탑의 높이는 270m에 이른다.

(a)

(b)

(c)

(d)

(e)

(f) (사진 : 남해군청)

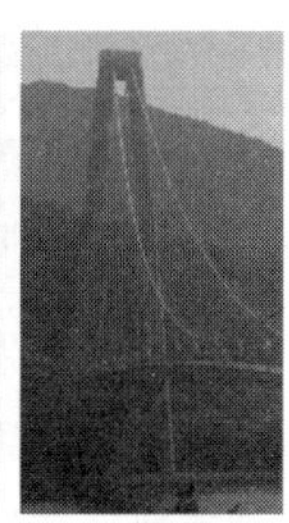

(g)

사진 4.2 현수교

2019년에는 국내 최초이고 유일한 3주탑(높이 151m, 164m, 151m)의 현수교(4경간의 **다경간 현수교**, 길이 1,750m)인 천사대교가 건설되었다. 그리고 사진 (d), (e)는 주케이블(모노케이블)이 교축을 따라 시공된 독특한 방식의 자정식 현수교인 소록대교이다. 사진 (f)는 **경사 주탑**이고 **단경간 현수교**인 **노량대교**인데, 이는 사진 (g)와 같이 주 케이블이 3차원으로 배치(주탑에서 내려올수록 주 케이블의 간격이 넓어짐)된 현수교이다.

1988년 일본에서는 사진 4.3의 (a)와 같은 철도와 도로 병용의 2층교 형식으로 **연속현수교**가 건설되었는데, 이 교량은 2개의 연속된 현수교가 바다에 설치된 **공유 앵커리지**의 좌우에 연결되어 있는 특징을 가지고 있다. 이와 같은 교량들은 일본이 세계적으로 교량건설의 주도적인 역할을 하던 시대에 일본의 내해(시코쿠 주변의 바다)에 건설된 대표적인 교량으로 다양한 형식의 교량군의 하나이다. 특히 이 현수교는 세토대교(사장교, 현수교, 트러스의 3종류로 연결한 교량군)의 한 부분으로 하부에는 4차선의 통행이 가능한 철도선로가 계획되어 있으나, 지금은 2차선만 이용되고 있다. 그리고 1998년에는 순수한 도로 교통용의 현수교로서 그 당시에 세계 최장이었던 사진 (b)와 같은 **아카시대교**가 건설되었다. 이는 중앙지간의 길이가 1,991m이고, 주탑의 높이는 298.3m로 차나칼레 대교(2022년 준공, 주경간장 2,023m)가 준공되기 전에는 세계에서 주경간의 길이가 가장 긴 현수교였다. 특히 아까시 대교는 건설 과정 중에 지진에 의한 지반침하가 발생하여 주탑 사이의 길이가 1m 늘어나기도 했다.

(a) (b)

사진 4.3 일본의 현수교

특히 우리기술로 건설된 주목할 만한 교량인 터키의 **보스포러스 3교**는 사진 4.4의 (a)와 같은 사장교와 현수교 형식이 혼용된 교량으로 **사장·현수 복합교**라 한다. 이는 2016년에 준공된 철도교와 도로교, 보도교, 자전거교를 혼용한 교량으로 최대 하중에 의한 과도한 변위를 극복하기 위하여 복합교 형식을 채택한 교량이다. 또한 2022년에 준공되어 세계 최장의 현수교로 기록된 사진 (b)와 같은 **차나칼레대교(Canakkale Bridge)**도 순수 우리기술로 건설되었다. 이는 터키의 다르다넬스 해협에 BOT방식으로 건설된 교량으로 주경간장이 2,023m이다. 참고로 차나칼레대교의 공식 명칭은 '1915 Canakkale Bridge'로 이는 터키의 역사성을 내포하는 이름이기도 하다.

(a) (https://blog.naver.com/hyundai_blog)

(b) (사진 : DL이엔씨)

사진 4.4 터키의 현수교

1. 현수교의 구조 요소

(1) 주탑

현수교의 주탑은 사진 4.5의 (a)~(j)와 같이 다양하게 건설되고 있는데, 이는 설계자의 디자인 의도가 가장 적극적으로 반영될 수 있는 부분이기도 하다. 그러므로 가능하다면 주탑의 설계시에 지역의 역사성과 인문학적인 특성을 반영하여 형상을 결정하는 것이 좋다. 특히 이와 같은 인문학적 특성이 잘 표현되는 사례를 보면 이슬람권에서 건설되는 현수교의 경우는 주탑의 정부를 이들을 가장 잘 나타내는 모스크 등의 형상으로 시공한 것 등이다. 이는 사장교의 주탑에도 다양하게 적용되는 사례를 많이 볼 수 있다. 그리고 주탑은 재료의 특성과 구조 공학적인 우수성은 물론이고, 지형적인 특성을 고려하여 다양한 형상으로 시공되도록 한다.

주탑의 재료는 현수교 건설의 초창기에는 석재를 이용하였으나, 이후에는 강재를 이용하여 건설하기도 했으며, 지금은 콘크리트를 이용하여 건설하는 경우가 많다. 과거에는 모든 교량이 그랬지만 주탑을 건설할 때 사진 (a)와 같이 화려하고 과감하게 장식하였다. 이런 과정을 통해서 그 시대의 트렌드를 반영한 고색창연한 분위기가 연출되도록 건설되었지만, 지금은 외형이 단순화되고 있다. 특히 사진 (f)와 같이 구조적으로도 유리한 경사 주탑의 형식(8° 경사)으로 시공된 노량대교의 사례도 있다.

사진 4.5 주탑의 형식

주탑의 정부에는 **새들**을 설치하여(주탑 및 앵커리지 위에 설치)하여 주 케이블을 직접 지지하고, 주 케이블의 하중을 주탑 및 앵커리지에 전달하는 기능을 하도록 한다. 주탑에는 **탑정 새들**이 설치되고 앵커리지에는 **스프레이 새들**이 설치되는데, 사진 4.6의 (a)는 울산대교의 주탑 위에 설치된 탑정 새들의 모형이다. 그리고 사진 (b)는 이순신대교의 새들 모형이고, 사진 (c)는 이순신 대교의 탑정 새들의 시공사례이다.

(a) (b) (c)

사진 4.6 탑정 새들

특히 해상 장대교량의 대표적인 형식인 현수교는 전체 공사비나 공기의 측면에서 보면 주탑의 건설 위치가 아주 중요한 요소가 된다. 전체 공사비의 많은 부분을 차지하는 주탑을 해상에 시공하는 경우는 **축도**(섬을 만들어 육지화 함) 등의 공정이 있으므로, 전체 공기나 공사비에 큰 영향을 미친다. 또한 건설과정 중에 선박을 이용한 각종 장비나 자재운반의 문제 등 고려할 요소가 많이 있다. 특히 이와 같은 공정이 진행되는 동안 주변 해역의 어업권 보상과 같이 어민들이 제기할 가능성이 많은 민원 문제를 해결해야 하는 경우도 있다. 그러므로 가능하다면 육상에 주탑을 설치할 수 있는지를 검토하는 것이 좋다.

(2) 앵커리지

앵커리지(Anchorage, **앵커블록**, Anchor Block)는 주탑과 함께 현수교의 하중을 지지하는 중요한 구조체이며, 자중과 흙과의 마찰력 등을 고려하여 그 규모가 결정된다. 현수교의 일반적인 형식인 앵커리지가 필요한 **타정식 현수교**는 광안대교, 노량대교, 이순신대교, 세토대교, 울산대교, 아까시대교, 차나칼레대교 등이 있다. 시공현장의 조건에 따라 다르게 적용되는 앵커리지의 구조형식은 중력식(Gravity Type), 지중 정착식(Rock Anchored Type), 터널식(Tunnel Type)이 있으며, 이는 시공 현장의 여건을 충분히 검토하여 적당한 형식으로 결정하도록 한다. 사진 4.7의 (a)~(f)는 전형적인 타정식 현수교 형식으로 건설된 앵커리지의 시공사례인데, 이들은 형상과 설치되는 위치는 다르지만 그 기능은 같다. 특히 사진 (e)는 국내의 시공사례는 없지만, **공유 앵커리지**로 건설된 것인데, 이를 중심으로 좌·우에 현수교가 건설되는 방식이다.

(a) (b) (c) (d) (e) (f)

사진 4.7 앵커리지 방식

중력식(Gravity Type) 앵커블록은 기초와 앵커리지를 일체로 시공하여 자중으로 미끄러짐이나 전도에 저항하는 방식이다. 중력식은 가장 일반적인 현수교의 앵커리지의 시공법이며, 사진 4.7의 (a)~(e)에 그 시공사례를 소개하였다. 특히 사진 (c)는 아까시대교의 혼슈측 앵커리지 내부에 전시장 등의 공간을 만든 앵커블록이다. 또한 사진 (e)는 **연속 현수교** 형식에서 시공되는 공유형의 중력식 앵커블록인데, 연속 현수교는 공유 앵커리지의 좌우에 일반 현수교가 시공된 사례로 흔한 형식은 아니다.

지중 정착식(Rock Anchored Type) 앵커블록은 앵커리지 부근의 견고한 암반을 PC강연선 등으로 일체화시켜 정착시키는 방법이다. 이순신대교의 경우에는 묘도측 앵커리지를 이 방식으로 건설하였다. 그리고 현장의 조건에 따라서 터널을 굴착하여 그 내부에 앵커블록을 설치하는 사진 (f)와 같은 **터널식(Tunnel Type) 앵커블록**의 사례도 있다. 이는 터널을 굴착하여 그 내부에 정착부를 시공하고, 이 정착부에 주 케이블을 연결하여 하중에 저항하는 방법이다. 이와 같이 터널식 앵커리지로 시공된 사례는 일본에 2건이 있고 국내에는 울산대교가 유일하다. 울산대교의 경우에 염포산 측의 앵커리지를 사진 4.8의 (a)와 같은 설계로 사진 (b)와 같이 시공하였고, 사진 (c)와 같이 완공하여 사용중에 있다. 그러나 **자정식 현수교**에는 주 케이블을 보강형에 고정하는 방식이므로 앵커리지가 없다.

(a) (b) (c)

사진 4.8 터널식 앵커리지

(3) 보강형

현수교의 상판(자동차 기차 등의 교통류가 접촉하는 바닥판)을 **보강형(Stiffened Girder)**이라 한다. 장대 현수교의 경우에는 풍하중에 유리한 단면으로 설계된 트러스(Truss) 형식이나 박스거더(Box Girder) 형식의 보강형이 많이 이용된다. 특히 트러스 형식의 보강형은 영종대교나 광안대교 등과 같이 2층교의 형식으로 건설하는 경우에 유리한 형식이기도 하다. 지금의 현수교는 해석이론이 발전되면서 비교적 작은 상판(보강형)으로 시공할 수 있게 되었지만, 초창기에는 공기 역학적인 거동특성으로 발생되는 변위를 무시한 결과 교량이 붕괴되는 심각한 사고를 경험하기도 했다. 이와 같은 붕괴의 대표적인 사례는 Tacoma Narrow Bridge의 붕괴사고인데, 이는 보강형의 설계결함으로 붕괴사고가 발생한 것이다. 이 교량은 주경간이 853m인 현수교로 타코마 지역에 건설된 교량인데, 1940년에 비교적 약한 바람임에도 진동이 발생하여 붕괴되었다. 이 붕괴 사고는 풍속 18[m/sec]의 바람에 의해 발생된 굽힘 및 비틀림 진동의 결과로 발생한 것이다. 당시 붕괴되었던 이 교량의 상판은 수평 보강재가 없는 보강형으로 높이가 2.45m의 플레이트 거더로 건설된 교량이었다. 이와 같은 상판은 굽힘(Bending) 및 비틀림 강성(Torsional Stiffness)이 극단적으로 작았고, 상판의 경량화를 추구한 결과 극관성 모멘트도 작아진 단면이 되었다. 이 결과 내풍 안정성이 열악한 구조의 교량이 되어 강풍에 의하여 보강형이 극단적인 진동을 일으키게 된 것이다. 이런 붕괴 사고를 계기로 교량

기술자들은 바람의 영향을 받는 지역에 건설되는 장대교량은 **공기역학**(Aero Dynamic)의 특성을 고려하게 되었으며, 이것이 현수교의 설계 과정의 하나가 된 것이다. 이를 보완하는 방법으로 사진 4.9와 같이 보강형의 하부에 강선을 시공하여 진동을 막기도 한다.

(a)

(b)

사진 4.9 진동에 대한 보강

공기 역학적인 측면에서 수평방향의 풍하중은 보강형의 단면을 결정하는 중요한 요소인데, 풍하중의 영향을 줄이기 위해서는 바람을 받는 면적이 작고 항력계수가 작은 거더(보강형)의 개발이 필요하다. 1980년대에 들어 일본에서는 트러스 보강형의 현수교가 많이 건설되었는데, Akashi Kaikyo Bridge는 이 형식의 보강형으로 시공된 대표적인 사례이다.

보강형의 종류는 강보강형, 콘크리트 보강형, 그리고 강합성 보강형 등이 있으며 교량의 재하하중에 따라 적당한 형식으로 결정한다. 일반적으로 자중의 경감이 요구되는 경우에는 강보강형으로 시공하지만, **사장·현수 혼용교**인 보스포러스 3교는 구간에 따라 강보강형과 콘크리트 보강형을 혼합하여 사용한 대표적인 사례이다.

현수교의 보강형의 시공 사례는 사진 4.10에 소개하였는데, 사진 (a)는 광안대교, 사진 (b)는 아까시대교(일본)의 경우에 적용된 트러스형의 보강형으로 시공된 것이다. 강보강형의 시공사례는 사진 (c)의 이순신 대교와 사진 (d)의 보스포러스 1교(터키의 보스포러스 해협), 그리고 사진 (e)의 노량 대교의 보강형 등이 있다. 사진 (f)는 보스포러스 3교의 강보강형의 시공 사례로 이들은 모두 공기의 흐름을 고려한 단면으로 시공된 보강형이다.

(a) (b) (c) (d) (e) (f)

사진 4.10 현수교의 보강형

(4) 케이블

① 케이블의 특성

현수교의 주 케이블(Main Cable)은 사진 4.11의 (a)와 같이 소선들의 다발로 이루어져 있으며, 사진 (b), (c)와 같이 래핑(Wrapping)한다. 그리고 주탑과 앵커리지에 연결되어 주 케이블이 지지되는데, 주 케이블에 사진 (b), (c)와 같은 다양한 연결구를 부착하여 수직 강선인 현수재(Suspender)가 주 케이블에 매달리는 형태로 시공되는 것이 일반적이다.

(a)

(b)

(c)

사진 4.11 케이블 상세와 연결구

그러나 경우에 따라서는 주 케이블에 현수재를 경사형으로 보강형(트러스형이나 박스형 등의 상판)을 매달거나, 수직이나 경사형을 혼합하여 매달기도 한다. 케이블의 단면적은 각 강선의 단면적을 합친 것인데, 이를 **유효 단면적(Effective Area)**이라 한다. 케이블의 **탄싱계수(유효계수 : Effective Modulus)**는 케이블 재료의 탄성계수보다 작으므로 실세 신장량 등을 구할 경우에는 이들 값의 적용에 유의하여야 한다. 일반적으로 케이블의 생산 방식에 따라 다소의 차이는 있지만, 같은 직경의 케이블과 강봉의 단면적의 비(케이블의 단면적/강봉의 단면적)는 60% 정도인 것으로 생각하면 된다. 표 4.1에는 비교적 최근에 완공된 주요 현수교에 사용된 케이블의 규격(강의 종류, 직경, 강도)을 나타내었다. 이런 규격은 교량의 규모(통행 교통류의 종류나 차선의 수, 교량의 길이 등…)나 형상(현수교, 사장교, 새그비), 주변의 환경 요건(해상, 육상 등등…) 등을 고려하여 설계자가 결정한다.

표 4.1 교량의 케이블 적용 사례

교량명	국가 (지역)	규 격			준공년도
		직경(mm)	강도 (MPa)	제품	
차나칼레 대교	터키 (차나칼레)	5.75	1,960	Galvanized Steel Wire (아연도금)	2022
천사대교	한국(신안)	5.3	1,960	Alumar Wire (아연도금강선 위에 합금도금을 추가)	2019
노량대교	한국(남해)	5.3	1,960	Alumar Wire	2018
보스포러스 3교	터키 (이스탄불)	ASW : 5.4 SCB : 15.7	ASW : 1,860 SCB : 1,960	Galvanized Steel Wire, Galvanized PC Strand	2016
울산대교	한국(울산)	5.4	1,960	Alumar Wire	2015
부산항대교	한국(부산)	7.0	1,770	Alumar Wire	2014
거북선대교	한국(여수)	15.7	1,860	Galvanized PC Strand	2012
이순신대교	한국(광양)	5.35	1,860	Alumar Wire	2012
광안대교	한국(부산)	5.0	1,560	Galvanized Steel Wire	2002
영종대교	한국(인천)	5.1	1,560	Galvanized Steel Wire	2000

② 케이블의 시공

일반적으로 현수교는 타정식 현수교를 말하는 것으로 이는 주탑과 앵커리지로 주 케이블을 지지한다. 일반적으로 이순신대교나 광안대교에 적용된 것과 같은 주 케이블은 사진 4.12의 (a)와 같이 이면 배치법으로 시공된다.

(a) (b) (c)

사진 4.12 주 케이블의 배치법

그러나 사진 (b)에 나타낸 노량대교와 같이 방사형의 배치(3차원 배치) 방식도 있고, 또한 사진 (c)의 소록대교와 같은 모노 케이블 방식도 있다. 사진 4.13은 행어의 시공사례인데, 사진 (a)는 주 케이블에 수직으로 현수재(행어)를 배치한 일반적인 방식이다. 사진 (b)는 보스포러스 1교인데, 이는 주 케이블에 경사방향으로 현수재를 매달아 보강형을 지지하는 형식이다. 사진 (c)의 브루클린교는 복합 형식(사장·현수교, 현수·사장 혼용교)으로 시공되었고, 사진 (d)와 같은 보스포러스 3교도 사장교와 현수교의 혼합 형태(현수·사장 혼용교)로 시공되었다.

(a) (b)

(c) (d)

사진 4.13 현수교의 현수 케이블 배치 형태

현수교에서 널리 이용되는 케이블은 단면이 같으나 사장교에 이용되는 케이블은 정착 위치에 따라 그 단면의 크기가 다르다. 일반적으로 현수교에 사용되는 주 케이블은 작은 강선이 모여 소규모 다발(스트랜드)을 이루고 이 다발이 모여 주 케이블을 이루는 구조로 시공된다. 케이블은 부식을 방지하기 위하여 외부는 피복(Wrapping)하고 내부는 모르타르, 기름, 왁스 등으로 충진하는 것이 일반적이다. 그러나 피복된 내부에 공기가 통하도록 하여 자동으로 습도가 조절되도록 하는 경우도 있다. 현수교의 주 케이블은 교량의 목표 수명 동안에 교체 없이 기능이 발휘되도록 해야 하므로, 주 케이블의 방식 기술은 꾸준히 발전되어 왔다. 특히 건조한 공기를 케이블 내부에 송기하여 상대습도를 60% 이하로 낮추는 제습장치가 널리 적용되고 있다. 제습장치를 이용하는 경우에도 전통적으로 아연도금(Zinc Paste), 래핑(Wrapping), 도장(Painting)으로 이루어진 방식공법이 적용되어 왔다. 그러나 최근에는 래핑과 도장을 생략하고 바로 두께 1.1mm, 폭 200mm의 Elastomeric Wrapping을 하여 공기와 공사비 및 전체 LCC를 현저하게 줄이는 방식공법이 소개되는 등 현수교의 주 케이블에 적용되는 방식기술이 발전하고 있다.

일반적으로 통용되는 장대교량의 대표적인 케이블과 관련되는 구조 부재들의 교체 주기는 주 케이블의 Wrapping은 50년, 행어 케이블 50년, 강재도장 20년 정도로 설계하고 있다. 이와 같이 교량이 상용되는 수명 동안에 교체가 예상되는 부재들에 대해서는 설계 당시부터 미래의 교체를 고려한 접근방법 등을 고려하여 구조의 상세 계획이 필요하다. 그리고 교량의 수명 동안 발생하는 교체비용을 포함한 생애주기비용(Life Cycle Cost)을 검토하여야 한다.

③ 케이블의 시공사례

광안대교의 주 케이블(312×37=11,544가닥의 강선)은 직경이 약 60cm의 크기이다. 주 케이블의 내부는 인장강도 1,570MPa인 직경 5.0mm의 강선 312가닥으로 된 스트랜드(Strand, 와이어 로프의 구성요소로 소선의 다발을 뜻함) 37개가 모여 이루어진 강선 다발이다. 이순신대교의 주 케이블(Main Cable)의 형상은 사진 4.14의 (a), (b)와 같이 소선들의 다발로 이루어져 있으며, 천사대교는 사진 (c), (d)와 같이 시공되어 있다. 그리고 이순신대교의 주 케이블은 직경이 5.35mm인 강선 400가닥으로 구성된 32개의 스트랜드가 모여 총 12,800가닥(32×400)의 소선으로 이루어져 있고, 소선의 인장강도는 1,860MPa이다. 주 케이블은 래핑전의 직경이 677mm이고, 래핑후의 직경은 683mm인데, 케이블의 부식을 방지하기 위하여 아연도금 된 S타입 와이어를 케이블 주변에 촘촘하게 감고 표면 도장 후에 송기 시스템을 설치하였다.

(a)

(b)

(c) (d)

사진 4.14 현수교의 케이블의 시공

천사대교의 주 케이블은 P.P.W.S.(Prefabricated Parallel Wire Strand)공법으로 설치되었고, 보강형은 강상판으로 시공되었다. 주 케이블의 직경은 309mm인데, 이는 직경 5.3mm의 강선 2,667가닥(21×127EA)으로 이루어져 있다(스트랜드당 127가닥의 소선). 소선의 인장강도는 1,960MPa이며, 래핑 와이어는 고무(Rubber Sheet)로 이루어진 것이다.

2. 주 케이블의 고정 방식

현수교는 기본적으로 2개의 주탑(경우에 따라서 1개의 주탑, 3개의 주탑 형식도 있음)과 앵커리지로 지지되는 교량 형식이다. 이는 수심이 깊거나 해협을 횡단하는 경우 등 최소한의 하부구조(주탑)로 건설이 가능한 교량이다. 현수교는 주 케이블을 앵커블록(앵커리지)에 고정하는 **타정식 현수교**(주경간장 500~2,000m 정도에 적용, 남해대교, 이순신대교 등 대부분의 현수교 형식)가 일반적이다. 그러나 **자정식 현수교**(주경간장 250~350m 정도에 적용, 영종대교, 소록대교 등…)는 주 케이블을 보강형에 고정시키는 방식이다.

(a) (b) https://www.hiway21.com/ (c)

사진 4.15 자정식과 타정식

사진 4.15의 (a)는 타정식 현수교인 이순신대교로 사진과 같이 주 케이블이 앵커리지에 고정되어 있다. 사진 (b)는 자정식 현수교인 영종대교인데, 앵커리지를 시공하지 않고 주 케이블을 보강형에 고정시킨 형식이다. 그리고 사진 (c)는 소록대교로 모노 케이블이 교량의 중심축을 따라서 보강형에 고정된 자정식 현수교이다.

(1) 타정식 현수교

타정식 현수교(Earth-anchored Suspension Bridge)는 주 케이블이 앵커블록(앵커리지)에 정착되는 방식의 현수교이다. 이의 시공사례는 사진 4.16의 (a)에 소개된 남해대교(국내 최초의 현수교), 사진 (b)의 광안대교, 그리고 사진 (c)의 팔영대교(단경간 현수교) 등이 있다. 이외에도 대부분의 현수교는 타정식 현수교이며, 타정식 현수교의 경우 보강형의 시공은 인양방식으로 이루어지므로 가벤트가 필요 없다. 또한 타정식은 자정식에 비해 구조상세가 비교적 간단한 편이나, 대규모의 앵커리지를 시공하는 경우에 경관이 좋지 않은 단점이 있을 수 있다.

(a)

(b)

(c)

사진 4.16 타정식 현수교

(2) 자정식 현수교

자정식 현수교(Self-anchored Suspension Bridge)는 주 케이블이 보강형에 정착되는 형식으로 이 경우에 보강형에는 축력이 발생된다. 이 형식은 보강형을 시공할 때 가벤트가 필요하고 구조 상세가 다소 복잡하며, 경관성이 양호한 편이지만 일반적인 건설 방식은 아니다.

(a) (출처 : https://www.hiway21.com/)

(b) (출처 : http://tour.goheung.go.kr/tour/) (c)

사진 4.17 자정식 현수교

사진 4.17은 앵커블록이 없이 주 케이블이 상부 구조(보강형)에 연결된 자정식 현수교의 시공사례이다. 사진 (a)는 국내 최초의 자정식 현수교인 영종대교이며, 2층교 형식(하층은 철도교, 상층은 도로교)이다. 또 주 케이블은 3차원 형상으로 배치되어 트러스형 보강형의 단부에 정착되어 있다. 사진 (b)는 모노 케이블 방식의 자정식 현수교인 소록대교로 사진 (c)와 같이 주 케이블은 교량의 종축을 따라서 배치되어 있고, 보강형에 고정된 방식이다.

3. 현수교의 경간 구성

장대교량을 건설할 때 적용되는 현수교는 주로 연도교나 연육교, 해협(Strait)이나 만(Bay) 등을 횡단하는 해상교량에 적용되는 교량의 형식이다. 일반적인 현수교는 그림 4.1의 (a)와 같은 2주탑의 3경간 방식(일반 현수교)이 가장 많다. 그러나 **연속 현수교(Continuos Suspension Bridge)**는 그림 (b), (c)와 같은 개념의 현수교로 **공유 앵커리지**를 건설하여 좌우로 일반 현수교(2주탑 3경간 현수교)를 연속시킨 것이다.

다경간 현수교(Multi-Span Suspension Bridge)는 3개 이상의 주탑과 2개 이상의 주경간(측경간을 포함하여 4경간 이상)으로 구성된 그림 (d)와 같은 형식의 현수교를 말한다. 따라서 다경간 현수교는 공유 앵커블록을 시공하지 않으므로 연속 현수교에 비해서 시공성이 좋고 경제적인 형식이다. 표 4.2는 다경간 현수교와 연속 현수교의 시공 사례를 소개한 것이다.

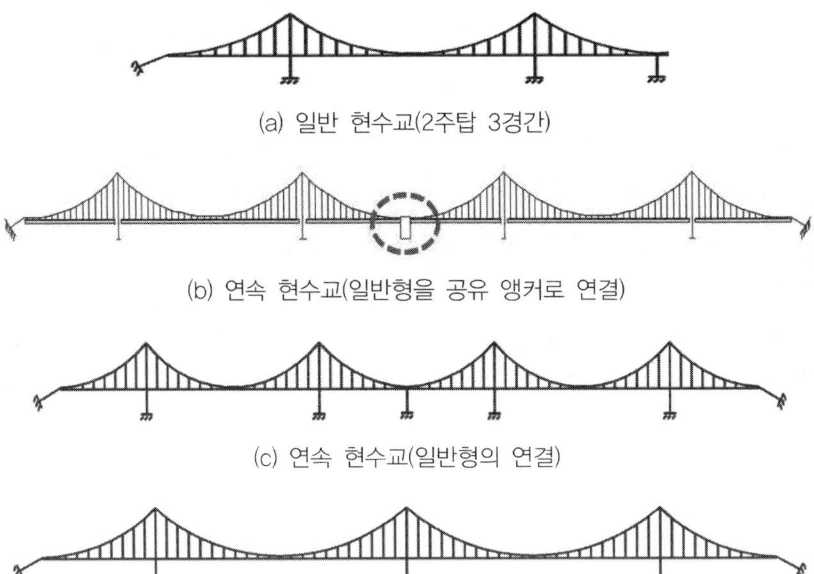

(a) 일반 현수교(2주탑 3경간)

(b) 연속 현수교(일반형을 공유 앵커로 연결)

(c) 연속 현수교(일반형의 연결)

(d) 다경간 현수교(주경간이 2개 이상인 것)

그림 4.1 현수교의 경간 구성

표 4.2 다경간 현수교와 연속 현수교 시공 사례

	교량명	완공연도	위치	경간 구성
다경간 현수교	쇼우메이몬교	1962년	일본	L=70.6+2@160.0+50.8=441.4m
	Samora Machel Bridge	1973년	아프리카	L=90+3@180+90=720m
	Taizhou Bridge	2012년	중국	L=390+2@1,080+390=2,940m
	Maanshan Bridge	2013년	중국	L=360+2@1,080+360=2,880m
	천사대교	2018년	대한민국	L=225+2@650+225=1,750m
	Chacao Bridge	시공 중	칠레	L=220+1,055+1,155+324=2,754m
연속 현수교	San Francisco-Oakland Bay Bridge	1936년	미국	L1=357+704+354=1,415m L2=354+704+354=1,412m
	Bisan Seto Bridge	1988년	일본	L1=270+990+270=1,530m L2=270+1,100+270=1,640m
	Kurushima Kaikyo Bridge	1999년	일본	L1=140+600+170=910m L2=250+1,020+245=1,515m L3=260+1,030+280=1,570m

(1) 일반 현수교

일반 현수교는 2주탑 3경간의 현수교 형식으로 가장 널리 적용되고 있는 방식이다. 국내 최초의 현수교인 남해대교, 부산의 랜드마크가 된 광안대교, 그리고 국내 최장의 이순신대교 등이 이런 형식이다. 사진 4.18의 (a), (b), (c)는 일반 현수교의 시공사례인 이순신대교(주경간장 1,545m)이다. 그리고 사진 (d), (e)는 2주탑 3경간의 현수교이나 중앙 경간만 현수교 형식(단경간 현수교)인 팔영대교(주경간장 850m)이다. 이 교량은 고흥군과 여수를 연결하는 다양한 형식의 교량 중의 하나이다.

(a) https://www.yeosu.go.kr/

(b)

(c)

(d)

(e)

사진 4.18 일반 현수교

사진 4.19는 '출렁다리'라는 이름으로 건설되어 있는 보행자용 현수교로 일반 현수교 형식이다. 사진 (a)는 통영시 욕지도에 있는 작은 규모의 보행자용 현수교인데, 이는 사진 (b)에 나타낸 것과 같이 그네의 원리로 주 케이블에 매달려 종방향으로 배열되고 그 위에 상판이 올려 진 구조이다. 그리고 사진 (c)에 소개된 보행자용 현수교(출렁다리)는 통영시 연대도에 건설되어 있으며, 욕지도, 연화도 등에도 건설되어 있다. 특히 이 교량의 주 케이블은 사진 (d)처럼 각각 4가닥으로 시공되어 있다. 또한 얇은 부재로 시공된 상판을 보강하기 위하여 사진 (c)에 나타나 있는 것과 같이 보강형의 하부를 강선으로 보강한 구조인데, 이는 횡풍에 의한 보강형의 과도한 변위와 변형을 억제하기 위한 것이다.

(a)

(b)

(c)

(d)

사진 4.19 보행자용 현수교의 시공 사례

(2) 단경간 현수교

현수교의 일반적인 형식인 타정식 현수교는 1주탑, 2주탑(일반 현수교), 또는 3주탑 방식(다경간 현수교)으로 시공되지만, 하나의 경간만 현수교 방식으로 시공되는 현수교를 **단경간 현수교**라 한다. 이와 같은 형식의 시공사례로 사진 4.20의 (a), (b)에 나타낸 울산대교, 사진 (c), (d)의 팔영대교, 사진 (e), (f)의 단등교(고군산대교), 그리고 사진 (g), (h), (i)에 소개된 노량대교 등이 있다. 단경간 현수교의 방식은 교량의 종축이 일직선이 아닌 경우 등에도 적용할 수 있는 장점도 있다.

(a)

(b)

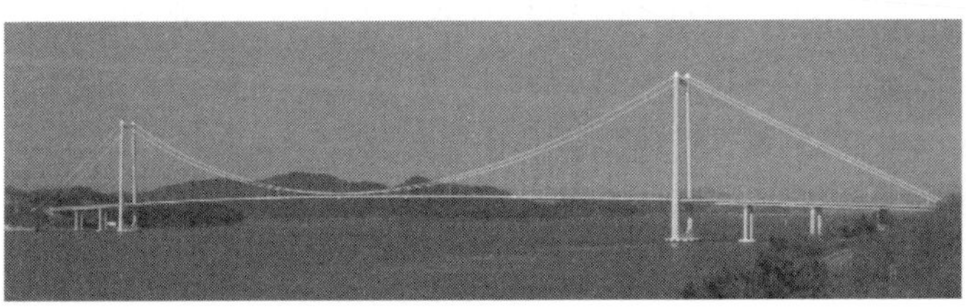

(c)

(d)

 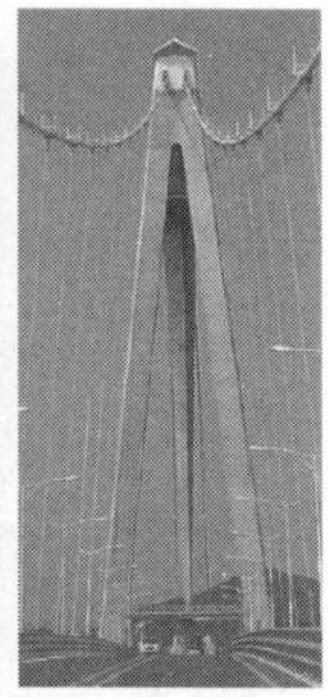

(e) (f)

(g) (h) (i)

사진 4.20 단경간 현수교

단경간 현수교는 중앙 경간에만 현수교의 형식을 채택하는 경우가 많지만, 현장 여건에 따라서 사진 (e)와 같이 주탑을 한 개만 시공하여 건설되는 **1주탑 현수교**의 경우도 한쪽 경간에만 현수교 형식으로 시공되기도 한다. 특히 사진 (e), (f)의 **단등교**는 1주탑 현수교이면서 주탑의 우측 부분만 현수교로 시공되었고, 사진 (f)와 같이 3차원으로 주 케이블이 배치된 구조이다. 또 주탑의 형상은 섬이 많은 지역의 특성에 맞게 돛(Sail)모양의 독특한 형식으로 건설하였는데, 이는 경관을 고려한 단경간 현수교의 시공사례이기도 하다. 그리고 사진 (g)~(i)에 소개된 노량대교는 사진 (h), (i)에 나타낸 것과 같이 중앙 경간만 현수교 형식이고, 사진 (i)와 같은 경사주탑으로 시공되어 있다. 특히 사진 (g)에서 볼 수 있는 것과 같이 주케이블은 아래로 내려올수록 폭이 넓어지도록 방사형으로 배치되어 있는데, 이는 단등교나 영종대교의 케이블 배치와 같은 방식인 3차원의 배치형식이다.

(3) 연속 현수교

연속 현수교는 사진 4.21과 같은 앵커리지의 좌우에 일반 현수교가 연속된 방식의 현수교이며, 이 경우의 앵커리지(앵커블록)를 **공유 앵커리지**라 한다. 이 방식은 1936년에 개통된 미국의 샌프란시스코 베이교(San Francisco Bay Bridge)가 최초이다. 그 후의 사례로는 일본의 시고쿠와 혼슈를 연결하는 다양한 형식의 교량이 건설되면서 1988년에 개통된 사진 (a)와 같은 일본의 **비산-세토대교(Bisan-Seto Bridge)**가 있다. 그리고 1999년에 개통된 사진 (b), (c)와 같은 **쿠루시마 해협 대교(Kurushima kaikyo Bridge)**도 공유 앵커리지를 시공한 연속 현수교 형식으로 건설되었다.

(a)

(b)

(c)

사진 4.21 언속 현수교

(4) 다경간 현수교

현수교의 장대화는 1800년대 후반부터 주로 3경간 현수교 형식으로 발전해 왔으며, 이는 이순신대교(한국, 여수), 아까시대교(일본, 고베), 차나칼레대교(터키, 차나칼레) 등과 같은 형식인 2주탑 3경간의 현수교 방식이 대표적이다. 이후에 일본을 중심으로 연속 현수교가 건설되어 장대교량의 새로운 건설방식이 되기도 했다. 그러나 **다경간 현수교**는 사진 4.22의 (a)와 같이 3주탑 이상(4경간 이상)의 현수교를 말한다. 이 형식의 시공 사례는 많지 않지만 1820~1830년대에 프랑스를 중심으로 다수 건설되었으며, 그 외에는 시공 사례가 거의 없다.

다경간 현수교는 2000년대에 들어서 본격적으로 건설되기 시작하였는데, 이와 같은 형식으로 건설된 중국의 타이저우 대교(Taizhou Bridge, 2012년, 1,080m), 마안샨양쯔 대교(Ma'anshan Yangtze Bridge, 2013년, 1,080m) 등의 주 경간장은 기존의 다경간 현수교에 비해 급격히 장지간화가 되었다. 국내에서는 최초로 사진 4.22와 같은 천사대교(2018년)가 3주탑 4경간의 다경간 현수교로 건설되었다.

(a) (사진 : 대림산업) (b)

(c) (d)

사진 4.22 다경간 현수교

4-2 사장교

사장교(Cable-stayed Bridge)는 사장재(주로 케이블을 이용함)를 주탑에서 경사방향으로 직선 배치하여 주형(Main Girder)을 지지하는 형식의 교량이다. 이는 현수교보다는 비교적 짧은 경간에 사용되는 경우가 많은데, 현수교에 비하여 케이블 배치 간격이 넓은 편이다. 사장교의 보강형은 현수교의 보강형 보다 강성이 크며, 케이블의 가요성이 적은데, 구조의 특성상 거더에는 압축력이 작용하게 된다. 또 사장교는 현수교에 비해 케이블의 강성이 상대적으로 크기 때문에 비틀림 강성이 크고 케이블에 대한 응력 조정이 가능하다. 그러므로 교량 각 구조 부재의 단면력을 균등하게 분배시켜서 일반적인 거더교에 비하여 단면의 크기를 줄일 수 있다. 그러나 사장교의 거더가 길어지면서 부족해진 휨강성을 사장재의 인장력으로 보강한 것이므로, 사장재의 연결과 설계 장력의 도입이 매우 중요하다.

사장교의 실제 적용은 1600년대에 체인 케이블을 이용한 사장재로 교량을 건설한 것으로, 교량의 상판을 강선으로 지지하는 방식은 19세기부터 알려져 왔으나, 그 이론을 정확하게 알지 못했다. 1950년대에 독일의 엘베강에 교량건설을 계획할 때 현대적인 의미의 사장교로 검토되면서 기술적인 발전을 이루었다. 그러나 1955년 스웨덴의 Stromsund에 건설된 도로교인 Stromsund교(측경간 75m, 주경간 182m, 주탑높이 28m, 보강형 높이 3.25m)가 현대적인 사장교 건설의 시초라 해도 과언이 아니다. 일본에서는 1950년대 후반부터 사장교가 건설되기 시작하였으며, 세토대교 등 많은 교량이 이 형식으로 건설되었다. 1980년대~1990년대에 일본이 사장교 건설을 주도한 이래 지금까지 발전을 거듭하고 있는데, 오늘날 사장교는 현수교와 함께 장대 교량 건설의 대표적인 방식이다.

1. 케이블의 단면과 배치

사장교에 적용되는 케이블의 단면은 사진 4.23의 (a), (c)와 같은 단면들이 사용되며, 케이블의 위치에 따라 각각 단면이 다르게 시공된다. 소개된 사진 (a), (b)는 부산항 대교, 사진 (c), (d)는 거북선대교에 적용된 케이블의 단면과 시공사례이다.

(a)

(b)

(c)

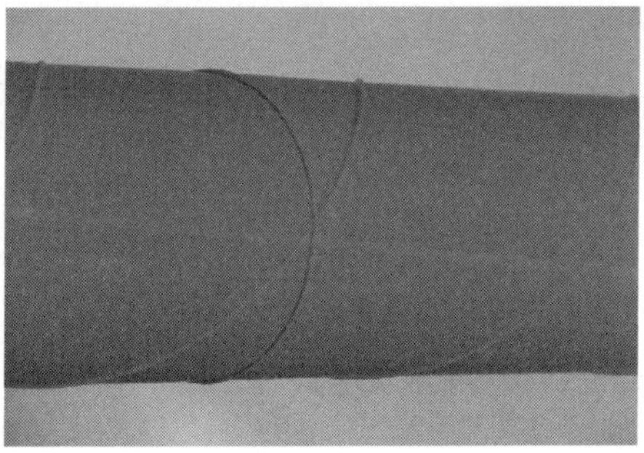

(d)

사진 4.23 사장교의 케이블 상세

사장교의 케이블 배치방식은 다양한 형식이 있으며 교량의 경관에 직접적인 영향을 미친다. 실제로 현장에서 적용되고 있는 주탑에 정착된 케이블은 그림 4.2의 (a)~(c)와 같은 방사형, 하프형, 팬형 등의 기본형이 있다. 이를 바탕으로 그림 (d)와 같은 일면방식(교량의 중심축을 따라 케이블 설치)과 그림 (e)과 같은 이면방식(교량의 좌우측에 케이블 배치) 등으로 시공된다. 그러나 사진 4.24에 소개된 것과 같이 (a)목포대교, (b)부산항대교, (c)둔병대교는 케이블의 배치가 방사형으로 시공된 사장교이다. 특히 사진 (a), (c)는 주탑을 중심으로 한쪽은 모노방식, 다른 쪽은 방사형의 방식이다.

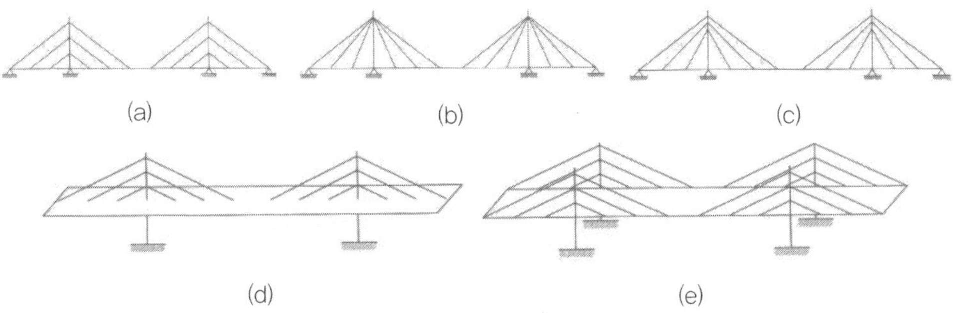

그림 4.2 사장교의 일반 형식

사진 4.24 방사형의 케이블 배치

2. 사장교의 시공 사례

케이블 교량 방식의 하나인 사장교는 미관을 우선하는 교량에 널리 적용되는 교량형식으로 우리 주변에서도 많이 건설되고 있다. 사진 4.25는 네덜란드 로테르담에 있는 에라스무스교(Erasmus Bridge)로 사장교의 우측에 가동교가 건설되어 있다. 이 교량의 이름을 르네상스 최대의 인문주의자로 알려진 사람의 이름을 딴 것에서 알 수 있듯 에라스무스는 이 도시가 배출한 걸출한 인물이다.

(a) (b)

사진 4.25 에라스무스교

1996년에 완공된 길이 802m의 에라스무스교는 트램(2트랙), 자동차(4차선), 자전거(2차선), 보도(2레인) 등의 규모로 구성되어 있다. 이 교량은 혁신적이고 현대적인 느낌의 **경사형 1주탑의 사장교**로 사진처럼 비대칭의 케이블 배치(전방 32케이블, 후방 2케이블) 형태이며, '백조'라는 별명을 가진 교량이다. 로테르담은 유럽 최대의 무역항 중의 하나이므로 항만을 비롯하여 배후에도 통항하는 선박들이 많다. 따라서 충분한 교하공간의 확보가 필요한데, 이는 주탑의 우측 경간에 선박의 통항을 위하여 일엽 도개교 형식의 가동교가 건설되어 있다. 특히 로테르담은 한때는 세계최대의 항구로 번성하다가 2차 세계대전으로 거의 완전하게 파괴된 도시가 되어 버렸다. 이는 새로운 도시건설의 계기가 되었는데, 파격적인 도시 디자인과 발상의 전환을 시도한 각종 건축물은 많은 사람들의 관심을 끌고 있다. 에라스무스교의 주변에는 승개교를 비롯하여 특이한 형식의 건축물도 많이 있으므로, 건축을 하는 사람이나 구조공학을 전공하는 사람은 방문해 볼 만한 도시이기도 하다.

에라스무스교는 독일의 건축가인 Ben Van Berkel이 설계하였는데, 그는 독일의 벤츠 박물관과 우리나라의 천안에 소재하는 갤러리아 센타시티를 설계하기도 했다. 특히 이 교량은 건축가와 엔지니어가 공동 설계한 교량이며, 로테르담의 랜드마크이면서 도시의 공식 로고의 일부이기도 한 유명한 다리이다.

2004년에 완공된 프랑스 남부의 산악지인 미요지역을 통과하는 **미요대교(Millau Viaduct)**는 총연장 2.46km, 폭 32.05m(왕복 4차로), 그리고 최대 경간장이 342m에 이르는 세계 최고 높이의 사장교(에펠탑보다 23m 더 높음)이다. 사진 4.26의 (a)와 같은

7개 주탑의 8경간인 이 교량은 프랑스 남부 아베롱주의 미요를 지나는 고속도로에 건설된 교량으로 타른강의 계곡에 시공되었다. 교량의 중심축을 따라 모노 케이블 방식의 사장재가 시공된 특징을 가진 다경간의 교량으로, 프랑스의 교량 설계자인 **미셸 비을로죄**(Michel Virlogeux)가 영국의 세계적인 건축가인 **노먼 포스터**(Norman Foster)의 도움을 받아 설계하였다. 이 다리는 차량용 다리로는 세계에서 가장 높은데, 가장 높은 교각은 고정 케이블까지 합치면 343m에 이른다.

(a) https://www.francetvinfo.fr/ (b)

사진 4.26 사장교

사진 (b)는 우리에게는 잘 알려지지 않은 발틱 3국(에스토니아, 라트비아, 리투아니아) 중의 한 나라인 라트비아의 수도 리가에 건설된 벤수 브릿지(Vansu Bridge)이다. 이는 주탑을 중심으로 교량의 중심축을 따라 좌우 비대칭으로 사장케이블이 시공된 특징을 가진 교량이다.

사장교의 주탑은 교량이 건설될 지역의 역사성이나 인문학적인 특성을 반영하여 그 형식이 결정되어 시공되는 경우가 많다. 주탑 건설의 경우에 건설의 초창기는 안전성만 고려하여 형식이 결정되었으나 지금은 미관이나 지역의 특성들을 고려하여 결정되는 경우가 많다. 예를 들어 여수시와 고흥군을 연결하는 교량군 중의 하나인 **둔병 대교**나 여수의 **선소대교**의 주탑 등의 형상이 이와 같은 특성을 고려한 시공 사례이기도 하다.

국내 최초의 사장교인 전남 진도군에 있는 **진도대교**(현대건설 시공)는 강재주탑 형식의 사장교로 1984년에 완공되었다. 이어서 전남 여수시의 돌산대교(대림산업 시공)가 준공되었다. 진도대교가 건설된 해역(울돌목)은 해류의 유속이 빠르기 때문에 육상에 주탑을 건설하여 여수의 돌산대교보다 공기를 단축 할 수 있었다. 특히 해상에 주탑을 건설한 여수의 **돌산대교**는 주탑의 기초를 **뉴메틱 케이슨**(Pneumatic Caisson) **공법**으로 시공하였는데, 이 공법은 기술적인 문제는 물론 시공관리도 간단하지 않은 공법이다.

사장교에 재하되는 대부분의 하중을 부담하는 사장재(케이블)의 배치 방법도 다양하게 시도되고 있다. 주탑을 중심으로 3차원 방식의 케이블 배치나 비대칭 형태의 시공, 그리고 모노 케이블의 시공과 같이 현장조건에 맞게 시공되고 있다. 특히 모노 케이블의 연결 방식은 상판의 비틀림에 대한 강성을 고려하는 등 다각적인 검토가 필요하기도 한다. 이런 경우는 전체 구조에 대한 안정을 생각할 수 있는 경험이 필요하며, 이는 다양한 경험으로 가능한 일이기도 하다.

(a) (b) (c) (d) (e) (f) (g) (h)

사진 4.27 사장교의 시공

사진 4.27의 (a), (b), (c)는 콘크리트 보강형의 사장교(대동-화명대교)를 모노 케이블 방식(강선을 교량의 중심축에 연결하는 방식)으로 시공한 사례이다. 이런 경우는 교

축방향(교량의 종방향)에 대하여 상판이 비틀어지는 거동에 대해 검토해야 한다. 그리고 이 교량의 보강형(상판)은 사진 (a), (b)와 같이 현장 타설 콘크리트로 이어가는 공법을 적용하여 시공되었다. 그러나 인천대교와 같이 강보강형(Steel Box Girder)으로 시공되는 사장교는 제작장에서 강보강형의 세그먼트(Segment)을 제작하여 현장으로 운반하고, 이를 크레인으로 들어 올려 연결하는 공법으로 시공되었다. 그리고 사진 (d), (e), (f)는 강합성(강과 콘크리트) 보강형으로 시공된 부산항대교인데, 북항을 통항하는 선박들을 위한 형하고의 문제로 논란의 대상이 되었던 교량이기도 하다. 사진 (g)에 소개된 여수의 거북선대교는 이면 배치 방식의 사장 케이블로 시공한 사례이다. 특히 여수항에는 돌산대교를 연결하는 교량이 2개가 있는데, 이들은 모두 사장교 형식으로 건설되었다. 그 당시에 여러 가지를 검토했을 것이라 생각되지만, 지금의 이순신대교가 경관이 훌륭한 것도 아니라서 그런 아쉬움이 있기도 하다. 사진 (h)는 여수의 사장교 현장에서 주찹을 시공의 사례이다.

국내에도 사진 4.28에 예시한 것과 같은 사장교들이 다양한 형식(주탑의 형상, 케이블의 배치방법, 보강형의 시공법 등…)으로 건설되어 있다. 사진 (a)는 최초의 사장교인 진도대교로 이 교량은 특이한 방식으로 케이블이 시공되었다. 특히 교통량의 증가와 차량하중의 증가에 따라 같은 형식의 교량을 사진과 같이 추가로 건설하였다. 사진 (b)는 부산 북항의 입구에 있는 부산항대교로 강합성 보강형으로 건설된 사장교이며, 이는 항만재개발을 통하여 새롭게 건설된 국제 터미널이나 크루저 터미널에 입출항 하는 선박의 통행이 많은 항로에 위치해 있다. 그러나 이들 선박이 통항하는데 교량의 형하고가 문제가 되어 많은 논란의 대상이 되기도 했던 교량이다. 그리고 사진 (c)는 2주탑의 사장교와 흔하지 않는 방식인 3주탑의 사장교로 건설된 거가대교인데 이는 항로의 확보와 관련된 결정이었다.

(a)

(b)

(c)

(d) http://www.secc.co.kr/

(e)

(f) (사진 : 신안군청)

(g)

사진 4.28 사장교의 시공 사례

사진 (d)는 국내에서 가장 긴 교량인 인천대교인데, 인천 공항과 서울을 연결하는 교량으로 패스트 트랙(Fast Track, 설계와 시공을 병행하는 방식) 방식으로 건설하여 2009년 완공되었다. 이 교량은 총 연장 21.27km, 주경간장(주탑 사이의 거리) 800m, 주탑 높이 238.5m로 왕복 6차선의 강박스 거더(보강형) 방식으로 시공된 국내 최장의 자동차 전용 교량이다. 사진 (e)는 1주탑이며 모노케이블 방식으로 시공된 낙동강대교이다. 사진 (f)는 높이가 서로 다른 2개의 주탑으로 시공된 사장교인 천사대교이며, 사진 (g)는 1주탑 방식이고 주탑이 특이한 설계로 시공된 둔병대교이다. 또한 둔병대교는 사장케이블의 배치가 주탑의 한쪽은 모노케이블, 다른 쪽은 방사형의 배치로 시공된 특징이 있다.

3. 사장교 형식의 보도교

사장교의 특별한 적용 사례로 경남 창원시의 진해 해양공원에 건설된 우도 보도교를 들 수 있다. 이 교량은 보행자를 위한 교량으로 음지도와 우도를 연결하는 교량인데, 두 지역의 고저차를 극복하기 위하여 사진 4.29와 같이 경사 데크를 설치한 교량이다. 이 교량의 설계 컨셉은 '바다를 가로지르며 향하는 배와 그 뒤로 나타나는 뱃길의 이미지'를 형상화한 것이다. 교량의 총 길이는 106m, 보도폭은 2~4m, 그리고 강재 주탑의 높이가 36m인 사장교로, 이는 작은 섬을 연결하는 교량이므로 형하고는 7m 정도로 작고, 항로의 폭이 30m인 소규모 해상교량이다.

(a) (b)

사진 4.29 우도 보도교

제주도의 서귀포에 있는 사진 4.30과 같은 **새연교**는 제주의 전통 고기잡이 배인 '테우'의 모습을 형상화한 주탑으로 건설한 보도교이다. 이 교량은 새섬을 연결하는 길이 169m, 폭 4~7m의 트러스 보강형의 사장교인데, 외줄 케이블 형식으로 디자인이 우수한 교량이다. 새섬에 다양한 산책로 등을 조성하여 이를 연계하는 용도로 건설되었으며 바람과 돛을 형상화하여 높이 45m의 주탑을 건설하고 관광지에 걸맞게 LED 조명시설을 설치하였다.

(a) (b) (c)

사진 4.30 새연교 (http://www.jejusea.com/tourplace/)

사진 4.31은 일본 토교의 오다이바에 있는 **텔레포트 브릿지**로 보행자를 위한 교량인데, 강재의 경사주탑으로 시공된 특이한 디자인의 사장교 형식으로 건설되었다.

(a) (b) (c)

사진 4.31 텔레포트 브릿지

4. 엑스트라도우즈드교

사장교의 특별한 형태인 **엑스트라도우즈드교**(Extradosed Bridge, ED교)는 아시아 지역에서는 사장교와 구분하고 있으나, 구미에서는 구분하지 않고 사장교에 포함시키고 있다. 사진 3.32와 같은 ED교는 외형은 사장교와 유사하나 구조상의 특성은 PSC 박스거더교(Prestressed Concrete Box Girder Bridge)에 가까운 교량형식이다. 이 교량은 케이블에 의해서 보강된 교량이라는 점에서 사장교와 공통된 요소를 지니고 있지만, 실제 거동면에서는 차이가 있다.

(a) (b) (출처 : http://www.dasan93.co.kr/)

(c)

사진 4.32 엑스트라도우즈드교

사장교의 사장재(케이블)는 거더를 지지하고 거더에 작용하는 하중의 대부분을 케이블이 부담하므로 사장교의 거더는 최소한의 강성만 유지하면 된다. 따라서 사장교는 지간장에 따라 형고가 결정되는 것이 아니라, 케이블 지지점간의 거리에 따라 보강형의 단면이나 케이블의 단면이 결정된다. 그러나 ED교는 케이블이 연직하중의 30% 정도만 분담하고 나머지는 거더가 부담하는 방식이다. 따라서 사장교에 비해 거더의 강성이 크고 주탑이 낮은 구조적인 특성을 가지고 있다. 이와 같은 특성으로 ED교는 거더의 유효 높이 이상으로 PS강재의 편심을 확보할 수 있어 PSC 거더교에 비해 경량화 및 장지간화가 가능하다는 장점이 있다. 또한 진동의 측면을 보면 사장교보다는 진동이 적게 발생하므로 도로교 외에 철도교 등에도 많이 적용되는 형식이기도 하다.

4-3 사장·현수 혼합교

세계 각국의 많은 지역에서 해상장대교량의 경우는 현수교나 사장교 형식으로 건설된 사례가 많이 있다. 그러나 규모가 큰 철도교와 도로교의 기능이 혼합된 혼용교의 경우에는 교량의 규모에 따라서 재하되는 최대 하중으로 과도한 처짐이 발생할 가능성이 크므로 특별한 형식의 교량으로 건설하기도 한다. 터키의 **보스포러스 3교**가 이의 대표적인 사례인데, 이는 사장·현수 혼용교 형식의 교량으로 국내 건설업체(현대건설과 SK건설)가 시공하여 2015년에 준공하였다. 이 형식의 교량은 시공사례가 많지 않지만 이미 1800년대 말에 미국 뉴욕의 블루클린 브릿지가 이 형식으로 시공된 최초의 사례인 것으로 알려져 있다. 이런 형식을 **사장·현수 혼합교 또는 현수·사장 혼합교(Suspension/Cable-stayed Hybrid Bridge)**라 한다. 사장·현수 혼합교인 보스포러스 3교는 구조해석의 결과 현수교 형식으로만 시공할 경우에 최대 하중의 재하시에 9m 정도의 수직 처짐이 발생되는 **대변형** 현상의 거동을 보였다. 이런 대변형(처짐)을 보완하기 위하여 사장교와 현수교 형식이 혼합된 하이브리드 형식의 교량으로 건설한 사례이다.

1. 브루클린교

뉴욕의 맨해튼과 브루클린을 연결하는 **브루클린교**(Brooklyn Bridge)는 사진 4.33에 소개된 것과 같은 형상의 교량이다. 뉴욕을 대표하며 뉴욕관광의 핫 플레이스인 이 교량은 1869년에 착공되어 1883년 완공되었다. 교량의 총길이는 1,833.7m이며, 폭은 25.9m이고, 형하고는 38.7m(평균 고조시)인데, 완공 당시에는 세계에서 가장 긴 교량이었다. 이 교량의 설계자인 John A. Roebling이 교량을 계획하던 중 사망하고, 그의 아들 Washington A. Roebling이 건설에 참여하게 되었다. 그러나 아들도 주탑의 기초를 **공기케이슨 공법**으로 시공하던 중 잠수병에 걸리게 되었고, 그의 아내(존 로블링의 며느리)가 대리인으로 공사를 한 일화도 있다.

브루클린교는 강케이블을 사용한 최초의 교량이며, 현수교 형식과 사장교 형식을 혼합한 형태(Suspension/Cable-stayed Hybrid Bridge)로 건설되었다. 이와 같은 형식의 교량을 건설하는 것은 당시의 기술로는 대단한 것이었다. 주탑은 석회암과 화강암, 그리고 시멘트를 사용하여 건설하였는데, 고딕 양식으로 고색창연한 느낌을 주고 있다. 교량의 높이는 84.3m로 완공 당시에는 뉴욕시에서 가장 높은 구조물이기도 했으며, 1944년까지는 기차가 통행하였다. 1950년에는 트램이 통행하기도 하다가, 지금은 보행자 도로와 자전거 도로를 겸한 도로교의 용도로 이용되고 있다. 전체적으로 2층교 형식의 교량으로 1층은 6차선의 도로교(3톤의 차량으로 제한하고 있음)이고, 2층은 보행자 및 자전거 도로(6차선의 양 차로 사이의 가운데 위)인데, 미국에서 가장 오래된 교량이기도 하다. 우리나라의 한강철교가 1900년에 건설되었고, 동양 최초의 가동교였던 영도다리가 1930년대에 건설된 것과 비교하면, 미국이 이런 형식의 교량을 건설한 그 당시의 기술은 아주 대단하였다고 할 수 있다.

(a)

(b)

(c) (d) (e)

사진 4.33 브루클린교

2. 보스포러스 3교

아시아와 유럽의 경계가 되는 터키 이스탄불의 보스포러스 해협에 건설된 보스포러스 3교는 사장교와 현수교 형식을 합친 **'사장·현수 복합교(Cable Stayed-Suspension Hybrid Bridge)'** 방식으로 건설되었다. 장대교량으로는 극히 이례적인 형식인 이 교량은 아치교로 건설된 시드니의 하버 브릿지와 같이 도로교, 철도교, 보도교 등의 기능을 다 가진 혼용교(Hybrid Bridge)이다. 이 교량은 길이다 2,164m이고 중앙 경간장이 1,408m이며, 주탑의 높이가 322m로, 사장교의 지간 한계를 보완하고, 현수교의 내풍 성능을 향상시키기 위해 사장·현수 혼용교로 시공되었다. 또한 이 교량은 철도와 도로 겸용의 혼용교이기 때문에 현수교 형식만으로는 과대한 처짐에 대한 안전이 문제가 되므로, 이를 보완하는 방안으로 채택된 교량 형식이다. 사진 4.34에 나타낸 이 교량은 우리나라의 현대건설과 SK건설이 공동 수주하여 건설하였으며, 일본 초다이와 한국의 코리아테크 인스펙션이 감리를 수행 하였다. 소요된 공사금액은 697.4백만달러(한화 약 7,000억원)이며 2013년 6월에 착공하여 2015년에 준공하였다.

(a)

(b) (c) (d)

사진 4.34 보스포러스 3교 (사진 : HMG 저널)

이 교량은 그림 4.3에 나타낸 것과 같이 구간별로 다른 형식으로 건설되었는데, 중앙 312m 구간은 현수교 형식, 이 구간 좌·우의 각 240m 구간은 사장·현수교 복합 형식, 그리고 나머지 구간은 사장교 형식으로 건설되었다. 그리고 보강형은 그림 4.3 같이 2가지 형식으로 시공하였는데, 중앙경간은 강상판 형식의 보강형으로 시공하였고, 측경간은 PSC 박스거더 형식의 보강형으로 시공하였다. 그림 4.4의 (a)에 나타낸 것과 같이 보강형에 연결된 사장 케이블이나 행어의 방식도 구간에 따라 다른데, 이런 규모의 중앙 경간장에 사장·현수교 형식을 적용한 것은 세계 최초이다. 또한 이 교량은 공기 29개월의 패스트 트랙 방식으로 시공되었는데, 기술적으로도 고난도의 시공기술이 요구된 공사였다.

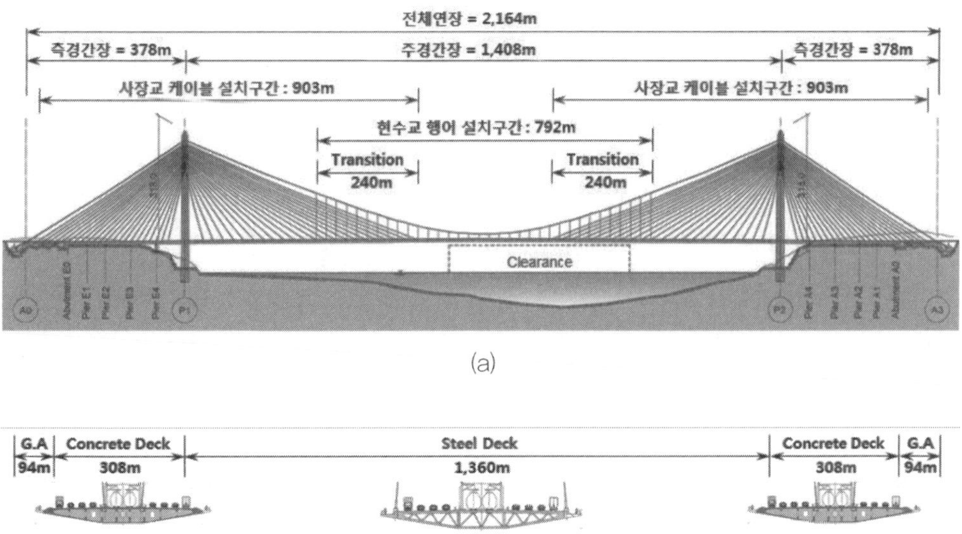

(a)

(b)

그림 4.3 사장-현수교의 구간별 형식 (출처 : KSCE)

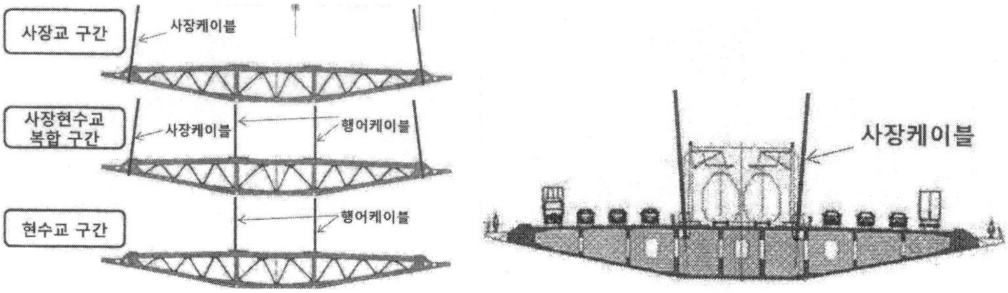

(a) 강상판　　　　(b) 콘크리트 데크(PSC)

그림 4.4 보스포러스 3교의 보강형과 케이블

사장·현수 복합교 형식인 이 교량의 시공은 사장교와 현수교의 시공 특성을 모두 고려해야 한다. 그리고 시공 중의 형상관리 외에 두 형식의 조합으로 발생되는 부가적인 특성도 검토해야 하므로, 특별한 시공관리가 요구되는 장대교량이다. 참고로 이 교량의 경우 현수교 형식으로 건설할 경우와 '사장–현수교' 형식으로 건설할 경우에 발생되는 각종 변위를 분석한 자료는 표 4.3과 같이 요약할 수 있다.

표 4.3 변위의 비교 (자료 : 현대건설)

하중 형태별 변위	현수교	사장·현수교
최대 하중에서 중앙점의 수직 처짐 (m)	−9.0	−4.75
풍하중의 의한 중앙점의 수평 처짐 (m)	7.0	1.42
활하중에 의한 주탑의 종방향 변위 (m)	0.7∼1.0	0.53
지진 하중에 의한 횡방향 변위 (m)	7.0	1.51

3. 앨버트 브리지

앨버트 브리지(Albert Bridge)는 영국의 첼시와 배터시를 연결하는 도로교로 건설과 유지관리의 과정이 특이하다. 이 교량은 당초 1874년에 길이 220m, 형하고 11.5m의 사장교로 시공되었으나 구조적으로 불안전함이 발견되어 1884년에서 1887년 사이에 부분적인 현수교 형식으로 보강하였다. 그리고 1973년에는 중앙 부분에 2개의 콘크리트 교각을 시공하여 형교(Girder Bridge)로 구조형식을 변경하기도 했다. 결과적으로 사진 4.35에 소개된 현재의 이 교량은 3개의 형식이 합쳐진 혼용교(Hybrid Bridge)로 잉글리시 헤리티지가 관리 중인 교량이기도 하다.

(a) (b)

사진 4.35 Albert Bridge (https://en.wikipedia.org/wiki/Albert_Bridge,_London)

4-4 스카이 브릿지

일반적으로 **스카이 브릿지(Sky Bridge)**는 2개 이상의 건물을 공중에서 연결하는 교량으로 '**구름다리**'라 하기도 한다. 스카이 브릿지는 서양에서는 많이 이용되던 형식이지만, 우리 문화에는 다소 생소한 교량의 형식이기도 하다. 이런 구조형식이 고급 건물의 상징처럼 여겨지는 측면도 있으나, 최근 들어 건설 수요가 많아지고 있는 추세이다. 이 형식이 하늘 산책로라고 하는 **스카이 워크(Sky Walk)**와 다른 점은 이동의 기능이 주목적인 것이 스카이 브릿지이고, 산책의 기능을 가진 구조는 스카이 워크라고 이해하면 된다.

스카이 브릿지의 건설 목적은 비상시의 피난통로 등의 용도로 이용하기 위한 것이었으나, 지금은 건물 간을 편리하게 통행할 수 있도록 설치되는 목적이 더 크다. 특히 고층부에 설치된 스카이 브릿지에서 보는 주변의 전경은 실내에서는 느끼지 못하는 또 다른 느낌을 줄 수 있다는 장점도 있다. 또한 스카이 브릿지는 두 건물 사이의 통행을 편리하게 하는 것뿐만 아니라 진망 공간, 휴게 공간, 연회 공간, 전시 공간 등 사용자가 원하는 다양한 공간으로 활용되어 건물의 가치를 높여줄 수 있다. 그리고 화재의 발생과 같은 비상 상황이 발생하면 대피로의 용도로 이용되기도 한다.

건물을 연결하는 기능을 가지는 스카이 브릿지는 건물과 연결되는 연결부의 설계와 시공법에 따라 전체 구조물의 해석 결과가 달라지는 것에 유의해야 한다. 특히 최근에는 스카이 브릿지가 제어력을 상호 전달하여 전체 구조물의 진동을 완화시키는 공법에 대한 연구도 진행 중에 있다. 이는 서로 다른 주기로 진동하는 경우에 상호간의 응답상쇄를 이용하여 전체 구조물의 응답이 저하되도록 하는 원리이다. 또한 구조공학적인 측면에서 스카이 브릿지의 최적의 설치 위치 등에 관한 기초적인 연구도 이미 진행되어 있다.

최근에는 아파트 등의 재건축 사업의 단지를 중심으로 고층부에 화려한 스카이 브릿지 구조를 건설하는 것이 유행처럼 되고 있는데, 이런 구조는 사전에 검토되어야 할 요소가 많이 있다. 예를 들어 초강력 태풍이나 지진의 발생 빈도가 높아지면서 건물 전체의 거동 특성은 스카이 브릿지의 설치 방식(변위를 수용하는 방식)에 따라 아주 달라지기 때문이다.

이와 같은 스카이 브릿지의 시공사례로 소개된 사진 4.36의 (a), (b)는 비교적 최근에 건설된 것으로 주거용 건물(아파트, 부산 남천동 소재)의 두 건물을 연결하는 기능을 가지고 있다. 이 구조물은 **리프트업(Lift Up) 공법**을 적용하여 메인 브릿지 구조체가 인양된 후에 메인 거더와 접합되어 시공되었다. 이 구조는 최대 허용변위 450mm에 대한 최대 변형 한도의 안정성이 확인 되었으며, 시공된 LRB(Lead Rubber Bearing)는 600mm를 초과하여도 파단되지 않는 구조로 시공되었다. 사진 (c)와 같은 아파트의 스카이 브릿지는 2015년에 완공된 철골 구조로 길이 43m, 무게 230t으로 양중 오일잭(Oil Jack)에 의한 '**리프트 업(Lift Up)**' 공법으로 시공된 것이다. 지진이나 풍하중에 의한 흔들림을 방지하기 위해 스카이 브릿지와 건물 접촉면에는 면진 시스템을 설치하여, 리히터 규모 6.5 수준의 지진에도 충격을 완화하고 건물에 전달되는 하중을 최소화 시키도록 했다. 사진 (d)는 서울시의 용산에 건설된 주상복합 아파트의 스카이 브릿지의 시공 사례이다.

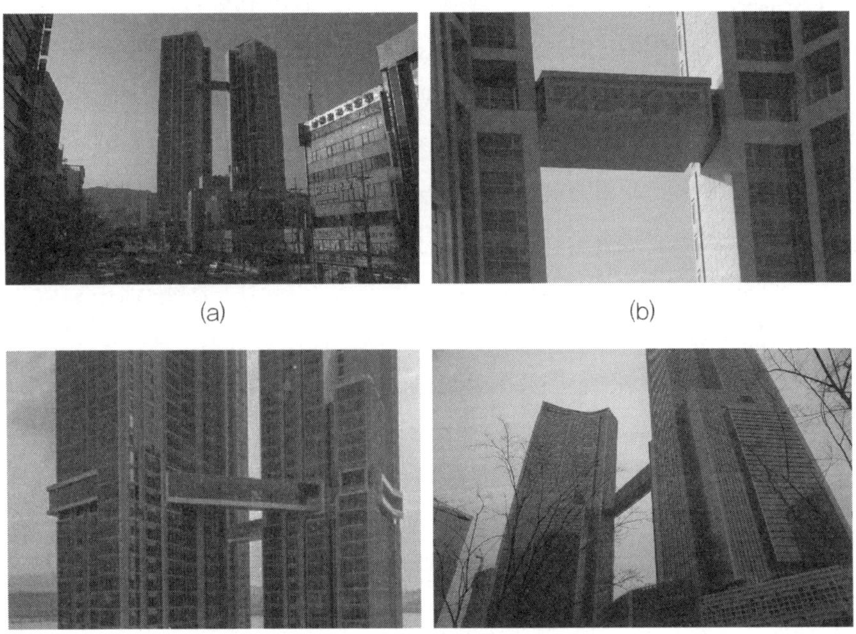

(a) (b) (c) (d)

사진 4.36 아파트의 스카이 브릿지

사진 4.37에는 현재 상용중에 있는 다양한 형식의 스카이 브릿지를 소개하였다. 사진 (a)와 같은 페트로나스 트윈 타워(KLCC 타워, 말레이지아 쿠알라룸푸르 소재) 건물의 두 동을 34층에서 서로 연결하는 무게 30t, 길이 23m의 스카이 브릿지는 170m 상공에

건설되어 있다. 전면을 유리와 알루미늄 프레임으로 시공하였는데, 지상에서 제작하여 권상시키는 공법으로 건설되었다. 특히 이 건물의 한 동은 우리 건설업체(삼성 건설부문)가 시공하였는데, 브릿지 구조체를 수직으로 권상시키는 날에 대통령이 직접 참석 했을 정도로 국가적으로도 중요했던 랜드마크가 되었던 건물이었다. 길이가 57m나 되는 경간에 800톤 정도의 무게인 철골 구조물을 170m 높이에 들어 올리는 시공 과정이 결코 쉽지 않았던 공정이었다.

(a)

(b)

(c)

(d)

(e)

(f)

(g)

(h) (i)

사진 4.37 스카이 브릿지

이 외에 사진 (b)~(g)와 같은 다양한 형식의 스카이 브릿지가 건설되어 공간 이용의 활용도를 높이거나 이동의 편의를 제공하고 있다. 특히 사진 (h), (i)와 같이 비교적 저층부에 설치된 스카이 브릿지가 상업지역과 연계되어 있는 경우에는 많은 보행자가 이동하는 특성을 가지는 경우가 많다. 이런 경우에는 스카이 브릿지가 장경간의 구조일 때 과도한 진동이 발생될 수 있으므로 사용성 등에 대한 검토가 필요하기도 하다.

제5장

교량은 어떻게 보호되는가

5-1 교량의 보호공

교량에 차량이나 선박 등이 충돌하는 사고가 발생 할 경우에 교량에 발생되는 물리적인 손상을 방지하거나 감소시키기 위하여, 하부 구조는 충돌에 대비하여 설계하고 시공하도록 한다. 교량의 하부구조에 충돌하는 경우에 교량에 발생되는 직접적인 손상의 방지책으로는 직접 구조 방식(팬더 방식, 강재 다실형 방식, 충격 흡수 구조 방식)과 간접 구조 방식(돌핀 방식, 파일 방식, 축제 방식)이 있다. 특히 선박의 항로상에 건설된 교량은 항해하는 선박이 교각 등에 충돌할 수 있는 위험성에 노출되어 있으므로, 이에 대한 검토가 반드시 필요하다.

선박의 충돌로 발생하는 교량의 붕괴 사고는 흔한 사고는 아니지만, 사고가 발생하면 대형사고로 이어질 가능성이 아주 크다. 선박이 교량에 충돌한 대표적인 대형 사고인 Sunshine Skyway Bridge(미국 플로리다)의 붕괴사고는 많은 인명 피해를 발생시켰다. 이는 1980년 5월 9일 오전에 일본 선적의 화물선이 교량과 충돌한 사고로 교량의 일부 구간 366m가 바다로 낙교하였다. 그 결과 교량 위를 달리던 차량 7대가 추락하여 35명의 사망자가 발생하는 참사가 일어난 것이다.

최근의 사고로는 2007년 6월 15일 오전 5시 중국 남부 광둥성의 서강에 건설되어 있던 길이 1,600 m의 주장대교에 모래 채취선이 충돌한 사고이다. 이 사고는 선박이 교각에 충돌하여 상부구조가 낙교한 것으로, 교량의 상판 200m 가량이 무너져 내렸다. 그 외에도 크고 작은 충돌사고로 사망자가 발생한 사례가 있으며, 최근 국내에서도 준설선이 홍수에 밀려와 교량에 충돌한 사례가 있었다.

특히 일본의 오사카와 간사이 공항을 연결하는 교량에 선박이 충돌한 사고가 있다. 이 충돌 사고는 2018년 9월에 발생된 태풍 '제비'에 의해 표류하던 화물선이 교량에 충돌한 사고이다. 이 사고는 교량상부가 파괴되고 횡방향으로 밀려나 한동안 공항의 승객들이 고립되는 큰 혼란을 초래한 충돌 사례이다. 국내에서는 2019년 2월에 러시아 선적의 화물선이 광안대교의 상부구조(강박스 거더)를 충격하여 상부구조의 강박스 일부가 찢어지는 사고가 발생한 사례가 있다. 이 충돌 사고로 박스거더의 측면 부분에 가로 4m, 세로 3m정도 크기의 강판이 찢어지는 손상이 발생하였다. 사진 5.1의 (a)는 2019년 2월에 발생한 광안대교의 선박 충돌 사고를 나타내고 있는데, 이 사고는 다행하게도 사진 (b)와 같이 상부구조의 거더 부분이 일부분만 찢어지는 가벼운 피해만 발생시켰다.

(a) (출처 : 연합) (b)

사진 5.1 광안대교의 선박 충돌 사고

이의 보수공법으로는 변형되거나 손상된 부분은 절취 후 신규 부재를 덧대어 용접 보수하고, 교좌 장치는 **무수축 모르타르**로 보수하거나, 균열부에는 주입보수 등을 시행하여 보수한 것으로 알려져 있다. 이와 같은 사고가 발생되면 외형상 큰 피해가 없어도 교량에 발생될 수 있는 피해에 대해 점검이 필요하다.

1. 교각 보호공

바다나 하천의 항로상에 있는 교량이나 고가도로 등의 교각은 선박이나 자동차 등의 충돌에 대비하여 교각을 보호할 수 있는 **충돌 방지 시설**이 필요하다. 충돌 방지 시설에는 펜더방식, 강재 다실형 방식, 돌핀방식, 파일방식, 축제방식 등이 있다. 이런 시설을 주변 여건에 따라 적절하게 설치하여 교량을 보호해야 한다. 교량을 보호하는 공법은 다양한 종류가 있으나, 보통 그림 5.1의 (a)에 나타낸 것과 같이 강판이나 FRP 등에 의한 **교각 보호 공법**이 있다. 이 경우에 수위의 변화 구간에 공법이 적용되는 이유는 이 구간의 건습이 되풀이 되면서 열화가 촉진되기 때문이다. 그리고 그림 (b)와 같이 말뚝을 설치하여 물리적인 충돌을 방지하는 공법도 있다.

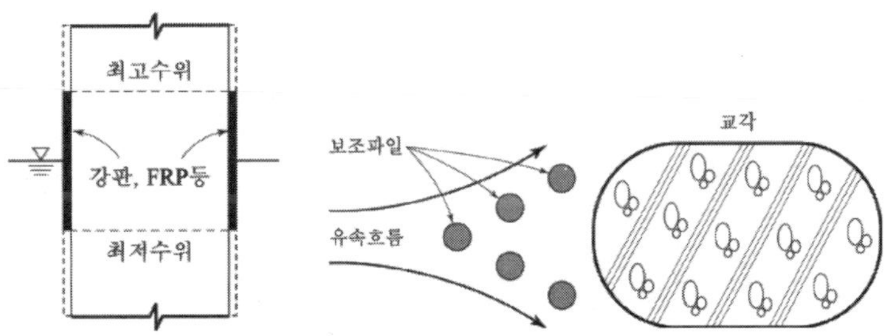

(a) (b)

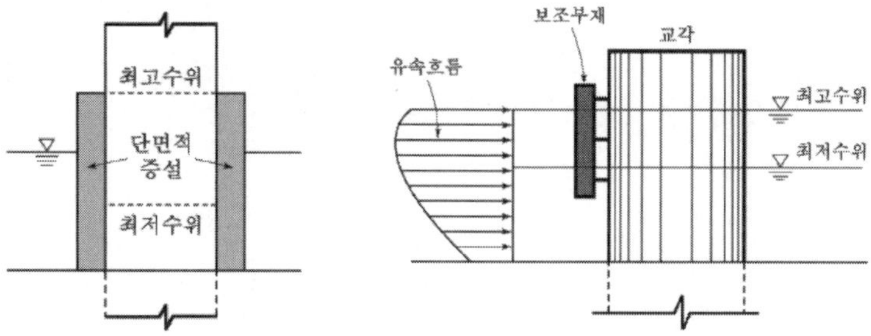

(c) (d)

그림 5.1 교량 보호공의 개념

단면 증설 공법은 그림 (c)와 같은 개념의 공법으로 이를 적용할 경우에 구조물의 내구성을 고려해서 공용기간 동안 단면의 감소량을 산정하고, 이를 근거로 단면을 크게 한다. 또한 그림 (d)와 같은 펜더를 설치하여 충격에너지를 감소시키는 방법도 있다. 이와 같은 각종 보호공을 적용한 실제의 시공 사례를 사진 5.2의 (a)~(f)에 소개하였으며, 이와 같은 시공사례를 참고하여 주변의 여건에 맞는 적당한 공법을 택한다.

(a)

(b)

(c)

(d)

(e)

(f)

사진 5.2 교각의 충돌 방지공

2. 상부 구조의 보호공

교량의 상부구조는 지진이나 충돌 등으로 낙교하는 사고가 발생할 수 있는데, 이를 방지하기 위하여 사진 5.3의 (a), (b)와 같이 낙교 방지 시설을 한다. 교량의 상부 구조는 지점부나 신축이음 장치의 파괴, 유간(Joint Gap, Joint Clearance)의 부족 등으로 인해 낙교하는 사고가 많이 발생할 수 있다. 이런 사고에 대한 대책공법으로는 케이블로 구속을 하거나 전단키의 설치, 그리고 받침의 지지길이의 확대 등이 있다. 유간은 구조물이 온도의 증감으로 신축작용을 일으키는 경우에 이를 흡수할 수 있는 여유간격을 말한다. 또한 유간은 구조물이 지진 등으로 인하여 교량이 수평이나 수식으로 진동할 경우에 닉교나 부재간의 충돌을 방지하기 위한 여유의 틈을 뜻하기도 한다. 그리고 선박이나 자동차 등의 충돌로 부터 상부구조를 보호하기 위하여 사진 (c), (d)와 같은 진입 방지 시설을 하기도 한다.

(a)

(b)

사진 5.3 상부 보호공

이와 같이 소개된 상부구조의 보호공은 적용할 수 있는 교량구조의 조건에 따라 다양한 방법이 있다. 대표적인 공법으로는 케이블을 이용한 구속 장치를 만들거나 전단키를 설치하는 방법, 그리고 하부구조의 받침 지지 길이의 확대 등의 방법이 있다.

(1) 케이블 구속 장치

케이블을 이용하여 거더와 하부구조를 연결하거나 거더와 거더를 연결하여 과도한 수평변위를 제한하는 방법으로 거더의 이탈을 막는 공법이다. 상부구조의 형식(강구조 또는 콘크리트 구조형식)에 따라 그림 5.2의 (a)~(d)와 같은 개념으로 보강을 할 수 있다. 사진 5.4는 이와 같은 구속 장치의 시공사례이다.

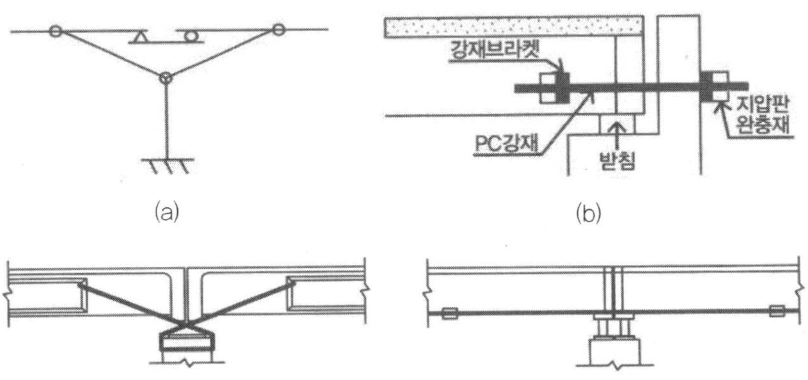

그림 5.2 인장재에 의한 구속 공법

(a) (b)

(c) (d)

(e) (d)

사진 5.4 낙교방지공의 시공사례

(2) 전단키

교각이나 교대에 발생되는 전단력으로 낙교되는 것을 방지하기 위하여 돌출부를 시공하거나 상부구조의 하부에 스토퍼 형태로 설치하는 방법이 있다. 그림 5.3의 (a), (b), (c)는 각각 강재, 콘크리트, 강합성 구조로 시공된 전단키로 스토퍼를 시공한 사례이다. 전단키를 가동단 교각에 설치하는 경우는 온도변화나 건조수축, 크리프 등에 의한 상시 이동량이나 프리스트레스에 의한 탄성수축을 고려해서 유간의 양을 결정하도록 한다.

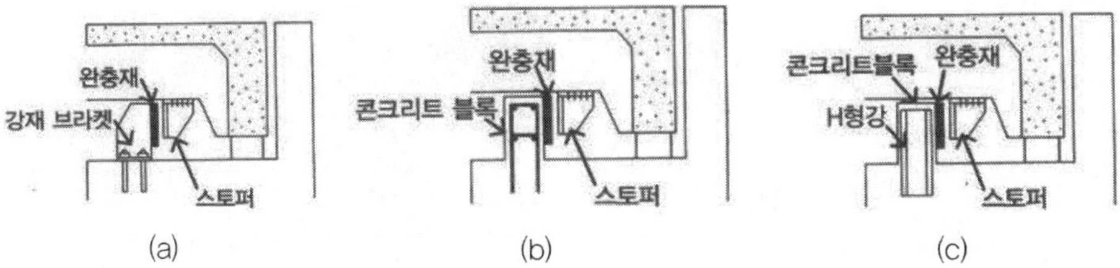

그림 5.3 전단키의 설치 방법

(3) 받침부의 지지 길이의 확대

상부구조를 지지하는 교각이나 교대의 지지 길이를 그림 5.4와 같은 방법으로 확대 시공하여 낙교를 방지하는 방법인데, 구조물의 형식에 맞게 시공하도록 한다. 그림 (a)는 콘크리트 타설을 통해 일종의 받침대를 만들어 교대나 교각의 지지 길이를 늘이는 방법이며, 그림 (b)는 강재 브라켓을 부착하여 교각이나 교대의 지지길이를 확장하는 방법이다. 그리고 그림 (c)는 포스트텐션 공법을 적용하여 프리캐스트 블록을 부착하는 공법인데, 이들은 각각의 현장조건과 맞게 적용하면 된다.

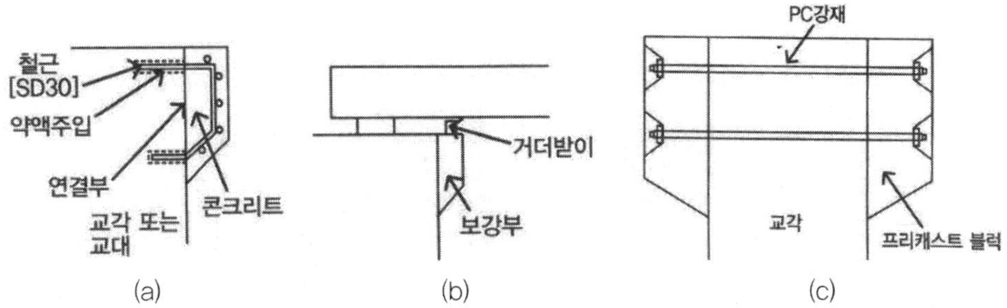

그림 5.4 받침부의 지지 길이의 확대

3. 세굴 방지공

하천수나 해수의 흐름이나 파랑에 의하여 방파제, 방조제, 교량의 하부구조 등과 같은 구조물에 발생되는 국부적인 침식을 **세굴(Scour)**이라 한다. 세굴은 흐름에 의하여 구조물의 기초 저면 부근에 와류가 생기면 그 주변의 토사나 자갈 등을 말아 올리거나 빨아들여 이동시키는 작용으로 지반을 파내는 현상이다. 특히 교량의 경우에 세굴이 심하게 발생하면 구조물의 안정성에 중대한 문제가 발생하기 때문에 세굴에 대한 방지 대책을 세워야 한다. 이와 같은 세굴을 방지하기 위해서 세굴이 예상되는 곳에 침식을 방지할 수 있는 재료로 사진 5.5와 같은 방법으로 피복공을 시행하기도 한다.

(a) (b)

사진 5.5 교량 하부구조의 세굴 방지공

특히 얕은 바다에 설치된 교각이나 교대 등의 구조물은 깊은 바다의 경우보다 세굴에 취약한 것으로 알려져 있는데, 이는 파의 주기와 관련이 있다. 일반적으로 교량을 건설할 경우에 세굴을 방지하기 위하여 교각의 단면은 유선형으로 하거나 세굴에 충분히 안전할 수 있는 기초형식으로 시공한다. 또한 기초의 깊이는 충분히 깊도록 하고, 사석공 등이 시공될 경우에는 사진 5.5와 같은 방법으로 교대나 교각을 시공하면 된다. 그러나 기존의 교량의 경우는 세굴이 발생할 경우에 낙차공을 설치하거나 수로의 개수, 기초의 강화 등의 공법을 적용한다. 또 수중블록의 설치, 지오백(토목섬유를 이용하는 공법)의 시공, 섬유 돌망태의 시공, 사석공의 설치 등의 방법으로 세굴에 대응하도록 한다. 이와 같은 세굴방지공은 교량의 하부 구조의 주변에 발생되는 물의 흐름과 직접적인 관련이 있으므로 설계를 할 경우에는 수공 관련 기술자가 참여하여 적당한 공법을 결정해야 한다. 사진 5.6은 구조물의 기초부분에 세굴이 발생하여 구조물이 붕괴한 사례를 소개한 것으로 세굴 방지공의 중요성을 보여주는 사례이다. 이 현장은 사진 (a)와 같이 기존 방파제의 길이를 연장하는 공사 현장이다. 등대 아래에 집적 시공된 테트라포드를 방파제의 길이를 연장하기 위하여 제거하였으나, 파도에 의한 기초의 세굴로 사진 (b)와 같이 방파제의 끝단 일부가 침하되어 붕괴된 사례다. 이와 같이 현장의 시공관리는 발생할 수 있는 다양한 상황을 미리 예상하여 대비해야 하는 것을 보여주고 있다.

(a) (b)

사진 5.6 세굴에 의한 붕괴사례

제6장

교량은 어떻게 관리되어야 하는가

6-1 교량의 유지관리

구조물의 유지관리란 공용중인 시설을 항상 사용 가능한 상태에 있도록 하는 제반 조치를 뜻한다. 그리고 유지관리 계획이란 유지 관리 수준의 설정, 초기 점검, 열화의 예측, 점검, 평가 및 판정, 대책, 방법 등을 종합적으로 계획하는 것이다. 시설물을 사용목적과 기능에 맞도록 관리하고 보존하기 위해서는 유지관리 계획을 잘 수립하여야 한다. 유지관리는 안전진단과 그 결과의 분석 및 평가, 그리고 보수·보강의 3단계로 분류될 수 있으며, 유지관리의 각각의 단계는 상호 긴밀한 관계가 있다. 이와 같은 모든 유지관리의 자료를 DB(Data Base)화 하면 효율적이고 지속적인 관리가 가능할 뿐 아니라 설계 및 시공 기술의 향상을 위한 자료의 축적도 가능해진다.

우리나라는 1960년대부터 경제개발 5개년 계획으로 도로, 교량, 댐, 철도, 발전시설 등과 같은 사회 기반 시설의 건설이 활발하게 이루어진 경제의 고도 성장기를 거쳐 왔다. 그러나 현재 이들 기반시설들은 건설된 지 많은 시간이 경과 하였으며, 일부 시설은 아주 열화되고 노후화되었다. 그러므로 이런 시설들의 서비스 수준을 높이거나 잔존 수명을 연장하기 위한 효율적인 관리와 유지 관리 시스템이 요구되고 있다. 어느 나라에서나 구조물의 붕괴 사고는 발생할 수 있지만 국내에서는 삼풍 백화점의 붕괴(1995년)나 성수 대교의 붕괴(1994년) 등으로 큰 인명피해를 경험했다. 그리고 시공 중이던 각종 현장에서는 일부 시설의 붕괴 사고로 인명 피해와 사회적 손실도 경험하게 되었다. 이런 사례를 통해서 기반시설의 효율적인 유지관리와 시설안전의 문제는 개인에 국한되는 것이 아니라 사회적, 국가적으로 해결해야 할 중요한 과제임을 절실히 깨닫는 계기가 되기도 했다.

국외에서 발생된 교량의 붕괴와 관련된 대형 재난의 주요 사례를 보면 미국의 Ashtabula Bridge(1876, 철도교, 80여명 사망), 스코틀랜드의 Tay Bridge(1879, 철도교, 75명 사망), 캐나다의 Quebec Bridge(1907년 75명 사망, 1916년 13명 사망), 미국의 Tacoma Narrows Bridge(1940, 도로교, 인명피해 없음), 미국의 Point Pleasant Bridge(1967, 도로교, 46명 사망), Silver Bridge(1967, 도로교, 46명 사망) 등의 교량 붕괴 사례가 있다. 이외에도 소규모의 붕괴사고도 많이 있지만 대부분의 사고는 부실한 설계나 시공에 의해 발생한 것이 많았다. 이를 교훈 삼아서 기반 시설의 설계 방법의 개선과 유지관리의 중요성을 깨닫게 되었고, 관리 시스템의 혁신을 강구하게 된 전환점이 되게 하였다. 이외에도 교량의 붕괴사고는 선진국이나 후진국을 가리지 않고 많이 발생하고 있는데, 이들은 설계의 부실이나 건설현장의 시공관리의 문제 등이 대부분이다. 그리고 각종 자연 재해(홍수, 산사태 등)나 드물기는 하지만 화재에 의한 붕괴사고도 발생되고 있다. 또한 오래된 교량은 시간이 지남에 따르는 열화에 의한 붕괴도 있지만, 지속적인 과적 차량의 통행 등에 의한 붕괴도 많이 있다. 이와 같은 붕괴사고를 사전에 방지하기 위하여 정기적인 안전점검을 해야 하고, 그 결과에 따라 필요하다면 보수·보강을 하는 등 철저한 유지관리가 필요하다. 그리고 국가적으로는 시설물 관리와 관련된 법령을 정비하고, 기반시설의 R&D(연구 개발) 분야에 많은 연구비를 투자하는 등 각종 대책이 수립되어 지금에 이르고 있다.

1. 유지 관리의 절차

구조물의 내구성이나 수명은 정확하게 알 수 없기 때문에 구조물의 설계 단계부터 유지관리의 수준을 결정하고, 유지관리의 첫 단계로서 사용 개시 이전의 초기점검으로 구조안전에 관한 자료를 수집할 필요가 있다. 이와 같은 관리를 원활하게 하는 수단으로 여러 가지의 관리 프로그램(BMS, 교량 관리 시스템 등…)이 상용화되어 이용되기도 한다. 일반적인 구조물의 유지관리 절차를 나타낸 그림 6.1에는 초기점검, 정기점검, 정밀점검 등의 3종류의 점검과 정밀 안전진단 및 보수·보강 작업의 수행 과정을 제시하였다.

기반 시설에 대한 투자나 관리 능력이 부족하거나 기능을 다한 구조물의 대체 시설의 건설이 지연되는 등의 문제가 발생되면 국민 생활이 불편하게 된다. 그러므로 기반시설에 대한 일상적인 관리, 점검이나 진단, 그리고 보수·보강 작업 등을 지속적으로 해야

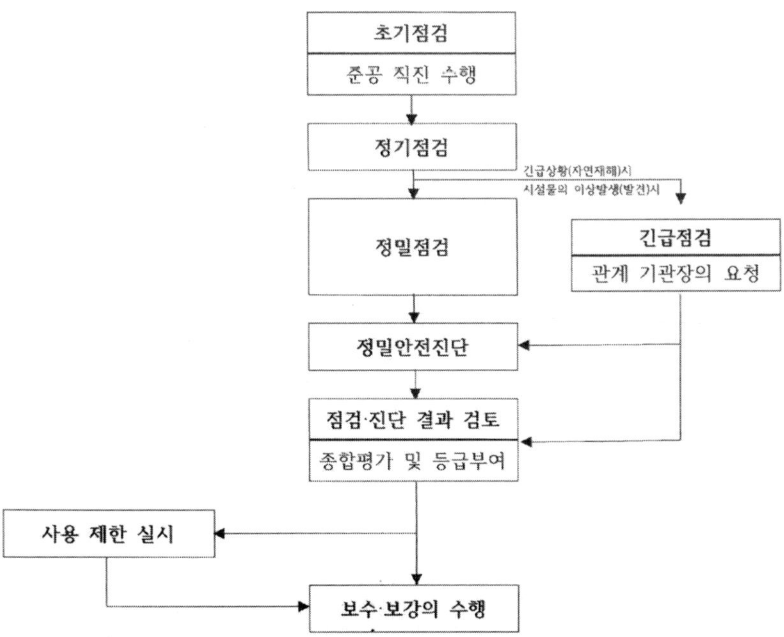

그림 6.1 구조물의 유지 관리의 절차

한다. 특히 구조물의 진단은 해당 구조물의 구조적인 성능이나 구조기능을 보전할 목적으로 수행하는데, 이런 보전방법은 유지보전과 개량보전으로 나눌 수 있다. **유지보전(Maintenance)**이란 열화 되거나 기능이 저하된 구조물을 수선이나 갱신 등으로 기능을 유지하는 것으로 단순한 **보수(Repair)**의 개념이다. **개량보전(Modernization)**이란 열화되고 저하된 구조 기능을 준공시의 수준 이상으로 향상시키거나, 사용 환경의 변화에 따라 설계 당시의 기능 이상으로 향상 또는 새로운 기능을 부가하는 **보강(Strengthen)**의 개념이다. 이런 과정을 거치면 구조물의 서비스 수준이 높아지거나 수명이 연장될 수 있으며, 구조물의 내하기능도 개선되는 효과를 기대할 수 있다.

유지관리를 위해서는 설계도(시공도면, 보수도면, 구조 계산서, …), 시방서, 각종 사진, 보수 이력, 점검 이력, 사고와 관련된 각종 기록, 관리 대장, 각종 실험의 성과, 계측 기록 등의 관련 자료들을 보관해야 한다. 이와 같은 자료들은 규정에 따라 **안전점검(Safety Inspection)**을 실시할 때 참고가 된다. 이를 바탕으로 구조물의 중요도 등에 따라 정기점검, 정밀점검, 긴급점검 등으로 나누어 안전 점검을 실시한다.

표 6.1 안전점검과 안전진단의 대상 구조물과 시기

구 분	대상 시설물별 시기	
정기 안전점검	교량 및 터널, 수리시설, 항만시설, 건축물	매반기 1회
정밀 안전점검	교량 및 터널, 수리시설, 항만시설, 건축물	2년 1회
	항만 구조물의 경우 썰물시 수중 부분	(1회/4년) 이상
	건축물 및 부대시설인 옹벽, 절토사면	(1회/3년)
정밀 안전진단	교량 및 터널, 수리시설, 항만시설, 건축물	5년 1회

안전점검이란 해당분야의 경험과 기술을 갖춘 기술자가 육안이나 점검기구 등으로 검사를 수행하여 구조물의 위험 요인을 조사하는 행위를 말한다. 일반적인 구조물에 대하여 안전점검과 안전진단을 실시하는 주기는 표 6.1과 같으며, 이를 참고로 하여 유지관리를 하여야 필요한 서비스 수준을 유지할 수 있다.

2. 지진의 피해와 보강개념

최근의 몇몇 도시에서 발생된 지진의 피해는 자연재해에 대한 경각심을 고취시키는 역할도 했다. 우리나라도 더 이상 지진의 안전지대는 아니며, 이와 같은 지진에 의하여 교량 구조물에 발생되는 피해는 표 6.2와 같이 정리할 수 있다. 그리고 지진에 의하여 발생되는 각종 피해를 예상하여 표 6.3과 같은 개념으로 보강의 규모를 결정하고, 기본적인 내진보강을 하면 된다.

표 6.2 지진에 의한 교량의 피해

주요 피해		피해 원인
상부구조	낙교	• 사교에서 특히 발생, 지반 액상화에 따른 낙교 • 강성의 중심과 무게중심의 불일치로 과대 변위 발생 • 받침의 파손과 받침의 지지길이 부족으로 인한 낙교
교량받침	받침 본체의 파손	• 록커 받침이 취약
	받침과 상·하부 구조연결부 파손	• 앵커볼트의 길이가 부족한 경우 인발 및 파단 • 모르타르 파괴 및 손상
	이동제한 장치의 손상	• 이동제한 장치 및 부상 방지장치의 손상
	낙교방지 장치의 피해	• 케이블 구속장치, 낙교 방지핀의 피해, 스토퍼의 파손
교각	휨파괴	• 연성부족으로 소성 힌지부에 휨파괴 발생 • 주철근 겹침 이음부, 주철근의 매입길이 부족으로 인한 인발 • 띠철근 및 나선철근 부족으로 취성 파괴
	휨–전단 파괴	• 소성 힌지부 전단강도 부족 휨–전단파괴 발생
	전단 파괴	• 전단 강도 부족으로 전단 취성 파괴
	기타	• 유효길이 부족에 의한 파괴(소성 힌지부 선정오류) • 구속 위치(경계조건)의 변화에 따른 휨파괴
교대	본체의 피해 지반 이동의 피해	• 지반 액상화에 따른 교대의 이동과 전도
기초	말뚝기초의 피해 지반이동의 피해	• 액상화에 따른 횡지지력의 부족 및 잔류 수평변위의 발생으로 인한 말뚝 본체 및 Footing의 파손 • 직접기초 및 우물통 기초는 손상이 경미
지반	침하, 이동	• 액싱화
기타	교각두부, 이음부 파손	• 수평력 집중에 따른 교각 두부의 파손
	강교의 변형	• 강교의 좌굴, 변형
	신축이음 장치의 파손	• 과도한 상부구조의 변위차가 발생되는 경우 충돌에 의한 신축이음 장치의 파손
	강교각의 변형	• 강교각의 좌굴, 변형

표 6.3 지진에 대한 보강개념

구 분	보강 방안	보강 효과
소규모 보강	받침부 보강, 낙교 방지 장치의 설치	받침의 수평 저항력이 증가, 낙교가 방지됨
중규모 보강	받침부 교체, RC교각의 보강, 지진 저감 장치의 설치	받침부의 수평 저항력 증대, 지진 수평력 감소, 교각의 강도 및 변형 능력 증대
대규모 보강	기초의 보강, 지반보강	기초의 강도 증대 액상화에 따른 지지력, 수평 저항력 증대

3. 구조물의 안전진단

(1) 안전진단의 목적

구조물의 안전점검은 사진 6.1의 (a), (b)와 같이 일시적인 장비를 이용하거나, 사진 (c)~(f)와 같은 유지관리용 고정시설을 이용하여 육안 또는 점검기구 등으로 검사를 실시한다. 안전진단은 안전점검과 정밀 안전진단으로 구분하고 있으며, 위험 요소를 조사하는 점검은 초기점검, 정기점검, 정밀점검, 정밀 안전진단, 긴급점검(손상점검, 특별점검)으로 구분한다. 공용중인 구조물에 작용되는 하중의 형태가 다양하고 해석과 설계의 불확실성, 설계 당시에 고려하지 못한 문제의 발생, 시공 오차 등이 존재하기 때문에 안전점검이 필요하다. 이와 같이 안전점검은 구조물을 항상 양호한 상태로 보존하고, 안전성과 사용성을 확보하기 위하여 실시되며, 이는 유지 관리를 위해 아주 중요하다. 사진 (g), (h)는 공용중인 교량에 가시설을 설치하여 점검이나 보수를 하는 사례이다.

(a)

(b)

(c)

(d)

(e)

(f)

(g)

(h)

사진 6.1 교량의 점검

공용중인 구조물에 작용되는 하중의 형태가 다양하고 해석과 설계의 불확실성, 설계 당시에 고려하지 못한 문제의 발생, 시공 오차 등이 존재하기 때문에 안전 점검이 필요하다. 구조물의 안정성과 내구성을 조사하는 경우나 구조물을 보수·보강할 때는 구조진단이 필요한데, 이를 통해서 구조물의 손상 원인이나 손상의 정도를 조사하여 보수·보강의 공법을 판단한다. 그리고 손상되지 않은 구조에 대해서는 현재 예상되는 하중조건 하에서 구조물의 안정성을 판단하고, 장래의 열화나 손상의 정도를 예측하여 예방 대책을 수립하기도 한다.

(2) 안전진단의 종류

기반 시설을 관리할 때 중요한 것은 구조물을 주기적으로 상세하게 점검하는 것인데, 체계적이고 원활한 점검을 위해 많은 경험과 기술적인 이해가 필요하다. 특히 교량의 경우는 주요 부재의 철근량 부족, 거더의 심각한 균열, 콘크리트의 재료분리, 강재의 용접 불량, 하부 구조(교대, 교각)의 균열이나 세굴 등을 집중적으로 점검해야 한다. 이런 점검은 전문 기술자에 의해 이루어지거나, 최소한 전문 기술자의 감독 하에 이루어져야 한다. 일반적으로 안전 진단은 그 중요성에 따라서 3단계로 구분하고 있다.

① 1차 안전진단

전문 기술자가 육안으로 외관조사를 하거나 도면에 표시된 구조물의 현황조사를 통하여 열화나 손상의 상태를 파악하는 것이다. 1차 진단은 2차 진단의 실시 여부를 결정하는 안전 진단의 초기 단계이다.

② 2차 안전진단

각종 검사 장비를 사용해서 1차 안전진단의 결과를 바탕으로 전문 기술자가 중점 진단을 실시하는 것이 2차 안전진단이다. 이 단계에서는 비파괴 시험이나 각종 계측을 병행하기도 한다.

③ 3차 안전진단

1차 및 2차 안전진단의 평가 결과를 참고하여 전문 기술자가 각종 시험(재하시험, 파괴시험 등…) 등을 실시하여 상세 조사를 하는 것이 3차 안전진단이다.

(3) 안전진단의 상세

구조물의 변형이 생기는 원인은 재료의 품질저하, 극한 조건에서의 사용, 구조적으로 비합리적인 증축이나 개축, 화재, 지진, 지반침하 등의 여러 요인이 있다. 그러므로 구조물의 안전진단은 개별 부재(슬래브, 보, 기둥, 벽체…) 혹은 전체 구조의 변형 상태나 각종 열화현상을 정확하게 파악하여 종합적인 판단을 해야 한다. 구조물에 허용한계를 초과하는 변형이 생기면 구조물이 손상되거나 서비스 수준이 낮아지게 된다(건물의 경우는 문의 개폐 불가능, 엘리베이터 등의 작동이 불량…). 따라서 구조물을 진단할 때는 각 구조 요소의 변형 발생의 원인, 변형에 따른 각종 기능의 저하, 변형이 부재에 미치는 영향 등을 면밀하게 검토하면서 구조물 전체의 상태를 종합적으로 파악해야 한다.

구조 진단을 위해서 부재의 단면치수, 배근상태, 하중조건 등을 조사하고 균열의 상황(균열의 발생 위치, 모양, 균열 발생의 영역, 균열의 폭과 깊이 등)을 조사한다. 그리고 현장조사에서는 콘크리트의 압축강도를 확인하기 위하여 사진 6.2의 (a), (b)에 소개된 것과 같이 코어 채취기를 이용하여 코어를 채취하여 실내시험(압축강도 시험 등)을 하기도 한다. 또한 사진 (c) 같은 방법으로 현장에서 압축강도를 측정하기 위하여 비파괴 시험의 일종인 슈미트햄머 시험을 하기도 한다. 또한 철근의 배근상태 등을 조사하기 위하여 사진 (d)와 같이 철근 탐지기를 이용한다. 그리고 철근의 피복두께, 콘크리트의 중성화 상태, 표면의 상태(침식 상황 등), 콘크리트의 박락이나 마모의 정도를 조사한다. 그리고 철골 및 철근 콘크리트 구조의 경우는 강재의 부식 등도 전반적으로 조사하도록 한다.

(a) (b)

(c) (d)

사진 6.2 현장조사

구조물의 변형을 측정할 때는 그 측정이 용도에 맞고 오차 범위내의 충분한 정밀도를 갖도록 해야 한다. 이때 특정 부위에 발생된 변형과 구조물의 전체적인 변형의 경향을 파악하고 분석하도록 한다. 그리고 대변형이 발생한 부재에 대해서는 그 주변부의 상황에 대해서도 자세히 조사한다. 철근 콘크리트구조, 철골 및 철근 콘크리트구소의 대변형은 균열의 발생을 동반하므로 균열 발생의 상황도 조사하여 진단을 하게 된다. 이때는 균열의 발생 위치, 분포 상황, 깊이, 그리고 구조적인 균열인지 수축 균열인지 등을 조사한다. 이와 같은 조사 결과를 바탕으로 하여 구조체의 강성이나 강도(내력) 등의 영향에 대해 검토하여 원인을 규명하고, 적절한 보수나 보강 공법을 결정해서 안전대책을 강구한다.

6-2 화재에 의한 구조 손상

철근 콘크리트 구조나 내화 피복한 철골조 등과 같은 구조는 대부분의 경우에 화재가 발생해도 구조체 자체의 손상은 발생되지 않고 변형도 작은 편이다. 그러나 발화 후 화재의 지속시간이 길어지면 심각한 피해를 발생시킬 수 있는데, 이것의 대표적인 피해 사

표 6.4 국내 교량의 화재 사례

교량명	구조형식	발생 연도	화재부위	피해내용, 화재 지속시간 (추정온도)
노량대교	PSC BOX Girder	1996	상부(유조차 전복)	30분 (600~700℃)
원효대교 접속교	PSC BOX Beam	1997	교량하부	30분 (600~700℃)
우회고가교	PSC BOX Girder	1999	교량하부	60분 (약 1,000℃)
양산고가교	PSC BOX Beam	2010	교량하부	50분 (약 1,000℃)
서해대교	사장교	2015	사장재	사장재의 파손
하색가로교	Rahmen	–	교각에 유조차 충돌	40분 (약 600℃)
동림육교	PSC Beam	–	교량하부	거더의 콘크리트박리, 철근노출

례가 2001년 발생했던 9.11 테러로 붕괴된 WTC 빌딩(미국 뉴욕 소재)의 경우이다. WTC 빌딩은 철골 구조인데 비행기가 건물에 충돌한 후에 화재가 발생하여 건물의 주부재(기둥이나 보 등)에 급격한 온도 상승이 일어나 부재의 강도가 저하되면서 붕괴가 되었다. 이와 같은 연속된 붕괴의 도미노 현상에 의해 전체 구조에 대규모 붕괴가 발생했다는 것이 붕괴 사고에 대한 일반적인 원인 분석의 결과이다.

교량에 발생되는 화재는 상부나 하부 어느 부위에서나 발생할 수 있으며, 화재의 원인은 차량 화재나 교량 하부공간의 활용에 따른 저장물의 화재에 의한 원인 등이 있을 수 있다. 특히 서해대교의 사장재(케이블)에 발생한 화재와 같이 낙뢰(Thunderbolt)에 의한 화재 등도 그 원인 중의 하나가 될 수 있다. 표 6.4에는 국내의 교량에서 발생된 화재 원인과 피해 사례를 예시하였는데, 이런 화재는 교량의 안전에 직접적인 영향을 미치기 때문에 앞으로 교량 화재에 대비하여 다방면으로 검토가 필요하다.

국외의 교량화재의 사례로는 2007년 미국 샌프란시스코의 Bay Bridge로 진입하는 고가교에서 유조차의 전복으로 교량 위에서 화재가 발생하여 상부구조가 낙교하는 사고가 발생하였다. 이 화재로 인하여 유조차에 실려 있던 30,000리터의 휘발유가 하부층의 교량 상판에 쏟아지면서 약 3시간 동안의 화재로 최고 1,500℃의 고온과 60m 상공까지 불길이 치솟아 상부층의 강교를 녹여 낙교가 되는 사고를 초래한 것이다. 그리고 2008년 일본 동경 인근의 Ikebukuro Sen 고가교에 화재가 발생했는데, 유조차의 전도에 의해 2층 구조의 고가교 하층부의 상판 화재로 인하여 상층의 상판, 교각 및 주변 건물 등의 손상이 발생하였다. 이들 화재로 인하여 다층 도로의 상·하부 구조가 심각하게 파괴된 것으로 보고되었는데, 특히 강재 거더부에서 심각한 화재 피해가 발생하였다. PSC 거더부의 교량에서도 화재가 발생하여 긴장재가 노출되는 등의 피해를 초래한 부분도 조

표 6.5 화재의 지속 시간과 파손 깊이 (독일기준)

지속 시간 (분)	도달 온도 (℃)	파손 깊이 (mm)
80	800	0~5
90	1,000	15~25
180	1,100	30~50.

사되었다. 또 2009년 7월 미국 미시간주에 위치한 I-75 고속도로 위를 지나는 교량이 고속도로 상에서 발생한 화재(유조차와 트럭의 충돌)에 의해 붕괴되는 사고가 발생하였다. 이 교량은 RC 슬래브의 강재 거더 교량이었는데, 화재 직후의 온도는 약 1,100℃까지 치솟았으며, 20여분만에 교량 붕괴로 이어진 사고였다.

화재의 지속 시간과 관련된 콘크리트의 파손 깊이의 기준은 표 6.5와 같이 구분하고 있다. 대략 피복 두께가 30~50mm이면 3시간 내화구조라 생각할 수 있으므로 화재의 지속 시간은 잔존하는 구조물의 안정을 판단하는 중요한 요소가 된다. 건축물은 전체의 층이나 높이별로 각 부재별 내화 시간을 구분하고 있으며, 이는 각층에서 화재가 발생할 경우 구조적인 안정이나 소화, 대피의 시간을 고려한 것이다. 이런 내화에 관한 것은 건축법(건축물의 피난 · 방화구조 등의 기준)이나 고시를 통해 규정하고 있다.

구조물에서의 화재의 영향은 사용된 재료의 성질이나 열에 대한 저항성, 열에 의해 도달된 온도 및 화재의 지속 시간과 직접적인 관계가 있다. 화재 후에 구조물의 재사용 여부를 판단하기 위한 조사는 육안 검사를 주로 하는 1차 조사와 재료 시험이나 구조 시험으로 실시하는 정밀 조사인 2차 조사로 나누어 실시하는 것이 일반적이다. 화재로 손상된 구조는 조직이 약해지고 단부 구속에 의해 발생된 열응력으로 균열이 발생하며 박락

표 6.6 화재에 노출된 구조물의 피해 등급

피해등급	상 황	판 정
1급	마감재 등이 남아 있어 피해 흔적이 전혀 없음	보수는 필요 없음
2급	그을음이 구체에 부착되어 있고, 500℃ 이하의 화재에 노출되었으며, 바닥판이나 보에 박락 현상	표면 세척 정도의 간이 보수
3급	미세한 균열 현상과 기둥의 파열이 있고, 표면이 500℃이상의 화재에 노출되었으나, 주철근 위치는 500℃ 이하의 온도, 콘크리트의 변색은 핑크색, 미세균열, 기둥의 미세한 폭렬현상 등	표층에서 피복 콘크리트 부분까지의 재타설 등의 보수 필요
4급	주철근과 부착에 피해가 있고, 표면 균열, 철근의 일부의 노출 현상	보강을 요함
5급	주철근의 좌굴 등과 같이 구조 부재의 피해, 철근의 노출이 크며 변형이 두드러짐. 폭렬의 범위가 크고 휨이 두드러짐	부재의 교환, 부재의 추가

현상이 생기기 때문에 화재 후에 자세한 조사가 이루어져야 한다. 화재에 노출된 구조는 표 6.6과 같은 기준으로 피해 등급을 산정하고 각각의 경우에 맞게 적절한 보수·보강 등의 조치를 취하도록 규정하고 있다.

1. 철근 콘크리트 교량

일반적으로 철근콘크리트 구조는 강구조에 비해 내화성이 우수하기 때문에 화재의 피해는 비교적 적지만, 화재의 규모에 따라서 큰 피해가 발생하기도 한다. 화재가 발생된 철근콘크리트 건물은 사용 여부를 다각도로 검토해서 결정해야 한다. 이는 화재에 노출된 정도에 따라서 안정성의 판단이 다르고, 그것에 따라 내구성이나 경제성의 판단이 달라지기 때문이다. 발생된 화재의 심각성에 따라서 대규모의 보수·보강으로도 기능을 회복하지 못하는 경우가 있는데, 콘크리트 구조물이 화재의 고온에 노출된 경우에 보통 콘크리트와 고강도 콘크리트의 내화 특성은 서로 다른 경향을 보인다. 화재가 발생하여 콘크리트의 온도가 올라가면 콘크리트의 압축강도 및 탄성계수가 저하되고, 철근도 인장강도, 항복강도, 부착강도 등이 감소되는 현상이 발생된다. 그리고 콘크리트는 화재에 의한 온도상승의 정도에 따라서 각각 색조의 변화나 균열 및 폭렬(Spalling) 현상을 보이기도 한다. 굳지 않은 콘크리트나 습윤 콘크리트와 같이 수분이 많은 콘크리트는 화재시의 높은 열에 의해 발생되는 증기압으로 **폭렬 현상**이 쉽게 일어난다.

1) 화재에 의한 손상의 특성

① 보통 콘크리트

일반적으로 보통 포틀랜드 시멘트를 사용한 콘크리트의 경우 화재에 의한 온도가 200~300℃에서는 강도의 저하가 거의 없으나, 500℃이상 상승하면 강도가 60% 이하로 저하되어 탄성은 거의 소멸된다. 그러나 이 정도로 상승된 온도는 화재 후에 일정 시간이 경과하면 어느 정도 강도가 회복되고(당초 강도의 약 90% 정도) 적절한 보수·보강 등의 조치로 재사용이 가능할 수 있다(반드시 하중-변위 시험을 실시하여 강도를 평가). 다만 균열이나 박락이 발생된 콘크리트는 그 기능을 회복할 수 없으므로 적절한 조치가 필요하다.

② 규산질계 콘크리트

콘크리트는 500℃ 정도의 고온에서 중성화되기 시작한다. 500~580℃에서는 콘크리트에 화학적인 피해가 발생되고, 이는 철근 부식의 원인이 되기도 한다. 규산질계 콘크리트는 575℃ 정도에서 체적이 갑자기 팽창하여 골재의 쪼개짐과 박락을 일으키고, 800℃ 정도에서는 본래 강도의 20% 정도만 유지된다.

③ 내화벽돌

내화벽돌로 만든 구조는 약 1,300℃까지의 온도에는 안전하나 1,600℃ 정도에서는 용해된다.

④ 경량 콘크리트

경량 골재 콘크리트는 500℃까지는 본래의 강도를 유지하나, 그 이후부터 강도의 감소가 일어나고, 800℃에서는 본래 강도의 40%만 유지하는 것으로 알려져 있다. 일반적으로 경량 골재로 시공된 콘크리트 구조는 단열 작용으로 일반 콘크리트보다 화재에 대한 내화성이 크지만 콘크리트를 안전하게 사용할 수 있는 한계 온도는 500℃ 정도인 것으로 알려져 있다.

⑤ 색조의 변화

화재시에 콘크리트 색깔의 변화는 온도가 상승된 이력의 지표로 이용된다. 부재의 표면에 그을음이 있거나 표면에 미연(Unburned Matter) 등이 부착한 상태는 300℃ 미만 정도의 온도에 노출되었던 것으로 판단한다. 이런 정도의 콘크리트는 구조내력에 큰 문제가 없다. 화재에 노출된 콘크리트는 노출 온도에 따라 색깔의 변화를 보이는데, 핑크색(복숭아색)으로 변한 콘크리트는 300℃∼600℃ 정도에 노출된 것이다. 그리고 회백색으로 변한 경우는 600℃∼950℃, 담황색으로 변한 경우는 950℃∼1,200℃ 정도의 열에 노출된 것을 나타낸다. 그러나 1,200℃ 이상의 온도에 노출되면 용해되는 성질이 있으며, 핑크색이 철근의 아래로 확대된 흔적을 보이면 콘크리트와 철근의 강도를 조사해야 한다. 이렇게 색이 변한 콘크리트는 강도가 저하되지만 어떤 경우는 색깔의 변화가 없을 수도 있으므로 주의해야 한다.

⑥ 표면의 손상

화재의 피해를 입은 콘크리트의 표면에는 크고 작은 많은 균열의 흔적이 관찰되며, 화재의 초기에는 표층부의 콘크리트가 박락 현상을 일으켜 철근이 노출되는 파괴 현상을 보이기도 한다. 이는 화재의 열에 의한 시멘트 페이스트나 골재의 거동이 다르고 콘크리트와 철근의 팽창 특성, 각 부위의 온도 상승의 차이에 의한 열응력 등에 기인한다. 특히 화재 진압을 위하여 진압 장비와 같은 중량물이 구조물 위를 통과할 경우 구조물의 손상을 가속화 시키는 요인이 될 수 있다. 그러므로 화재 진압 당시의 하중 재하의 상황에 대한 조사도 동시에 이루어져야 한다. 사진 6.3은 화재로 손상된 부재의 예인데, 콘크리트의 폭렬, 기둥의 파괴 등을 나타낸다. 이와 같이 화재에 의해 손상된 부재는 점검이 필수적이고 Ultra-sonic Pulse Velocity Survey, Impulse Radar Survey,

Rebound Hammer, Electro-magnetic Cover Meter Survey 등의 비파괴 시험을 하여 철근의 위치나 피복 두께 등을 조사한다.

(a) (b)

사진 6.3 콘크리트 구조의 화재피해

그리고 특정 부위의 코어를 채취하여 압축 강도를 측정하는데 채취된 코어를 관찰하고 깊이에 따른 색깔의 변화를 분석하여 열화된 층과 균열의 깊이를 조사한다. 철근의 시험은 상대적으로 간단한데 화재시의 온도가 항복점과 연성(Ductility)에 영향을 미치는 범위까지 올라갔는지를 조사하는 것이다. 표 6.7에는 화재에 의한 콘크리트의 구조의 일반적인 열화 형태와 그 특징에 대해 나타내었다.

표 6.7 화재에 의한 콘크리트 구조의 열화의 특징

<table>
<tr><th>열화 형태</th><th>열화 원인</th><th>특 징</th></tr>
<tr><td>콘크리트의 변색, 균열</td><td>화재시 고온에 의해 변색, 균열이 발생</td><td rowspan="3">• 일반적인 화재 후의 대책은 보강을 전제로 하나 표면만의 가벼운 화재의 경우는 보수로도 가능
• 콘크리트의 가열 온도가 200℃를 초과하면 품질 저하가 진행되고 500℃에 도달하면 강도는 1/2까지 저하
• 콘크리트의 가열 온도가 100~200℃를 초과할 경우 철근 부착 강도가 크게 저하</td></tr>
<tr><td>콘크리트의 폭열</td><td>화재시 고온에 의해 약화되어 박리되거나 내부에 생긴 수증기압에 의해 폭열 발생</td></tr>
<tr><td>콘크리트의 강도저하, 중성화</td><td>화재에 의해 콘크리트의 강도 저하와 중성화가 발생</td></tr>
<tr><td>내부 강재의 열화</td><td>화재에 의해 내부 철근이나 PC강재의 열화</td><td>화재를 입은 철근 콘크리트 구조물은 내부 강재의 열화 이전에 콘크리트 자체의 열화가 먼저 발생하고, 내부 강재의 온도가 500~600℃ 이하인 경우에는 강재의 성질은 변하지 않는다.</td></tr>
</table>

화재시에 발생되는 **폭렬(Spalling)**은 구조물의 붕괴의 원인이 되기도 한다. 이는 골재의 폭렬(Aggregate Spalling)이나 폭발성 폭렬(Explosive Spalling), 그리고 콘크리트 층의 박락(Sloughing Spalling)으로 분류할 수 있다. 콘크리트의 함수율이 2% 이하에서

는 폭발성 폭렬은 일어나지 않으며, 2% 이상인 경우 7~30분 사이에 폭렬이 발생되고, 급격한 온도 상승의 경우는 조기에 발생하기도 한다. 콘크리트의 박락은 화재의 응력에 의한 피로나 균열 및 변형에 의해 발생되지만, 이런 폭렬은 피복을 강화하면 방지할 수 있다. 또한 함수율을 2% 이하로 낮추거나(현실적으로 어려움) 고인장 강도의 콘크리트를 사용하면 폭렬을 방지할 수 있다.

(2) 조사 및 진단 방법

화재가 발생한 구조물의 진단 목적은 구조물의 재사용 여부와 필요한 경우 보수·보강의 방법에 관한 기초 자료를 얻는 것이다. 이를 위하여 다양한 조사를 수행한 진단 결과로 그 등급을 판정한다. 구조물의 진단을 위한 예비 단계의 조사로는 설계도 등을 참고하여 화재의 연소 범위와 가연물의 종류, 양 등을 조사하도록 한다. 화재 조사를 할 때는 콘크리트의 변색이나 균열의 유무, 폭, 깊이의 관찰, 보나 슬래브 등의 구조재의 변형을 조사한다. 또한 폭렬과 탈락의 유무 및 크기와 깊이, 그리고 들뜸과 박리, 철근의 노출상태 등을 면밀하게 관찰하도록 한다.

① 콘크리트 시험

화재 후에 콘크리트는 표면 색깔의 변화를 조사하고 슈미트 햄머를 이용하거나, 콘크리트의 코아를 채취하여 압축 강도를 시험하는 경우도 있다. 응력과 변형률의 관계를 파악하거나 처짐 등을 파악하기 위하여 탄성계수 시험을 실시한다. 화재시의 온도가 500℃ 이상 도달했던 것으로 예상되면 중성화 깊이도 측정하도록 하는데, 화재의 온도에 따라 표 6.8을 참고하여 조사한다.

표 6.8 화재 온도별 조사항목

예상 온도	조사 방법
300℃~500℃	열루미네선스의 측정
300℃~600℃	과망간 칼륨에 의한 산소 소비량의 정량 분석
500℃ 이상	중성화 깊이
600℃ 까지	UV 스펙트럼법
600℃ 이상	초음파 전파 속도의 측정, 초음파 스펙트로 스코프법, 탄소 가스량,탄소가스 재흡수량의 측정
825℃	X선회절
850℃ 이상	시차열 천칭 분석

② 철근의 시험

화재가 발생할 경우에 철근의 역학적 특성의 변화는 전체 구조의 안정에 중대한 영향을 미친다. 고열을 받는 철근이나 철근콘크리트용 강봉은 300℃ 정도까지는 강도의 변화가 거의 없으나, 300℃를 넘으면 인장 강도가 급격하게 저하된다. 또 항복점도 서서히 낮아지며 400℃ 정도를 넘으면 명료한 항복점이 없어진다. 그리고 약 500℃ 전후에서 항복 응력의 50% 정도만 유지되고, 600℃에서는 1/3 정도로 감소되며, 900℃ 이상이면 강도가 거의 상실된다. 따라서 화재 시에 장시간 동안 높은 온도가 지속되는 경우는 보나 슬래브의 탄성과 강도가 저하되고, 주철근이 항복하여 휨파괴 기구가 형성된다. 또한 기둥은 열팽창으로 전단 파괴를 일으키는 등 부재의 변형이 일어나게 된다. 그러므로 필요하다면 철근의 인장 시험을 실시하고, 역학적인 특성(항복점, 인장강도, 연신율 등)을 분석하도록 한다.

③ 기타

필요한 경우 슬래브와 보에 대한 재하시험을 실시하여 최대 변형과 잔류 변형을 측정한다. 그리고 진동시험을 실시하여 슬래브와 보의 고유진동수, 진폭, 모드, 감쇠 등을 조사해야 하는 경우도 있다.

2. PC 교량

프리스트레스트(PS) 구조의 역사는 오래되었지만, 최근 들어 교량을 비롯하여 다양한 구조형식에 널리 적용되고 있다. 프리스트레스 구조의 강재(강선)가 받는 화재의 영향은 일반 철근과는 다른 거동을 보인다. PC 강선은 온도가 400℃정도에 이르면 심각하게 강도가 저하되며, 450℃ 정도에서는 강도의 50% 정도가 손실되는 것으로 알려져 있다. 특히 PC구조는 화재 시에 사전 예고 없이 붕괴가 일어나기 쉽기 때문에 PS 구조에 대한 화재의 손상은 주의 깊게 조사되어야 한다.

3. 강구조

강구조는 화재가 발생할 경우에 사진 6.4에 소개된 화재의 현장 사진에서 알 수 있는 것처럼 상당한 피해가 예상되는 취약점을 가지고 있다. 화재가 발생할 경우 화재 온도가 500℃ 정도로 높아지면 인장강도는 거의 55% 정도 감소하고, 탄성계수는 60% 정도 감소하는 것으로 알려져 있다. 이와 같은 화재의 발생으로 붕괴된 대표적인 사례가 뉴욕의 WTC 빌딩의 화재인데, 이와 같이 화재에 의한 온도의 급격한 증가는 구조 안정에 직접적인 영향을 미치는 요인이다. 강구조는 화재에 대비하는 방안으로 부재의 표면을 내화

처리(Flame Retarding) 하는 공법이 많이 이용되고 있다. 사용되는 **내화피복**의 재료는 콘크리트, 석고, 무기 섬유 스프레이, 특수 페인트 등이 이용된다. 콘크리트는 과거부터 많이 사용된 재료로 5cm 이상의 두께로 사용하면 효과가 있으나, 자중이 크기 때문에 사용상의 한계가 있다. 따라서 최근에는 스프레이 재료가 많이 이용되고 있다. 보통 콘크리트의 피복 두께가 2cm 정도인 철근은 500℃에서 50분 정도 견딜 수 있기 때문에 피복 두께는 장시간 고온에 견딜 수 있도록 해야 한다. 그러나 과거에 많이 이용되었던 석면 등은 발암 성분의 검출로 지금은 사용하지 않는다.

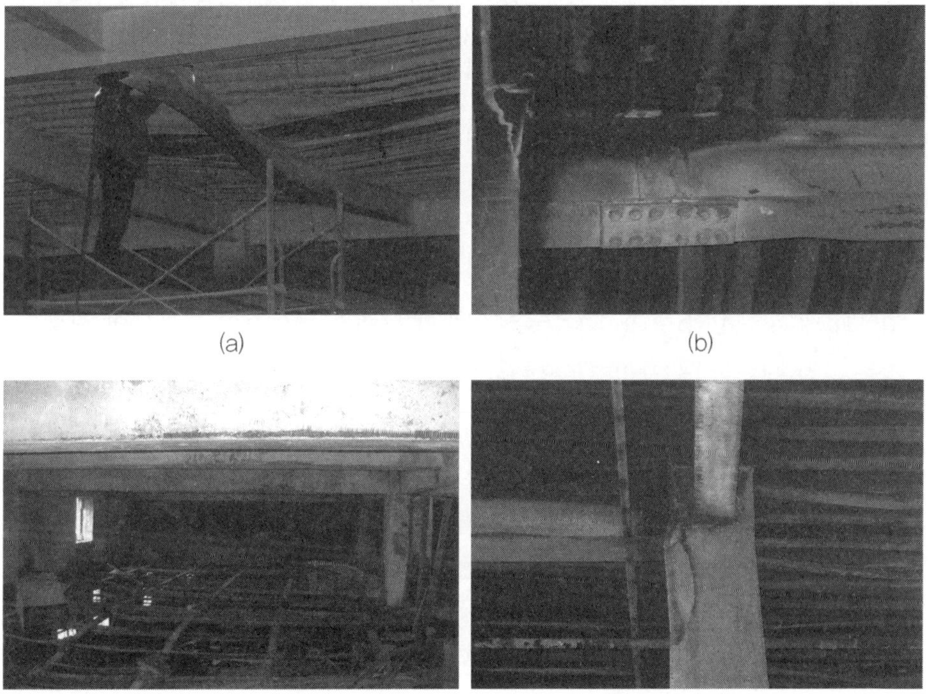

(a) (b) (c) (d)

사진 6.4 화재로 손상된 부재

6-3 교량의 보수·보강

국내에 건설된 대부분의 교량은 1960년대부터 본격적으로 건설되기 시작한 것이 많다. 그러므로 이런 교량들은 준공된 지 60여년이 경과하였으므로, 일부의 교량은 보수·보강의 필요성이 있다. 경우에 따라서는 통과 하중의 증가와 급격한 교통량의 증대 등 다양한 이유로 재가설 해야 하는 사례도 발생하고 있다. 특히 신도시의 건설이나 도시의 규모가 확대되면서 사용 중이던 교량을 확장하거나 새로운 교량의 건설이 활발하게 이루어지기도 했다. 또한 각종 도로의 개설과 선형의 개량, 고속철도의 건설 등으로 새로운 교량이 건설되기도 했다. 가교를 설치해야 하는 경우의 교량 건설은 일시적으로 차량을 우회시키는 계획을 수립해야 하는 등 고려해야 할 요소도 많다. 따라서 기존의 교량을 해체하고 새로운 교량을 건설하는 것은 대단히 복잡한 문제가 발생될 수 있으므로 세밀한 검토가 필요하다.

교량은 사용 중에 다양한 물리적인 환경에 접하게 되는데, 각종 교통수단의 발달로 차량하중의 증가나 일시적인 중차량의 통과, 그리고 교량에 부가되는 부속설비 등의 증가와 같이 재하되는 하중의 특성도 많은 변화를 하게 된다. 그리고 급격한 기온의 변화(폭염, 혹한 등) 또한 신축이음 등에 대한 기능에 큰 영향을 미쳐 교량의 안전에 문제를 발생시키기도 한다. 이와 같은 다양한 원인에 의하여 구조물에 열화현상이 발생하게 되면 서비스 수준을 유지하고 수명을 연장하기 위하여 보수·보강 등의 조치가 필요하게 된다.

1. 보수·보강의 개념

일반적으로 구조물의 보수(Repair)는 결함이 있는 부분을 제거하거나 재처리하여 손상된 구조물의 내구성, 방수성 등의 기능을 원래의 상태로 복원시켜 구조물의 성능을 개선하는 것을 목적으로 한다. 그리고 보강(Strengthen)은 구조물의 내하력을 설계 당시나 그 이상으로 개선시키는 것을 뜻한다. 따라서 구조물을 유지관리 할 때 보수·보강을 적절하게 수행하면 구조물의 수명을 연장시키거나 내하성능을 개선할 수 있다. 이 경우에 보수·보강의 수준은 위험도나 경제성 등을 고려하여 구조물을 현재의 상태로 유지하거나 성능의 회복, 또는 초기 수준 이상의 상태로 개선하는 등의 정도에 따라 결정하도록 한다. 그렇지만 이와 같은 보수·보강만으로 해결이 곤란할 경우는 교량을 철거한 후에 재시공 등의 방안은 신중하게 결정하도록 한다. 또한 이런 경우에도 리모델링 작업을 통하여 다양한 방법으로 용도 전환의 가능성도 검토할 필요가 있다.

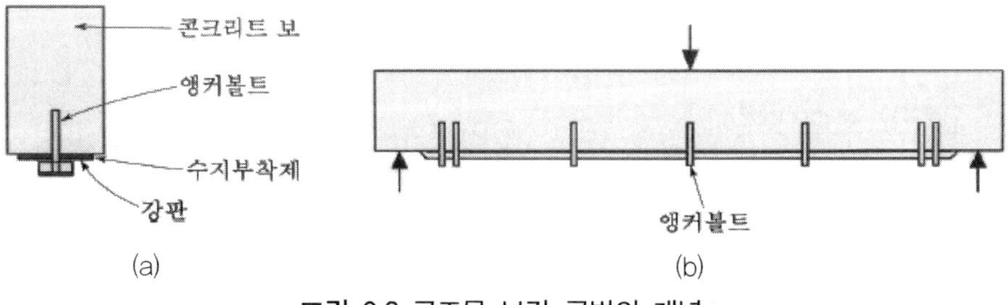

그림 6.2 구조물 보강 공법의 개념

구조물을 보수하거나 보강하는 방법은 다양하게 있으나, 일반적으로 적용되는 가장 간단한 공법의 개념은 그림 6.2와 같다. 이는 구조부재의 하면이나 측면 등에 강판을 부착하여 휨강도를 개선하는 공법의 일반적인 개념이다. 보강공법을 적용하기 위하여 구조물에 재하되는 하중이 설계하중보다 과대한지를 조사해야 한다. 그리고 각종 재해(지진, 화재 등) 등에 노출되는 정도의 조사도 필요하고, 구조물의 리모델링 등으로 구조물의 용도가 바뀌어 새로운 외부 하중이 재하될 경우 등을 분석한다. 이를 바탕으로 구조검토(각종 단면력의 검토)를 통해서 안전을 확인하고 사용성도 검토해야 한다. 사진 6.5는 구조물을 보강한 사례를 소개한 것인데, 포스트텐션 공법을 적용하거나 강봉을 이용한 인장보강, 그리고 강판을 부착한 휨보강 등이 있다. 이외에도 다양한 공법이 있으므로 구조검토를 통해서 적당한 방법을 선정한다.

(a) (b)

(c) (c)

사진 6.5 구조물의 보강사례

2. 교량의 점검

(1) 교량의 상태 평가

상용중인 교량은 열화 현상이 일어나면 구조물의 기능을 잃거나 외관이 나빠지게 되고, 강도의 손실이 생겨 서비스의 질이 낮아지며, 안전에 문제가 생길 수 있다. 예를 들면 수분에 취약한 구조물의 각 부분은 방수의 문제를 세심하게 검토해야 하는 등이다. 이런 구조물은 집수관 등을 이용해서 즉시 배수가 되도록 하거나, 페인팅이나 전기 화학적인 방식에 의한 표면 방수로 구조물을 보호해야 하는 것 등이다.

일반적으로 수분을 포함하는 구조물은 산소가 적절하게 공급되면 부식이 촉진되므로, 수분은 구조물에 발생되는 모든 열화의 가장 큰 원인이 된다. 그리고 동절기에 제설을 위해 교량의 상판 포장에 뿌려지는 염화칼슘은 수분을 통해서 팽창 조인트나 교좌 등 모든 부분으로 침투하게 되고, 이런 결과 열화가 촉진되는 현상을 보이게 된다. 트러스교나 강재 아치교 등과 같은 강구조물은 볼트 부분이나 가세트(Gusset) 부분에 물이 스며들어 부식이 되기도 하고, 현수교나 사장교 등의 메인 케이블과 주탑은 해안 지역에 위치해 있을 때 바람에 날린 물보라 등으로 부식이 되기도 한다.

콘크리트 구조는 완전한 수밀성의 구조가 아니기 때문에 주로 이음 부분(Joint)에서 누수현상이 발생한다. 또한 콘크리트 타설 작업의 불량, 다지기의 불충분, 배합의 불량 등도 누수의 원인이 된다. 그리고 시공시에 거푸집을 조이는 철사 등의 긴결재의 위치 등을 따라서 누수가 발생하는 경우도 있으므로 주의해야 한다. 아주 작은 누수의 경우는 누수의 경로를 따라 칼슘염이 축적되면 흐름이 방해되기 때문에 저절로 누수가 멈추는 경우도 있으므로, 물에 석회를 가해 이 작용을 촉진시키기는 사례도 있다. 그러나 대부분은 표면을 실링(Sealing)하는 방법 등으로 처리해야 한다.

교량의 기능적 결함이나 구조적 결함은 차량 지체를 일으키는 부적당한 차선의 설치 및 노견의 폭, 인도의 부재, 데크 설계의 미비 등으로 발생된다. 그리고 활하중의 적용 기준이 잘못 적용되거나, 풍하중이나 지진 등과 같은 수평 하중의 부적당한 적용 등에 의해 발생되기도 한다. 이런 결함을 일으키는 요인들은 이용자들이 불편을 느끼는 정도의 경미한 것이 있는 반면, 안전에 심각한 영향을 주는 요소들도 있으므로 이들의 평가는 신중해야 한다. 교량의 각 부분의 열화의 진행 여부나 구조적인 결함을 확인하기 위해서 상부 구조, 하부 구조, 기초 부분으로 나누어 점검하며, 경우에 따라서는 더 세분해서 검사할 수 있다.

(2) 외관조사

대상 교량의 현장점검은 육안에 의한 방법이나 각종 측정 기구를 이용하여 실시하게 되는데, 보통 교면상태, 상부구조 및 하부구조를 점검하며, 그 내용은 다음과 같다.

① 교면의 상태조사

① 교면의 단차, 요철, 균열, 주행성 관찰 등
② 신축이음장치의 파손, 작동상태 등
③ 교면의 방수 불량, 배수관의 파손이나 폐색, 배수받이 미설치 및 연결 불량 등

② 상부구조 조사

상부구조의 상세한 조사는 주로 슬래브를 중심으로 다음과 같은 항목에 대해 조사한다. 현재 사용되고 있는 교량의 대부분은 콘크리트 교량인데, 이와 같은 교량에 발생되는 다양한 형태의 결함은 다각도로 분석하여 보수·보강 작업이 이루어져야 한다.

① 균열
반복하중에 의한 피로균열, 상부 하중에 대한 내하력 부족으로 발생되는 휨균열(지점부 및 Span 중앙의 횡방향 균열)의 현황
② 박리현상
시공시 콘크리트 재료의 품질불량에 의한 콘크리트 탈락 현상
③ 철근노출
시공 관리의 부주의로 인한 철근의 피복두께 부족 및 콘크리트 탈락으로 인한 철근의 노출 현상
④ 재료분리
시공불량으로 인한 조골재와 세골재의 분리현상에 의해 누수 및 철근의 부식이 진행되는지의 조사
⑤ 백태현상
콘크리트 내부에 침투수로 인해 균열 내부 및 표피에서 유리 석회분의 분출 현상
⑥ 누수현상
신축이음부, 균열부, 시공이음부 등에서 발생되는 누수 현황, 재료분리 현상에 의한 누수 현상
⑦ 부식현상
균열부 누수 및 백태현상과 함께 오는 부식현상
⑧ 보수상태
전면교체, 부분교체, 철판보강, 약액주입 보수 등의 현황

③ 하부구조 조사

하부 구조는 최소한 1년에 1회 정도는 검사가 필요하며, 홍수 후에는 하상의 변화도 점검한다. 여름철이나 겨울철 등 온도가 최대 또는 최소가 되는 시기에는 교좌의 수평이동 등을 조사하도록 한다. 그리고 교각이나 교대에 발생되는 심각한 결함 현상인 부등침하가 발생하면 그 원을 찾아 대책을 세워야 한다. 일반적으로 부등침하는 편심하중 등이 증가하거나 세굴, 구조물과 지반의 마찰 부족으로 발생되는 측방이동, 지반의 압밀침하, 전도 등에 의해 발생된다. 따라서 이와 관련되는 항목의 점검도 필수적이다.

① 구체부

결함 상태는 상부구조와 마찬가지로 균열, 철근노출, 콘크리트 부식 및 탈락, 백태현상, 재료분리 등을 조사한다. 특히 우각부 및 단면이 급변하는 곳의 보강기법 미숙으로 인한 균열, 교좌장치 주위의 하중집중으로 인한 균열 등에 대해서 조사한다.

② 기초부

기초의 침하, 측방이동, 하상저하에 의한 세굴 등의 현황 등을 조사한다.

③ 교좌장치

교좌 장치의 파손, 상부로부터의 누수에 의한 퇴적물 및 부식으로 인한 작동 불량, 방청처리 불량, 배수처리 불량, 관리 소홀 등을 조사한다.

3. 보수·보강 공법

(1) 보수법

콘크리트의 강도 저하나 중성화가 발생하지 않았으나 균열에 대한 내구성 저하가 우려되는 경우에는 **표층 콘크리트 보수법**으로 보수한다. 이는 미세한 균열이 있는 경우에 사용하는 표면 강화 처리제의 도포법, 그리고 0.2~1mm 미만의 균열 보수에 이용되는 저압 수지 주입법 등이 있다. 주입재는 수지계(에폭시 수지가 가장 일반적임)나 시멘트계를 이용한다.

피복 콘크리트의 보수법은 강도나 내구성의 저하가 확인된 부분을 제거하고 단면을 복구하는 방법이다. 수지 모르타르 도포법, 모르타르 그라우팅법, 모르타르 방출법, 콘크리트 단면 복구법, 콘크리트 단면 증타법 등이 있다.

(2) 보강법

부재 보강법은 부재의 증설에 의한 보강, 증타에 의한 단면 확대 보강, 철판 부착 보강법 등이 있다. 부재가 심각한 손상으로 부재 전체를 교체해야 하는 경우에 새로운 부재

표 6.9 구조물의 보강공법

공 법		개 요
강판 접착 공법	압착 공법	보강용 강판을 콘크리트 면에 압착하는 공법
	주입 공법	보강용 강판과 콘크리트 사이의 주변을 충진하고 수지로 압착하는 공법
FRP 접착 공법		콘크리트 면에 FRP를 접착하는 공법
탄소섬유쉬트 보강공법		섬유 시트를 접착하여 전단이나 휨모멘트를 보강함
프리스트레스 공법		외부에 포스트텐션을 도입한 공법
콘크리트 덧붙이기 공법	합성보 공법	기존의 단면에 RC단면이나 강재로 증강하는 공법
	철근 보강 공법	철근을 보강하여 모르타르로 마무리 하는 공법
	단면 증가 공법	콘크리트 단면을 증가하는 공법
보겹침 공법		기존의 보에 새로운 보를 겹치는 공법
부분(부재) 교체 공법	부분 교체 공법	손상된 부분을 제거하고 새로운 부재로 교체
	전면 교체 공법	부재 전체를 교체하는 공법
부재 증설 공법	보, 기둥 증설 공법	보, 기둥을 증설해서 내하력을 증가시키는 공법

로 교체하는 공법이다. 구조물의 현황조사와 점검을 통하여 보강공법을 결정하게 되는데, 표 6.9는 일반적으로 구조물의 보강에 적용되는 공법의 종류를 나타낸 것이다. 이와 같은 보강 공법은 현장의 조건과 공법의 장·단점을 분석하여 결정하도록 한다.

4. 교량의 보강 사례

교량은 사용 중에 과도한 하중이 재하되거나, 기존 교량의 폭이 확장될 경우에는 보강해야 하는 경우가 많이 있다. 이때는 구조검토를 통하여 상부구조와 하부구조를 적절한 공법으로 보강하며 이 공법 또한 다양한 종류가 있다. 일반적인 보강공법은 그림 6.3과 같은 개념으로 측면이나 하면 등에 강판을 부착하고 앵커볼트로 고정하는 공법 등 다양한 공법을 적용할 수 있다. 이와 같은 보강공법은 그림 (a)와 같이 거더 전체에 강판을 부착하고 그 내부에 철근의 배근과 콘크리트의 타설로 보강하는 단면 증대의 공법을 적용하기도 한다. 또한 그림 (b), (c)와 같이 보나 슬래브 등을 보강하기 위하여 상면에 콘크리트를 타설하여 단면을 확대하거나, 하부에 띠형태의 강판을 부착하는 공법도 적용할 수 있다. 그리고 그림 (d)는 보의 단면을 크게 함과 동시에 기존 보 양측의 외부에 포스트텐션 공법을 적용하는 공법이며, 그림 (e)와 같이 보나 슬래브의 하부에 형강(I형강, H형강) 등을 덧대어 보강하는 공법이 적용되기도 한다.

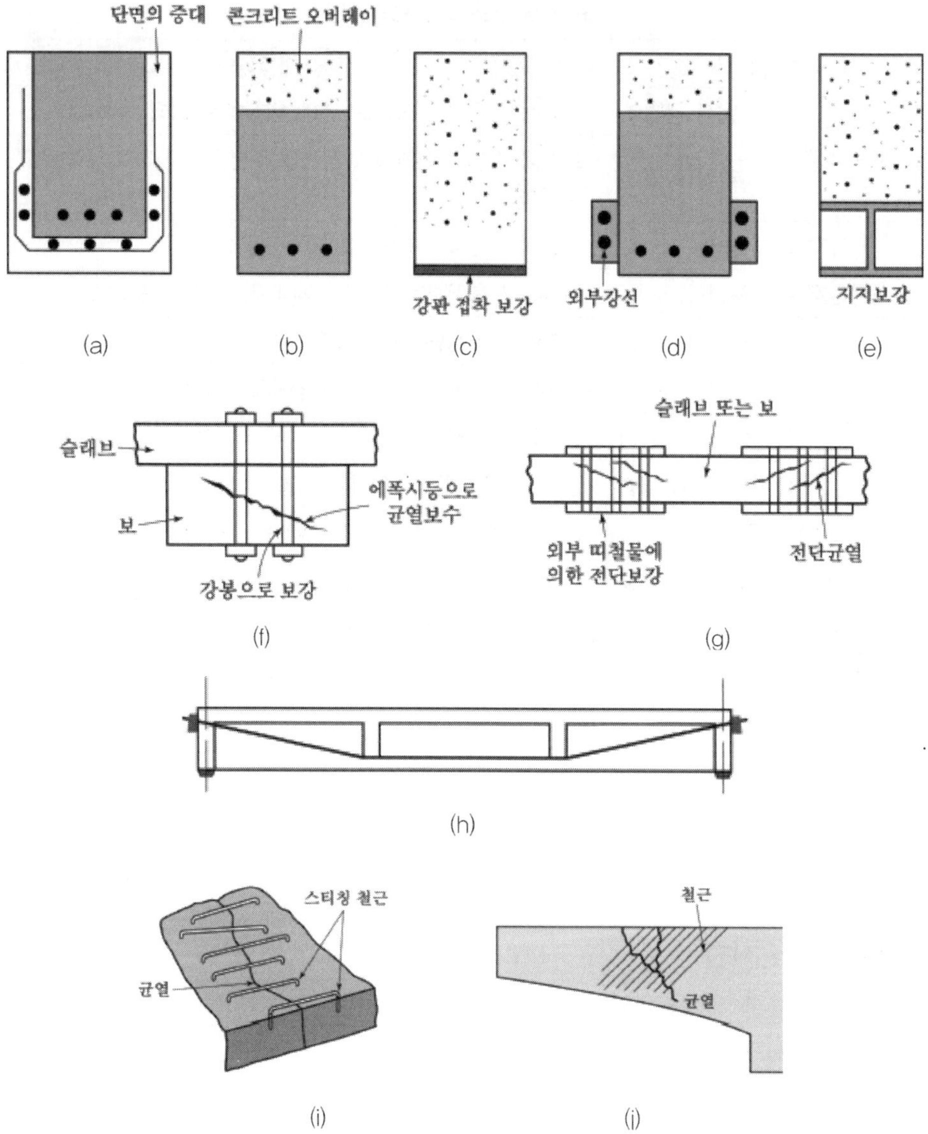

그림 6.3 구조물의 보강법

그림 (f), (g)는 구조부재에 균열(Crack)이 과도하게 발생하는 경우에 강봉을 설치하거나 강판을 부착하여 균열의 확대를 방지하는 공법이다. 그리고 그림 (h)는 외부에 강선을 부착하여 포스트텐션을 가하는 공법이며, 그림 (i)는 균열의 확대를 방지하기 위하여 스티칭 철근을 설치하는 공법이다. 그림 (j)는 교각에 발생되는 균열에 의한 지지력의 저하를 방지하는 공법인데, 이와 같은 공법들을 현장 조건에 맞게 적용하여 보강하도록 한다.

(1) 상부구조의 보강

교량의 상부구조의 보강은 사진 6.6에 소개된 것과 같은 프리스트레스 공법의 하나인 **외부 포스트텐션(Post-tension)**을 이용한 거더나 슬래브의 보강이 일반적이다. 사진 6.6의 (a), (b)에 소개된 사례는 도로교의 교통량이 많아지고 중차량의 통행으로 거더에 과다한 처짐이 발생하는 등의 문제가 발생하여 이를 보강한 것이다. 또한 사진 (c), (d)는 슬래브의 과다 처짐에 대하여 보강한 포스트텐션 공법인데, 이 사례는 건물의 천정 슬래브에 적용한 것이나, 교량의 경우에도 적용이 가능한 공법이다. 그러나 교하공간의 활용이 예상되는 교량을 이와 같은 공법을 적용하여 보강하는 경우에는 교하공간의 점유물에 발생될 수 있는 화재에 대비하여 강선의 내화처리도 검토하도록 한다.

(a) (b) (c) (d)

사진 6.6 포스트텐션의 의한 보의 보강

이와 같은 각종 공법을 기본으로 실제 구조물의 보강에 직접 적용된 사례가 사진 6.7에 소개되어 있다. 사진 (a)는 교량의 거더의 측면에 강판 접착 공법을 적용한 것이다. 사진 (b)는 보와 슬래브에 강판 접착 공법을 적용한 것이고, 사진 (c), (d), (e)는 띠형태의 강판을 접착한 공법을 적용한 사례이다. 사진 (f)는 철근 콘크리트 보의 외부에 포스트텐션을 도입한 보강 공법의 시공사례를 소개한 것이다.

(a) (b)

(c) (d)

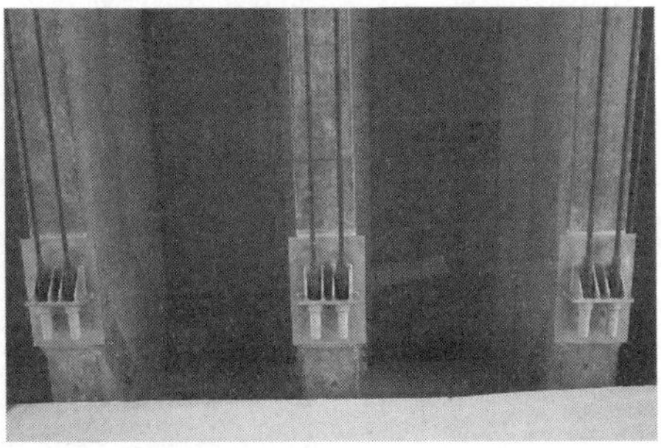

(e) (f)

(g)

사진 6.7 교량 상부구조의 보강

(2) 하부구조의 보강

교량의 하부구조인 교대나 교각의 보강사례들도 많이 있는데, 이들은 주로 교대의 배면토압의 증가, 교폭의 확대(차선의 증가)나 통행 차량 하중의 증가 등이 그 원인이다. 이와 같은 보강공법은 그림 6.4의 (a), (b)와 같이 부재를 증설하는 공법으로 보강하거나, 그림 (c)와 같이 단면을 확대하는 공법을 적용한다. 그러나 단면에 여유가 있는 경우는 그림 (d)와 같이 교각의 두부에 포스트텐션을 도입하여 보강하기도 한다.

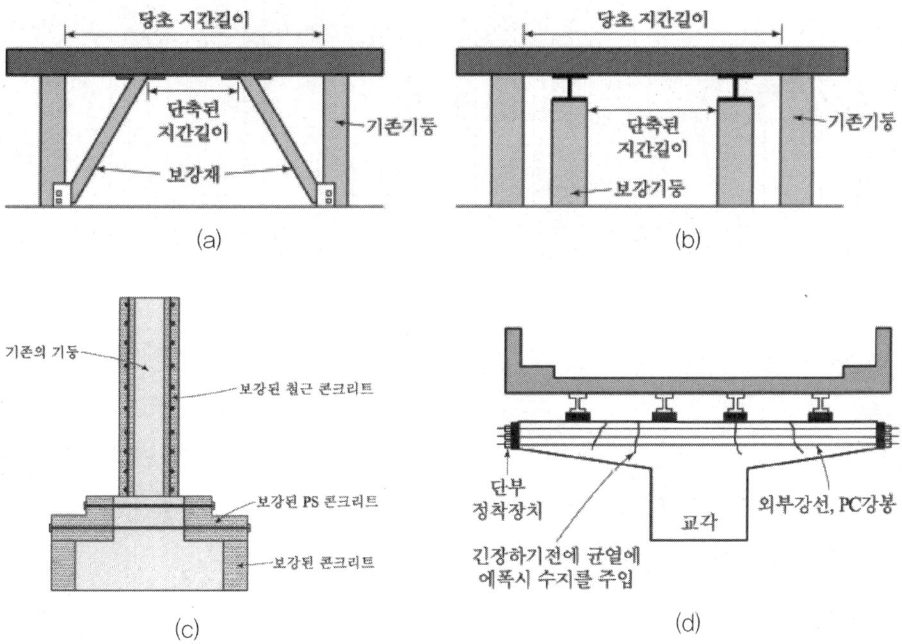

그림 6.4 공법의 개념

그림 6.5의 (a)와 같은 강재교각을 보강하는 기본 개념은 그림 (b)와 같이 헌치부를 보강하거나, 그림 (c)와 같이 교각의 단면을 확대하는 공법을 적용하기도 한다. 또한 그림 (d)는 기존의 교대를 앵커공법으로 보강하는 일반적인 공법인데, 이런 공법은 일반토류 구조물인 옹벽 등에도 적용된 많은 시공사례가 있는 공법이다.

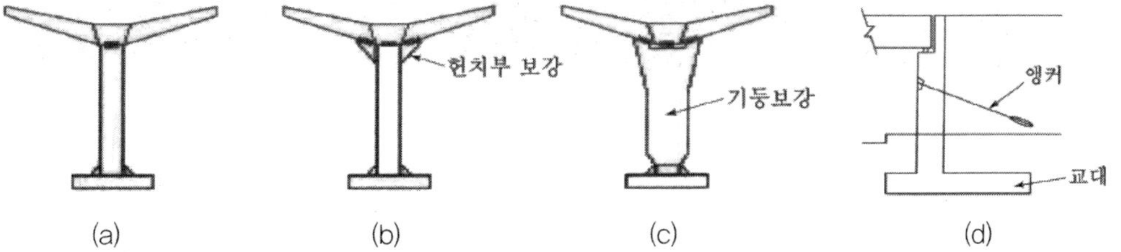

그림 6.5 하부구조의 보강 개념

사진 6.8의 (a)는 슬래브교의 상부에 재하되는 차량하중이 증가함에 따라 교각의 지지력이 부족하여 부재를 증설하는 방법이다. 이는 기존의 벽식 교각 사이에 강재기둥을 하나 더 시공하여 지지력을 분산하는 개념으로 보강한 것이다. 또한 사진 (b)~(g)와 같이 보강이 필요한 부분에 강판을 부착하거나, 사진 (h)와 같이 포스트텐션을 적용한 강봉의 시공 등으로 보강하는 사례도 있다.

(a)

(b)

(c)

(d)

(e)

(f)

(g) (h)

(i) (j) (k)

사진 6.8 교량 하부구조의 보강

교대를 보강한 사례인 사진 (i)는 토압의 작용으로 교대의 단면이 부족한 경우에 적용되는 어스앵커를 이용한 보강법을 나타낸다. 이와 같은 공법은 일반 옹벽의 경우도 적용이 가능한 일반적인 공법이다. 사진 (j)는 교대의 보강에 띠모양의 강판을 접착한 공법의 시공사례이다. 그리고 사진 (k)는 교대의 날개벽 부분이 배면토의 토압으로 측방변위가 발생하는 등의 문제가 발생하여 어스앵커 공법으로 보강한 사례이다.

제 7 장

교량 하부 공간의 활용과 리모델링

7-1 교하공간의 활용

토목 구조물 중에서 교량은 아주 중요한 기반시설 중의 하나인데, 최근에는 노후화된 교량을 리모델링하여 새로운 용도로 이용되는 사례가 많다. 이와 같이 기존 구조물을 리모델링하여 새로운 용도의 구조물을 창출하는 것은 그 활용의 측면을 보면 새로운 구조물의 건설에 버금갈 정도이다. 그러므로 앞으로도 기존 구조물의 리모델링 영역은 권장되어야 할 것으로 생각된다. 그러나 많은 교량이 건설되어 상용중이지만 교량하부의 공간은 사장되어 있거나 소극적인 활용에 한정되는 경우가 많다. 교량하부의 유휴 부지를 활용하는 것은 '토지' 라는 공공재의 활용이라는 측면에서도 바람직한 것이며, 교하공간을 적극적으로 개발하기 위하여 지역의 특성에 맞는 다양한 아이디어의 창출이 필요하다.

교량 하부의 공간(교하 공간)은 교량의 위치에 따라서 다양한 용도로 이용될 수 있는데, 도시 내에 있는 교량의 교하 공간은 주차장, 창고, 그리고 소규모 체육시설의 용도 등 소극적인 활용에 국한되어 있다. 그러나 최근에는 이와 같은 한정된 공간에 상업시설, 업무시설, 위락시설, 그리고 소규모 도서관 등을 건설하여 다양하게 활용하고 있다. 미래에도 도시에 존재하고 있는 이와 같은 공간들을 적극적으로 개발하거나 이미 개발한 사례가 있는 경우에는 공간의 활용 내용을 분석하여 효율성을 극대화 하는 정책이 필요하다. 그리고 필요하다면 구조검토(주로 화재의 발생시에 구조물에 미치는 영향에 관한 검토)를 비롯하여 공간 활용의 다양성을 검토해야 한다.

1. 교하공간의 활용사례

교량의 하부 공간은 간단한 체육시설을 설치하거나 주차장의 용도로 사용하는 소극적인 방법으로만 이용되어 왔다. 그러나 최근에는 대규모 사업비를 투자하여 사진 7.1과 같이 대규모의 상업시설로 개발된 교하 공간의 활용 사례가 있다. 이는 부산광역시가 주도한 사업으로 100억원 정도의 사업비가 투자되었는데, 이런 사업은 경제성 또한 중요하므로 사전에 검토가 필요하다. 그리고 지하철을 비롯하여 광역 철도의 경우에 교량형의 고가역사(교상역)의 하부를 사진 (g)와 같은 형식으로 주차장을 개발하여 환승의 편의를 도모하는 개발사례도 많이 있다. 일반적인 고가도로의 하부에 간단한 구조물을 설치하여 주차의 효율을 높이는 시설을 할 수 있는데, 이는 공간을 경제적으로 이용할 수 있는 합리적인 방식이다. 특히 사진 (h)는 도시를 통과하는 기존의 고속도로의 고가교 하부에 주민들이 이용할 수 있는 작은 도서관을 건설한 좋은 사례이다.

(a) (b) (c) (d) (e) (f) (g) (h)

사진 7.1 교하공간의 이용

항구도시 부산의 경우는 바다를 잇는 세븐 브릿지(7개의 부산의 해안 순환 도로를 구성하는 교량)를 관광의 아이템으로 선정하여 적극적인 개발에 나서고 있다. 특히 교량 하부 공간의 개발과 관련되는 해상교량의 수변 공간은 부산이 가지는 해양문화 발전의 자산인 동시에 부산이 고민해야 하는 과제이기도 하다. 일본의 경우에 시고쿠와 혼슈를 연결하는 교량인 세토대교 주변에는 세토대교 기념박물관과 교량을 배경으로 한 '다목적 홀'이 건설되어 있다. 이곳은 매년 수십만 명의 관광객들이 모이는 교량이 있는 명소로 성장했는데, 이는 세토대교를 배경으로 한 다목적 홀의 멋진 외관이 기여하는 바도 크다.

부산의 경우에도 새로운 영도대교의 준공과 함께 거론되었던 교량박물관의 건립도 하부공간의 활용이라는 차원에서 해결 가능한 과제라 생각된다. 최근에 부산의 부산항 대교의 교하공간을 활용하는 계획이 수립되어 일반인들에게 개장되었다. 사진 7.2에 소개된 부산항대교의 영도측 접속교(루프교) 구간의 하부를 개발하여 사진 7.3과 같이 오토캠핑장 등을 조성하여 운영이 시작되었는데, 이와 같은 개발은 좀 더 적극적으로 추진되어야 한다.

(a)

(b) (c)

사진 7.2 부산항대교의 접속교

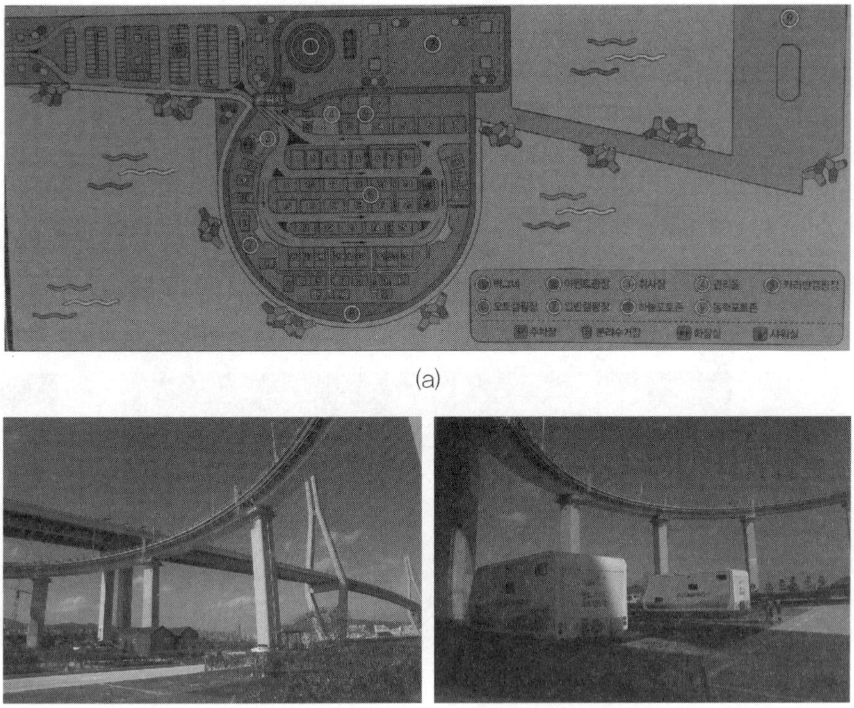

(a) (b) (c)

사진 7.3 평면과 시설사례

2. 교량과 건축물

교량과 관련된 개발의 방향은 교하공간의 개발이나 리모델링에 국한하지 않고 다양화할 필요가 있다. 일본의 사례로 사진 7.4의 (a)와 같이 교량의 노선 설치는 건물이 있는 지역에도 제도의 보완을 통해서 건설이 가능하다는 것을 보여주고 있다. 이와 같은 사례에서 교량의 상부에 건축물이 있는 경우도 차량 화재가 건물에 미치는 영향 등을 검토하여 특별한 대책을 강구해야 한다. 사진 (b)는 강을 횡단하는 교량에 교상역을 건축한 사례인데, 지하철의 역사와 같은 경우는 이미 이런 건설 사례가 많이 있으며, 이는 공간효율의 측면에서는 좋다. 그리고 사진 (c)는 대부분의 선로를 고가화한 철도교의 사례인데, 역을 하천 위에 건설한 예이다. 사진 (d)는 스카이 브릿지의 개념으로 아파트 단지의 건물을 교량으로 연결시킨 사례이다.

(a) (b)

(c) (d)

사진 7.4 건축물과 교량

3. 보강된 교량의 교하 공간 개발

교량이 철근콘크리트 구조나 강구조로 건설된 경우, 그리고 교량이 PC구조인 경우에는 교하 공간을 개발할 경우 화재에 대한 검토가 반드시 필요하다. 상용 중에 사진 7.5에 소개된 사례와 같이 교량의 상부구조를 포스트텐션 공법으로 보강한 사례가 있다. 이런 경우에는 교하 공간을 개발하여 활용하는 경우에 화재가 발생하면 화재에 의한 온도 상승으로 강도가 급격하게 저하되기 때문이다. 이런 경우에 구조물에 피해가 발생할 수 있으므로 이에 대한 대책도 필요하다.

(a) (b)

사진 7.5 보강된 교량의 교하 공간

7-2 교량의 리모델링

우리나라의 각종 기반시설을 본격적으로 건설한지가 거의 60년 정도 경과하였고, 이 기간 동안 경제 규모는 폭발적인 증가를 하였다. 따라서 이와 같은 구조물은 확장의 필요성이 대두되는 경우가 많고 경우에 따라서 보수보강을 하거나 철거하여 새롭게 시공해야 하는 사례도 있다. 국내의 사회 기반 시설 중에서 토목이나 건축 구조물이 차지하는 건설 자산은 38% 정도를 차지하고 있는 것으로 알려져 있다. 따라서 많은 부분을 차지하는 구조물을 효율적으로 관리하기 위하여 시설물 관리(FM; Facility Management)의 기법을 도입하여 유지관리를 합리화 하도록 해야 한다. 이와 같은 경우에 관리는 경영적인 측면도 중요하지만 기술적으로 보수·보강의 적정성을 검토하여 노후화 된 기반시설을 적극적으로 관리하는 것이 중요하다. 그리고 다양한 방식의 리모델링 작업을 통해 새로운 기능을 가지는 시설로 재생시키는 시장도 많은 수요가 있을 것으로 기대된다.

시설물이 수명을 다한 노후화된 구조를 철거하는 것만이 능사가 아니라 기반시설의 장수명화 전략과 관련된 종합적인 관리계획을 수립하여 한정된 재원을 효율적으로 활용해야 한다. 재생 사업은 관련된 법령의 개정도 필요하지만 무엇보다도 새로운 변화와 발상의 전환과 같은 의식의 변화가 중요하다. 문화 선진국의 각종 시설을 벤치마킹 하거나 우리의 역사나 문화의 특성에 맞는 새로운 아이디어의 창출도 필요하다. 이를 위하여 대학교육에서부터 기술자들에게도 다소 부족하다고 인식되는 인문학적인 소양을 갖출 수 있도록 교육이 필요하다고 생각된다. 최근에는 이와 같은 의식을 변화로 국내에서도 노후화된 기반시설의 재생(리모델링)이 활발하게 이루어지고 있다.

1. 서울로 7017

서울로 7017 프로젝트는 70년대 고도성장의 상징인 서울역 고가 도로를'차량길'에서 17개의'사람길'로 재생하여 단절된 서울역 일대를 통합하기 위한 프로젝트로 시작되었다. 이는 사진 7.6의 (a)~(d)와 같이 기존의 고가도로를 철거하지 않고 지역 활성화와 도심의 활력을 확산시키는데 기여하며, 사람 중심의 새로운 상징물로 재생시킨 것이다.

(a) (b) (c) (d)

사진 7.6 서울로 7017

서울역 고가도로는 2006년에 안전성 평가를 시행한 결과 D등급을 받아 철거가 결정되었으나, 2014년에 이 시설을 재활용하기 위한 구조 안전성의 평가가 시작되었다. 2015년에는 재생을 위한 공식적인 설계안이 발표되었으며, 2016년에는 재생 공사가 시작되었다. 일부 구간의 교량 구조는 보수·보강을 거쳐서 조경 설계와 개량공사가 진행되었으며, 2016년 5월에 시민에게 개방되었다.

프랑스 파리의 **프롬나드 플랑테**는 110년간 사용되다가 1969년에 폐선된 고가철도가 있었다. 이를 리모델링 하면서 '초록 오솔길' 이라는 설계개념으로 공원화 사업을 하였는데, 이 작업은 훗날 세계 여러 나라에서 개발의 모델로 삼았다는 것이다. 이는 '21세기의 센트럴 팍'이라고 불려지는 뉴욕의 **하이 라인 팍**(High Line Park)이 벤치마킹 하게 되었고, 이를 참고한 것이 우리의 '서울로 7017'이라는 것이다. 즉 서울로 7017은 사진 7.7의 (a)~(c)에 소개된 미국 뉴욕의'하이라인 파크'와 같은 재생사업의 사례를 벤치마킹한 측면도 있다고 할 수 있다.

(a) (b) (c)

사진 7.7 하이라인 파크

하이라인 팍은 1930년대의 화물열차용 고가철도가 1980년대에 폐선되면서 방치되어 있던 곳을 공원으로 조성한 것이다. 이 공원은 2009년에 개장된 이래로 뉴욕의 명소가 되면서, 인근지역의 활성화에 기여하게 되고, 이는 수많은 사람들을 불러 모으게 된 것이다. 이와 같이 고가철도가 도시의 선형공원으로 만들어진 것은 도시디자인, 조경, 식물생태학 등 다양한 분야에 영향을 미치면서 새로운 공간의 가치를 창출할 수 있는 사례가 된 것이다.

그러나 'MVRDV'라는 네덜란드 회사가 설계한 서울로 7017의 재생 사업의 결과에 대해서는 논란이 많다. 이는 교량 위의 조경이 단순하게 콘크리트 화분을 배열한 것에 지나지 않는다는 것과 이들이 통행을 방해한다는 혹평이 있는 것도 사실이다. 따라서 좀 더 심사숙고하여 조경설계를 했으면 하는 아쉬움도 있는 재생사업이지만, 이런 시작은 분명히 새롭게 변화를 추구할 수 있는 기회가 될 수 있을 것으로 생각된다.

2. 대구시의 아양교

아양철교는'동대구역~영천'구간의 대구선 철도 노선 중에서 대구의 도심을 통과하던 구간이 외곽으로 옮겨지면서 2008년에 철거될 예정이었다. 그러나 철도교를 철거하는 문제를 검토하던 중에 이를 재개발하여 새로운 시설로 재생시키자는 의견이 대두되었다. 하지만 그 당시의 분위기로는 이와 같은 하천상의 교량을 리모델링하는 것은 여러 국가기관과 관련 있는 문제로 많은 난제를 품고 있는 일이기도 했다. 이와 같은 어려움 속에서 폐선 될 구간에 있는 철도교를 리모델링 작업을 거쳐 재활용하면 훌륭한 관광자원이 될 수 있다는 논리로 정부와 대구시의 철거 방침을 바꾸도록 한 것이다. 그리고 사업의 시행을 위하여 전문기관에 교량의 안전점검을 의뢰해 D등급을 받았으며, 안전검사의 결과에 따라 보강공사를 시행하였다. **'아양철교 명소화 사업'**이라고 명명한 이 폐철교의 재활용 사업은 서울대학교 디자인학부의 교수팀이 전체적인 디자인 기획을 하였다. 본 사업(2012. 6~2013. 12)은 하천의 점용 허가를 얻는데 2년 정도의 시간이 소비되는 등 시작 단계부터 어려움이 많이 있었다. 이는 지금까지 교량상부에 상업시설을 하는 사례가 없었던 이유이기도 하지만 변화에 대한 인식이 부족한 까닭이기도 하다.

사업을 추진한 결과 사진 7.8의 (a)~(g)와 같이 내부에는 카페, 교량 전시실, 화랑 등의 시설이 입주해 시민들이 하천상에 있는 새로운 공간을 이용하고 있다. 특히 사전에 사진 (g)와 같이 일부 교각의 보강공사도 시행하여 시민들이 안전하게 이용하도록 사전 조치를 하였다.

(a)

(b)

(c)

(d)

(e)

(f)

(g)

사진 7.8 아양교의 교량 재생

그러나 하천 위의 교량을 리모델링의 결과 많은 시민들이 휴식공간으로 이용하고 있지만, 사업 대상지가 도심과는 좀 떨어진 변두리에 위치하여 사업성은 어려움이 있을 것으로 보인다. 미래에도 이런 여러 가지 리모델링의 여건이 조성된다면 좀 더 산뜻한 개발을 통하여 새로운 용도의 기반시설로 전환이 가능하리라 생각된다.

3. 김해 낙동강 레일파크

김해 낙동강 레일파크는 1962년에 건설된 트러스형의 철도 교량과 철도 터널을 사진 7.9와 같이 **레일 바이크** 시설과 와인동굴을 연계하여 **철도테마파크**로 재생한 사례 중의 하나이다. 낙동강을 횡단하는 경전선 구간에 있는 이 교량은 1938년 9월에 하부구조의 공사를 착공하여 1940년 4월에 준공하였다. 그러나 상부구조는 제2차 세계대전으로 인하여 착공하지 못한 채 건설이 중단되었으며, 1950년에 건설이 재개되었으나, 6·25전쟁으로 다시 공사가 중단되었다가 1962년 12월에 준공되었다.

이 교량은 길이 996.6m로 개통 당시에는 한강철교에 이어 한국에서 2번째로 긴 장대 철도교량이었다. 그러나 철도 선로의 개선 작업으로 2009년에 새로운 교량이 건설되면서 이 교량은 사용이 중지 되었다. 김해시가 좀 더 전향적인 사고로 폐선된 철로와 교량을 활용하여 레일 바이크의 시설로 리모델링하였다. 그리고 인근의 폐선된 터널도 **와인동굴**로 재단장하고, 새마을호 기차를 이용한 **열차카페**, 그리고 폐철교의 상부를 활용한 **철교 전망대**(낙조 전망대)를 연계한 관광 상품으로 개발하였던 것이다. 현재 개발된 사진 7.9의 (b)와 같은 레일 바이크 시설은 기존의 레일을 보완하여 지상 구간은 0.5km, 교량 구간은 1.0km이다. 그리고 철교 전망대는 폐선된 낙동강 철교의 입구부에 설치된 전망대로 가로 50m, 세로 6m의 공간을 설치하여 석양을 바라볼 수 있는 낙조 전망대로 개발한 것이다.

(a) (b) (c)

사진 7.9 레일 바이크

이 철도교는 상부구조를 완공한지 60여년이 경과하여 노후화가 진행되었으나, 당초 철도차량이 통행하던 교량이었기 때문에 레일 바이크로 이용하는데 구조적인 문제는 없었다. 그렇지만 주변에 있는 철도 관사촌, 삼랑진교 등 문화재적 가치가 있는 사료들과 연계하고, 낙동강의 낙조 감상 등의 프로그램과 연계한 장기계획의 수립이 필요하다. 이와 같은 계획이 현실화되면 체험하는 시설의 하나로 유지 발전시키기 위하여 시설물의 유지관리를 통해 각 부재의 열화 등에 관한 꾸준한 점검과 보수 등의 활동이 요구된다.

4. 저도 연육교

저도 연육교는 1987년에 건설된 창원시 구산면과 저도를 연결하는 사진 7.10과 같은 트러스 구조의 교량이다. 이는 길이 170m, 폭 3m의 콘크리트 상판으로 이루어진 트러스 교량으로 많은 사람들이 찾던 '콰이강의 다리'하는 별칭도 가지고 있었다.

(a) (b)

사진 7.10 콰이강의 다리

2004년에 지역이 개발되면서 이 교량의 바로 옆에 사진 7.11과 같은 날센 아치형의 교량이 새로 건설되었고 이로 인하여 기존의 콰이강의 다리는 철거될 계획이었다. 그러나 이 교량은 한시적으로 보행자 전용으로 사용되어 오다가, 2016년에 관광자원의 보존과 활용 차원에서 콘크리트 상판을 목재 상판으로 교체하고, 상판의 일부를 두께 45mm의 강화유리로 시공하여 **스카이 워크**로 리모델링하였다. 이는 높이 13.5m의 수면위에서 바다를 내려다보면서 건널 수 있는 국내 최초의 스카이 워크가 된 것이다. 이 결과 개장된 지 75일 만에 30만명의 관광객이 방문하는 핫플레이스가 되기도 했다.

(a) (b)

사진 7.11 저도 연육교

5. 샤라티교의 리모델링

남아프리카공화국 최대의 국립공원인 크루거 국립공원(Kruger National Park)에 는 1979년 이후에 폐선된 철로의 철도교(Shalati Bridge) 위에 열차를 개조하여 호텔로 개장한 사례도 있다. 이 호텔은 국립공원 내의 6개의 강(River) 중에서 다양한 동물이 서식하는 사비(Sabi)강의 오래된 철교(1912년 건설) 위에 사진 7.12와 같이 **열차호텔**로 만들어진 것이다. 이와 같이 국립공원을 가로지르는 샤라티교 위에 열차를 끌어 놓고 이의 객실을 개조해 열차 호텔로 탈바꿈시킨 아이디어가 대단하다. 특히 수영장은 교각위에 돌출된 형식으로 만들어 마치 철교 끝에 떠 있는 듯한 기분이 들게 시공하였다. 이와 같이 폐선된 철도교의 리모델링은 이미 국내에서도 일부는 시행되고 있지만, 앞으로 철도의 직선화 사업 등에 참고할 만한 사례이다.

(a) (b)

사진 7.12 사파리 호텔 (https : //www.krugershalati.com/gallery/)

제8장

구조물의 해체

8-1 구조물의 해체

모든 구조물은 그 수명이 다하게 되면 리모델링의 과정을 거쳐 재사용하거나 해체를 한 후 새로운 구조물을 건설하게 된다. 구조물의 해체 작업은 많은 비용이 투자되기 때문에 해체 공법의 선정에 따라서 소요되는 비용과 공기는 큰 차이를 보이게 된다. 그리고 토목구조물의 해체는 사회적인 비용이 많이 소요되는데, 특히 교량구조물의 해체는 교통 통제나 우회로의 확보 등에 따르는 시민들의 불편이 수반되게 되므로 전체 공정을 신속하게 진행할 수 있는 방안이 강구되어야 한다.

구조물의 해체공법은 인력과 장비를 이용하여 상층으로부터 단계적으로 철거하는 공법인 기계식 해체 공법과 1940년대 미국에서 개발되어 대규모 해체에 많이 이용되고 있는 발파 해체 공법이 있다. **기계식 해체 공법**은 분진이나 소음이 장기화될 수 있으며, 일정 규모 이상(보통 5층 이상)의 구조물을 해체하는 경우에는 비경제적인 단점이 있다. 그러나 이런 단점에도 불구하고 대부분의 해체는 일반적인 공법인 기계식에 의존하고 있다. **발파 해체 공법**은 기둥, 보, 전단벽 등의 구조 부재에 시차를 둔 발파 공법을 적용하여 구조물을 불균형 상태로 만든 후에 자체 중력에 의하여 붕괴되게 하는 공법이다. 이는 기계식 해체 공법이 비하여 경제적이지만 고도의 기술과 경험을 필요로 하는 공법으로 일반적이지는 않다. 일반적으로 건설 현장에서 많이 이용되는 해체 공법에는 저소음, 저진동의 해체 기계를 사용하여 피해를 최소화 할 수 있는 공법이 적용되고 있다. 이들은 대표적으로 Crusher 공법, Diamond Wire Sawing 공법, Wall Saw 공법, Cutter 공법, Core Drill 공법, Bursting 공법, Steel Ball 공법, Water Zet 공법, 열랜싯(Thermic Lancet) 공법 등이 있다. 이 공법들은 **정적 해체 공법**으로 불려지고 있는데, 충격 에너지를 이용하며 소음, 진동, 분진 등을 수반하는 공법인 브레이커 공법, 발파

표 8.1 해체용 기계의 선정시 체크 사항

개 요	세 부 사 항
해체 대상 구조물의 일반적인 자료	규모, 해체형태, 부위 및 구조, 해체 부재의 질, 부재의 크기
입지, 위치	위치(지상, 공중, 지중…) 장소(해변, 하천, 산지, 시가지…) 및 장소의 크기 근접지에 특수 시설이나 다른 구조물의 존재
환경제약	소음, 진동, 분진, 오탁 등의 규제 교통규제, 반출규모 및 경로, 처리장
시공법, 시간의 제약	작업 시간대의 제약사항, 시공시기, 시공공정의 제약, 작업공간의 확보, 안정성, 경제성

공법, 전도 공법 등은 **동적 해체 공법**이라 한다.

기존 구조물의 철거는 주변 환경에 대한 배려나 시간적인 제한 등 여러 가지로 제약조건이 많이 따르게 된다. 이런 점을 고려하여 표 8.1은 해체용 기계를 선정할 때 고려해야 하는 조건들이다.

8-2 해체공법

1. Diamond Wire Sawing 공법

D.W.S.(Diamond Wire Saw) 공법은 다이아몬드 비트가 박힌 와이어를 절단 대상물에 감아 걸고 유압 구동 장치로 고속으로 회전시켜 구조물을 절단하는 공법이다. 이 공법은 대리석이나 화강암 등을 채취하는 채석 작업용으로 개발되었으나, 1980년대 초부터 콘크리트 구조의 해체에 널리 이용 되고 있다. 이는 무진동이며 소음이 최소화된 공법으로 콘크리트 교량, 고가도로, 빌딩, 지하 구조물, 신축 이음 장치, 굴뚝 등의 거의 모든 부재의 절단작업과 해체에 이용되고 있다. 이 공법은 절단 깊이나 대상물에 제한이 없으며, 해체 구조물과 구동 장치 간에 가이드 도르레를 여러 형태로 설치하여 복잡하고 좁은 장소에서도 사용할 수 있다. 해양구조물이나 하천 구조물 등과 같은 수중에 있는 구조물도 절단이 가능하고, 저소음 무진동 공법이기 때문에 환경 규제가 엄격한 장소나 야간에도 시공이 가능하다. 또한 인접 구조물이나 잔존 건물에 손상을 주지 않는 정밀한 해체를 할 수 있는 장점이 있는 공법이기도 하다. 그리고 이 공법은 가장 많이 활용되는 최신의 절단 기술이며, 신속하고 안전한 해체 작업을 할 수 있고, 비용이 절감되기 때문에 기존의 해체 공법을 대체하고 있다. 특히 이는 공법의 특성상 절단작업을 진행하는 동안 발생되는 열과 분진을 억제하기 위하여 냉각수를 사용하는 습식 절단 공법이다.

2. Wall Saw 공법

Wall Saw는 Wheel Saw를 레일에 장착한 형태로 트랙을 따라가는 톱날로 절단하므로 수직, 수평절단이 가능하다. 또 Wheel Saw로는 절단할 수 없는 경사진 면이나 모퉁이도 절단이 가능한 특성을 가지고 있다. 특히 절단면이 깨끗하고 정확하기 때문에 환기구나 창문, 파라펫 등을 절단에 적당하며 경제적인 공법이다. 이는 절단 능력이 우수하고 교량의 상판이나 건물의 슬래브, 도로 포장의 신축 이음의 절단 등과 같은 대규모 바닥 절단이 가능한 공법이기도 하다. 그러나 구석진 곳이나 밀폐된 옹벽 등은 장비의 특성상 절단이 불가능하므로 이런 경우는 다이아몬드 와이어 쏘나 휠쏘로 절단한다. 이 공법은 두께 40cm 이하의 콘크리트 옹벽, 구조물의 뒷부분이 흙 등으로 막혀 와이어를 삽입하기 어려운 옹벽이나 기초 바닥 등의 해체에 적용하기 좋다. 또한 벽 또는 천정, 바닥구조를 절단하는 공법으로 물을 이용한 냉각방식의 습식절단 공법이다.

3. 압쇄공법

압쇄공법은 굴삭기의 유압작용에 의하여 작동되는 **압쇄기(Clutcher)**가 콘크리트 구조물을 눌러 깨거나 부수어 구조물을 해체하는 공법이다. 약 20~50 [m3/일] 정도의 파쇄가 가능하며, 사진 8.1과 같이 콘크리트 구조물 파쇄시 대부분의 철근이 동시에 절단되기 때문에 철근 절단을 위한 2차 작업이 불필요하다.

(a) (b) (c) (d)

사진 8.1 압쇄식 해체

이와 같은 방법은 기둥, 슬래브, 보, 기초, 벽체 등 광범위하게 적용이 가능하며 좁은 장소, 극소파괴 등에 유리하나 분진이 발생할 수 있지만, 이는 살수작업을 병행하면 해소가 가능하다. 그러나 소음이나 진동 등의 공해는 발생시키지 않기 때문에 도심지에서의 시공에 적합한 공법이다. Excavator에 장착되어 있는 Crusher(압쇄기)를 유압의 힘으로 압축하여 콘크리트 및 벽돌을 깨거나 절단하는 것으로 해체공법 중에서 가장 일반화 되어 있는 공법이다. 그러나 이 공법은 교각과 같이 큰 단면을 해체하는 토목공사에서는 사전에 절단작업이 필요한 단점도 있다.

4. 파쇄공법

파쇄공법은 압축공기를 이용하여 반복적인 충격력으로 콘크리트를 파쇄하는 공법이며, 사진 8.2의 (a)와 같이 손으로 조작이 가능한 소형 파쇄기와 사진 (b)와 같은 파워쇼벨에 파쇄기를 탑재하여 사용하는 대형 파쇄기가 있다. 대형 브레이커에 의한 해체공법은 일반적으로 널리 이용되는 구조물 해체 공법으로, 기둥, 슬래브, 보, 기초, 벽체의 해체 등 적용 분야가 다양하다. 이 공법은 사전작업이 필요 없이 다른 작업과 병용이 가능한 특징이 있으나, 소음이 발생하는 단점이 있다. 소형 파쇄기는 무거운 중량으로 인하여 하향작업에 적당하고 편리하므로 다목적으로 사용된다. 대형 파쇄기는 기동성이 좋고 작업범위가 넓지만 심한 소음이 발생하므로 도심지에서는 사용이 제한되는 등의 단점이 있다.

(a)

(b)

사진 8.2 브레이커에 의한 파쇄

5. 철구 타격 공법

크레인에 매단 철구를 수평 방향이나 수직 방향으로 타격하여 구조물을 해체하는 공법으로 가장 오래되고 일반적으로 이용되는 공법중의 하나이다. 해체된 콘크리트를 작은 조각으로 부수거나 철근을 자르는 작업이 필요하며, 타격 작업을 원활하게 진행하지 못하면 철구가 크레인의 붐을 타격하는 사고가 발생될 수 있으므로 숙련된 작업자가 작업을 해야 한다. **철구 타격 공법**으로 해체할 수 있는 구조물은 크레인의 크기와 작업 공간에 따라 다른데, 일반적인 기둥이나 보, 슬래브, 벽체 등에는 적용성이 좋으나, 지중보나 기초 구조물은 적용성이 나쁘고, 철근을 별도로 절단해야 하는 공정이 필요하다. 작업 중에 먼지가 발생되므로 살수 설비가 필요하고, 소음이나 진동에 대한 대책이 요구된다. 따라서 이 공법은 환경문제(소음, 분진, 진동, 및 비산물 등)가 발생하고 인접 건물이 있는 경우에는 적용이 불가능하기 때문에 현재는 거의 사용하지 않는 공법이다.

6. 코아 드릴 공법

코아 드릴(Core Drill) 공법은 백호에 코아 드릴을 장착하여 유압으로 콘크리트 부재나 암반을 천공하는 공법으로 진동과 소음이 적고 협소한 공간에서도 사용이 가능하다. 이는 소형의 기계식도 있으며, 천공작업의 만능공구로 사용되면서 이용되는 분야가 확대되고 있다. Burst용 천공, 활주로의 유도등 설치용 천공 등의 작업은 코아 드릴만이 할 수 있는 특수한 분야로 정착되었다. 주요 용도로는 실험 분석용 코아 채취, 각종 배관용 천공, 각종 구조물의 강도 시험용 코아 채취, 도로 포장의 두께 확인용 코아 채취, 가드레일, 난간, 중앙 분리대 설치를 위한 천공 등에 널리 이용되는 공법이다.

7. 파열 공법

파열(Bursting)공법은 기계적인 Bursting공법과 화학적인 Bursting공법이 있는데, 기계적인 Bursting공법은 사진 8.3과 같이 교대를 해체하는데 적용할 수 있다. 이는 해체 대상의 콘크리트 구조물에 천공을 한 후 버스터 헤드를 삽입하여 콘크리트에 균열을 발생시켜 구조물을 철거하는 공법이다. 실린더, 유압장치 등이 필요하고 무근콘크리트 구조의 파괴에 적당하며 천공시 약간의 분진과 소음이 있다. 화학적인 Bursting공법은 천공된 구멍에 팽창제를 삽입하여 균열을 유도하는 것인데, 이는 온도에 민감하고 기계적인 Bursting공법보다 비용이 많이 든다. 이 공법을 적용하기 위하여 천공 작업을 할 때 약간의 소음이 있지만, 거의 무진동 무소음으로 해체작업을 할 수 있기 때문에 주택에 인접한 구조물을 소음없이 철거하는 경우에 주로 이용 된다.

(a) (b)

사진 8.3 Bursting공법

8. 워터 제트 공법

워터 제트(Water Jet) 공법은 유럽, 미국, 캐나다, 일본 등지에서 구조물의 해체작업에 널리 적용되고 있는데 서울 청계 고가도로의 해체 작업 등에 이 공법이 적용되었다. 이 공법은 초고압, 초고속으로 분사되는 물의 충격 에너지를 이용한 구조물의 해체 기술이며, 극미한 노즐을 통과한 초고압수를 구조물에 연속적으로 분사시켜 콘크리트 등을 파쇄시키는 원리를 이용한 공법이다. 워터 제트 공법은 무소음, 무분진 공법이며 기둥, 슬래브, 보, 벽체 등의 해체에 적당하고 무근콘크리트에 효율적이다. 시가지나 주요 시설 주변 등의 까다로운 작업에 적합하고 충격과 진동이 없기 때문에 인근 구조물에 피해를 발생시키지 않지만 배수설비가 필요하고 제트소음이 있다. 그리고 철근의 손상 없이 콘크리트의 부식된 부위만 선별적으로 제거하는 작업이 가능하며 해체면을 요철 방식으로 제거하므로 콘크리트로 보강할 때 부착력을 증대시킬 수 있다.

9. 발파 해체 공법

발파 해체 공법(Explosive Demolition)은 토목, 건축, 자원공학 분야의 구조물을 철거하거나 해체하는 경우, 그리고 노후되거나 재개발이 필요한 구조물의 주요 지지 부재인 기둥이나 내력벽을 소량의 화약으로 파괴시켜 전체 구조를 불안정한 상태로 만들어 구조물이 자중에 의해 붕괴되도록 유도하는 공법이다. 발파해체 공법은 브레이커나 강구 등 기계력에 의한 기존의 해체 공법으로 불가능하거나 경제적이지 못한 고층건물의 해체, 대형 콘크리트 구조물, 철골 구조물, 암반 구조물 등에 적용이 용이한 특수 기술이다. 그리고 고도의 제어 발파 기술을 핵심으로 하여 시간적 공간적인 제약하에서 주위 환경에 대한 피해를 방지하고 원하는 목적대로 구조물을 제거하는 기술이다.

이 공법은 해체 대상 구조물의 기둥과 같은 지지부에 장약을 위한 천공을 하여 가능하면 적은 양의 화약을 장약하고, 뇌관을 이용히어 정확한 시간차(통상 0.5초 정도의 시차가 가장 적당)를 두고 폭발시켜 폭발력이 아닌 구조물의 자중에 의해 순차적으로 무너져 내리게 하는 공법이다. 철근 콘크리트 구조물은 일부가 붕괴되었을 경우 구조물 전체의 하중 및 모멘트가 재분배 되면서 내력이 작은 곳부터 파괴되어 구조물 전체가 짧은 시간 내에 붕괴하게 되는데 해체에 소요되는 시간은 대략 5~15초 이내이다. 발파 해체 공법은 철거 대상 구조물의 균열이 심하여 기존의 압쇄기 공법으로 철거시 붕괴의 위험이 있거나 해체 구조물이 점차 기울어져 불안전할 때 이용할 수 있으며 철탑, 트러스 형태의 교량, 그 외의 강구조물은 특수한 성형 폭약(Shaped Charge)을 사용하여 제거 할 수 있다(플로리다의 Sunshine Skyway Bridge를 해체할 때 약 9,000톤의 강재를 Controlled Demolition공법으로 해체).

발파 해체 공법으로 해체를 하는 경우 각 부위별 폭파의 시차 선택이 발파 해체 공법의 가장 핵심 기술 중의 하나이다. 발파를 위한 천공이 잘못된 경우에는 대상 부재의 완전한 파괴가 이루어지지 않아 예상치 못한 결과를 초래할 수 있다. 일반적으로 이 공법은 고층 건물 해체에 경제적이며, 해체에 소요되는 시간은 짧으나 방호 공사가 필요하고 2차 파쇄가 필요하며 순간적이지만 비산과 분진이 발생한다. 그러나 때로는 주변 지반에 진동파를 발생시켜 인근의 구조물이 피해를 입게 되는 경우도 있으므로 이런 충격을 최소화시키기 위해서는 정확한 폭파 지점을 선택해야 한다. 또한 최소화된 적당량의 폭약과 뇌관의 배열, 특수 Blast Mat 등 노하우가 필요하다.

발파 해체 공법에는 발파층의 발파 순서에 따라 윗층에서 아랫층으로 발파하는 방식과 아래층에서 윗층으로 발파하는 방식이 있으며 현장의 여건과 발파 순서를 어떻게 택하느냐에 따라서 다음과 같은 종류로 대별된다.

(1) 전도 공법

전도공법(Felling)은 기술적으로는 가장 간단한 공법으로 전도 방향으로의 충분한 공간 확보가 필요하며 일정한 방향으로 구조물 전체를 한꺼번에 전도시키는 공법이다.

(2) 단축 붕괴 공법

단축 붕괴 공법(Telescoping)은 발파층 전체를 일정하게 수직으로 붕괴시키는 공법이며, 구조물이 위치한 제자리에 그대로 붕락되도록 하는 것으로 주변에 여유 공간이 없을 경우에 적용되는 공법이다. 초기 거동을 시작하여 계속적인 붕괴를 유도하며, 구조물 하부에 파쇄물이 쌓이므로 그 자체가 충격을 흡수한다. 서울 남산 아파트의 경우는 높이보다 길이가 길고 고층이었으므로 단축 붕괴 공법과 점진 붕괴 공법을 혼용하여 발파 해체하였다. 그리고 아파트 앞쪽으로 호텔 및 주거지가 위치하고 있는 주변 여건을 고려하여 남산 기슭으로 약간 경사를 주어 붕괴를 유도한 사례가 있다.

(3) 상부 붕괴 공법

전도 공법과 단축 공법을 혼합한 공법이 **상부 붕괴 공법(Toppling)**이며, 일반적으로 2~3열의 기둥을 가진 건물을 한쪽 방향으로 붕괴시키는 공법이다. 이 공법을 적용하면 전도와 붕괴가 동시에 발생하므로 일방향 또는 이방향의 여유 공간이 있을 경우에 적용하며, 지반 진동을 제어 할 수 있는 점진 붕괴가 발생하도록 설계해야 한다.

(4) 내파공법

붕락시 구조물을 내측에서 외측으로 끌어당기도록 유도하는 공법이 **내파공법(Implosion)**이며 제약된 공간, 도심지에서 사용 가능한 공법이다.

(5) 연속붕괴공법

연속붕괴공법(Sequenced Racking)은 **점진붕괴공법**(Progressive Collapse)이라고도 하며, 복합 형식으로 이루어진 구조물을 순간적으로 붕괴시키는 공법이다. 이는 3차원적으로 기폭 시스템이 설치되어 시차를 두고 여러 곳에서 붕괴가 진행되며 한쪽 끝에서 다른 쪽 끝으로 차례로 붕괴시키는 공법이다.

(6) 상부공략공법

전도 공법과 단축 공법을 혼합한 공법이 **상부공략공법**(Topping)이다.

10. 테코랩(Tecorep) 공법

일본 건설회사 다이세이(大成)가 선 보인 **테코랩(Tecorep) 공법**은 빌딩 내부에서 빌딩 높이를 줄여나가는 방식이다. 일본 도쿄의 아카사카 그랜드 프린스호텔의 해체에 이 공법을 적용하였고, 꼭대기 층을 받치고 있는 기둥을 1인치(2.5cm)씩 잘라내 차츰 건물을 깎아나가는 공법이다. 이 공법은 발파해체나 타격 등 다른 공법에 비해 시간은 더 걸리지만 훨씬 안전하고 민원의 소지도 적어 마천루 숲인 도심내 빌딩 철거에 적격으로 알려졌다. 다이세이가 제시한 자료에 따르면 테코랩은 기존 방식에 비해 공사 먼지를 90% 줄이고, 소음도 17데시벨(조용한 도서관 수준)에 불과하다. 또 작업이 내부에서 진행돼 날씨의 영향도 받지 않는다. 이 공법은 빌딩 꼭대기에 일종의 공장을 만들어 위에서부터 건물 높이를 줄이는 것이라 할 수 있으며, 100m 이상의 빌딩을 친환경적으로 해체하는데 효과적이다. 따라서 주변 건물이나 도로 상황에 피해를 주지 않아 빌딩이 밀집돼 있는 도심에서 해체작업을 할 때 적합하다.

참고문헌

1. 강교의 설계, 정찬묵 역, 도서출판 엔지니어즈, 1995
2. 강구조 공학, Jack C. Macormac, 구미서관, 1991
3. 강구조 공학, 조효남, 구미서관, 1998
4. 강구조 공학, 한국강구조학회, 구미서관, 2004
5. 강구조 편람(제4권 강도로교의 설계), 한국강구조학회, 1995
6. 건설 시공학, 이송 외 2인, 기문당, 2003
7. 교량공학, 이우현, 청문각, 1999
8. 교량공학, 조효남, 구미서관, 1999
9. 교량공학, 장병순, 기문당, 2002
10. 교량구조물의 보수·보강 공법편람, 건설교통부, 한국건설기술연구원, 1995
11. 교량의 점검과 복원, 남광현, 과학기술, 2003
12. 교량의 조형학, 杉山和雄, 건설도서, 2006
13. 교통 공학 원론(상), 도철웅, 청문각, 1998
14. 다리 구조 교과서, 김정환 역, 보누스, 2017
15. 다리의 모든 것, 오범수 역, 일본토목학회, 전파과학사, 1991
16. 도로교표준시방서, 국토교통부, 2016
17. 도로설계편람(교량편), 국토해양부, 2008
18. 땅의 문명, 남영우, (주)문학사상, 2021
19. 로마인 이야기. 10 : 모든 길은 로마로 통한다, 시오노 나나미, 한길사, 2002
20. 명화 속에 담긴 그 도시의 다리, 이종세, 씨아이알, 2015
21. 미학적으로 교량보기, 문지영, 씨아이알, 2014
22. 바퀴, 세계를 굴리다 : 바퀴의 탄생, 몰락, 그리고 부활, Bulliet, Richard W, 소슬기 역, MID엠아이디, 2016
23. 사장교의 설계와 시공, 이병철 역, 도서출판 엔지니어즈, 1993
24. 사회 기반 시설 공학, 김진우, 구미서관, 2006
25. 세계의 다리를 읽다 : 악마의 다리부터 퐁네프까지 다리에 얽힌 별난 이야기, 김진희 역, 파주 : 어젠다, 2014
26. 스토리텔링을 통한 공간의 가치, 이창민, (주)위에스앤에스, 2019
27. 아름다운 교량, 국토해양부, 2012
28. 에도시대 도시를 걷다, 김경숙, 소명출판, 2022
29. 옛다리, 손영식, 대원사, 1990

30. 이 땅의 다리산책, 이종근, 서울:채륜서, 2015
31. 위대한 도시에는 아름다운 다리가 있다, 박지웅(역), 보누스, 2020
32. (자연과 문명의 조화) 토목공학, 대한토목학회, 씨아이알, 2018
33. (재미있는) 교량 이야기, 장도문웅, 씨아이알, 2016
34. 전산 교량 공학, 곽계환, 청문각, 2002
35. 제4차 산업혁명에 따른 스마트 건설 (Construction 4.0)의 비전과 전략, 대한건설정책연구원, 2018
36. 중국 역사의 수수께끼, 왕웨이 지음(박점옥 옮김), 대산출판사, 2001
37. 지오그래피, 남영우, 푸른길, 2022
38. 초장대교 시대의 개막, 삼성물산 토목기술팀 역, 구미서관, 2003
39. 최신 교량공학, 황학주, 동명사, 1994
40. 토목공학개론, 김진우, 문운당, 2015
41. 토목공학의 이해, 김진우, 문운당, 2020
42. 토목 구조물의 계획과 시공, 김진우, 문운당, 2009
43. 토목 구조물의 시공과 보수·보강, 김진우, 문운당, 2019
44. 토목시공학, 김진우, 문운당, 2013
45. 해양개발과 토목공학, 김진우, 문운당, 2021
46. 현수교, 대림산업주식회사, 도서출판 과학기술, 2003
47. Civil Engineering Practice in the Twenty-First Century(Knowledge and Skills for Design and Management), Neil S. Grigg, Marvin E. Criswell, Darrell G. Fontane, Thomas J. Siller, ASCE Press(ISBN 0-7844-0526-3)
48. Infrastructure Management : Integrating Design, Construction, Maintenance, Rehabilitation, and Renovation, W. Ronald Hudson, Ralph Haas, Waheed Uddin, McGraw-Hill, 2003
49. Infrastructure planning, J. Parkin, D. Sharma, Thomas Telford, 2002
50. Standard Handbook for Civil Engineers, Frederick S. Merritt, McGraw-Hill, 1983
51. http : //www.cn.co.kr/cnuser/ce92/bridamag.htm
52. http : //www.yooshin.co.kr/

찾아보기

교량의 이해

초판인쇄 | 2022년 11월 24일
초판발행 | 2022년 11월 29일

저 자 | 김진우
발 행 인 | 이성범
발 행 처 | 문운당
주 소 | 서울시 종로구 혜화로5길 16 (명륜1가 45-3)
전 화 | (02)762-6010
팩 스 | 영업 (02)745-0265 / 편집 (02)762-8758
홈페이지 | http://munundang.co.kr
이 메 일 | 영업 munun2@chol.com
편집 munundang@naver.com

ISBN 979-11-5692-640-5 93530

정가 24,000원